壽司的技法

笛藤出版

作者・小澤諭

前言

本書將我身為壽司師傅三十餘年之修業所得，全部集結成冊。

三十多年前並不像現代這麼方便。儘管製作壽司的工作嚴苛，清晨起床，之後一站就站到深夜就寢前，但由於每個師傅都歷經同樣的修業過程，因此便也覺得理所當然絲毫不以為苦。只是我一心想快點作壽司，因此曾去請求師傅，卻遲遲不能如願。

終於可以作握壽司是在修業第五年的時候，我高興得甚至打電話回家向雙親報告。不過也就是在此時，我才深切體會到如果不將基本的採購、處理都按部就班一絲不苟的學起來，絕對不可能做出美味的壽司。即便時至今日，我的修業都尚未結束，我認為只要我還身為壽司師傅，每一天對我而言就都是修業。

趁著近來的一陣美食風，壽司店也如雨後春筍般地紛紛開張，但不知道是不是腳步太快的緣故，感覺學習過程好像跳過傳統的基本步驟，在一開始就先學做壽司，而將採購與準備拋諸腦後。

唯有乍見魚貨，當下便能分辨好壞並俐落處理，才能做出美味的壽司。我衷心希望學習者不要忘了這一點。

本書能否提供參考，相信不同讀者會有不同反應。但若能對以壽司師傅為職志的人有些許助益，將是我莫大的欣慰。

一九九九年九月

小澤 諭

壽司的技法——目次

＊本書中譯本壽司的材料、料理名…等的日文原名儘量保留，並加上發音標示，以便讀者在學習參考上能夠更親近日本料理壽司的用語與日本風格的氣氛。

鮮魚之採購與切工——29

蛋與紅燒的工夫——157

壽司捲、散壽司 盤飾技巧——171

壽司店的小菜、珍饈——193

壽司的基本

捏飯法

壽司兩個字聽來簡單，實則種類繁多。就烹飪學上分類可大分為馴壽司、半馴壽司和速食壽司三種。接下來要介紹握壽司就屬於速食壽司的一種。

握壽司作法視在料理台前食用、外送、以及外帶等而有不同。做好之後不久就吃的壽司，會捏得比較緊一些；而外送或外帶的壽司，由於在做好之後隔一些時間才吃，飯粒會膨脹，因此會捏得鬆一點。本書以料理台前客人吃的握壽司作法為主進行解說。然而雖說是做好之後隨即上桌供客人品嚐，但既不能捏得太緊，也不能鬆到還沒入口就七零八落。最重要的還是要捏得鬆緊適度，讓飯粒之間得以膨鬆飽含適度的空氣。

大致瞭解流程之後，我再詳細解說各細部步驟。

壽司飯的形狀

為了易懂，先把食材拿掉，以便確認壽司飯的狀態與形狀。如此便可清楚得知該怎麼掌握飯粒膨鬆的感覺。

製作握壽司的順序

製作握壽司時必須保持一定的流程節奏，不可以中斷。要是磨磨蹭蹭的，不僅體溫會傳到食材，動作也會顯得笨拙不堪。站在料理台內工作，還是須要姿勢端正且俐落聰明。

1
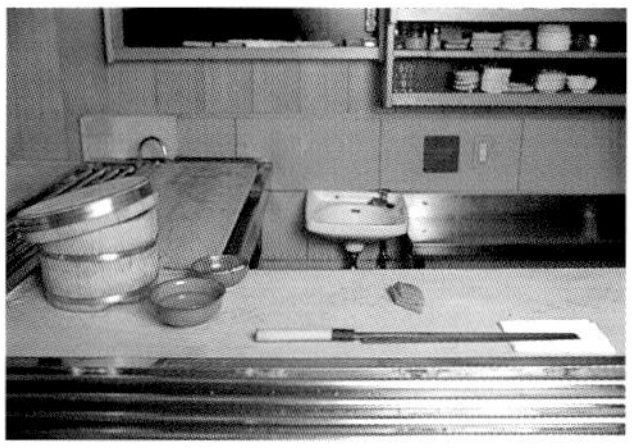
工具就定位以便工作。右側放飯盆與手醋、芥末。前方準備生魚片刀。

2

右手指尖沾手醋。

3

將沾在右手的手醋塗抹在左手掌心。

4

由飯盆中取出一份的飯量。

5

右手一邊將飯捏圓，左手一邊拿取食材。

6

左手將食材翻面，置於掌心。

7

右手輕輕使力握住飯糰。

8

右手食指沾取芥末。

9

將芥末沾在食材上。

10

然後將飯糰放在沾了芥末的食材上。

11

在飯糰向上的狀態下，先輕握一下。

12

以右手改變壽司的方向，讓食材位於上方之後再握一下。

13

將壽司左右轉向，再握一下。

14

同樣的左右轉向，再握一下。

15

握壽司完成，送出給客人。

細部的重點確認

在食材上沾芥末

❶聽到點餐之後，便將食材切出角度。

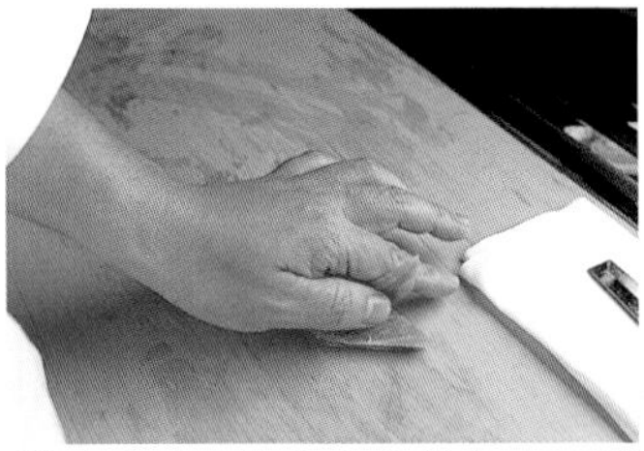

❷用左手大拇指和食指抓住食材一端。

❸向上拿起食材並移向掌心。

❹以右手食指沾取芥末，此時右手掌心已經輕握飯糰做好準備動作。

捏製壽司飯

在左手將食材放到掌心之前，右手必須同時進行捏飯糰的動作。飯糰的份量約9g，但依食材不同，飯糰的份量也會多少有所變化。一般而言，鮪魚約12g，白肉魚約8g。

❶取一份的飯。此時須單手便決定飯量。若將抓在手上的飯再放回飯桶，飯粒會因此有所損傷，因此不可再放回飯桶。

❷以手掌及手指輕輕轉動飯，使其握在掌中輕捏成形。

❸飯糰的份量及形狀。

沾手醋

手醋使用無添加任何成分的生醋。

❶手醋並非完全沾在手上，只有少量沾在中指。大概浸到第一關節左右。

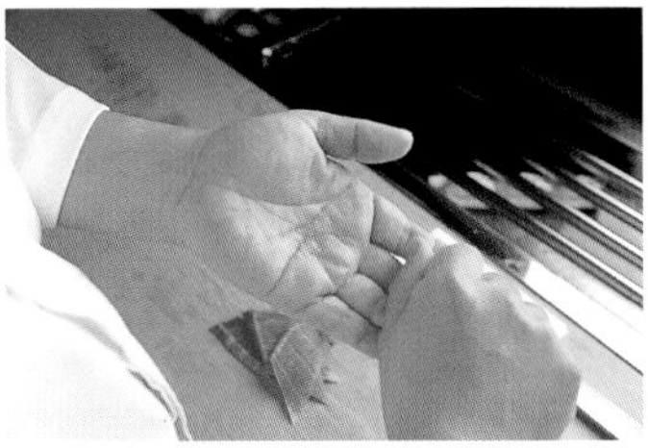

❷將沾在右手中指上的手醋，塗抹到左手的掌心。

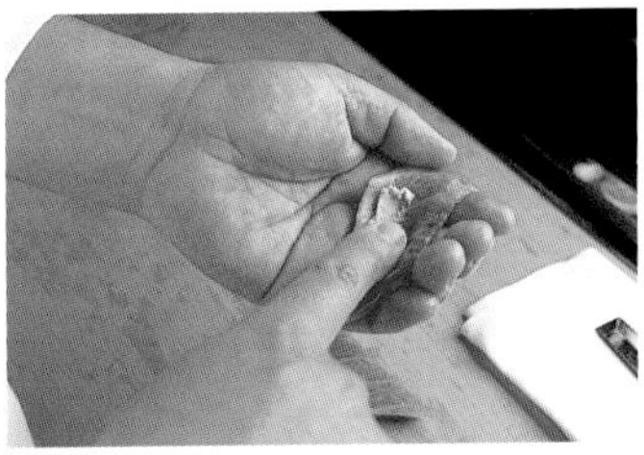

❺將芥末沾在食材上。

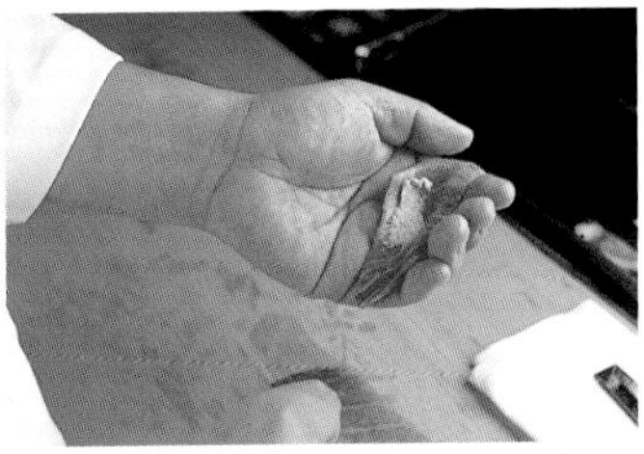

❻芥末的位置以不超出飯糰範圍為佳。

捏

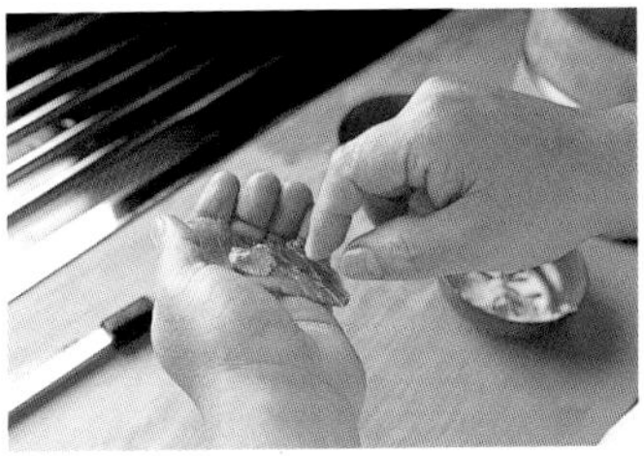

❶沾了芥末的食材。

❷此時，將剛剛輕握好的飯糰放到上面。左手掌心稍微彎曲，用右手的拇指及食指幫飯糰兩端定型。

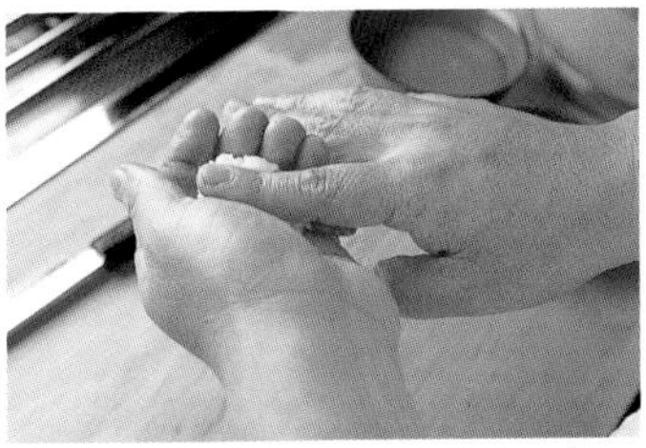

❸右手食指腹輕壓飯糰，使其微凹。

❹為了讓飯粒之間可以膨鬆的有空氣感，因此要有個凹曲。

❺透過❸～❹的連貫動作將食材轉而為上。此時，飯糰內側應有空洞。

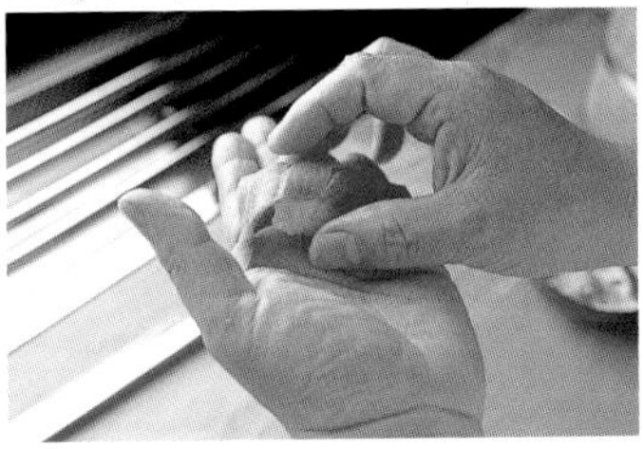

❻右手拇指與食指抓住側面，左手大拇指將邊緣整為船形，並將壽司放在方便捏握的位置。

❼右手食指腹一邊輕壓食材，左手大拇指一邊整理邊緣形狀，做出漂亮的船形。要將壽司捏大時，可使用兩隻手指輕壓。

❽用大拇指與食指拿壽司，一邊整理為船形，一邊左右轉向。

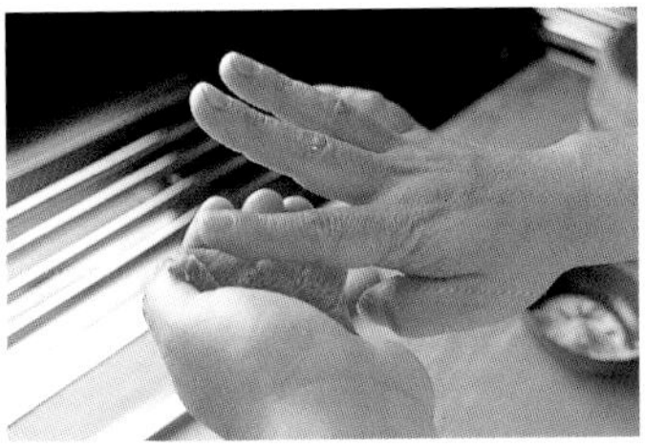

❾同❼的要領，一邊用右手的食指輕壓食材，一邊用左手大拇指將邊緣整理為船形。

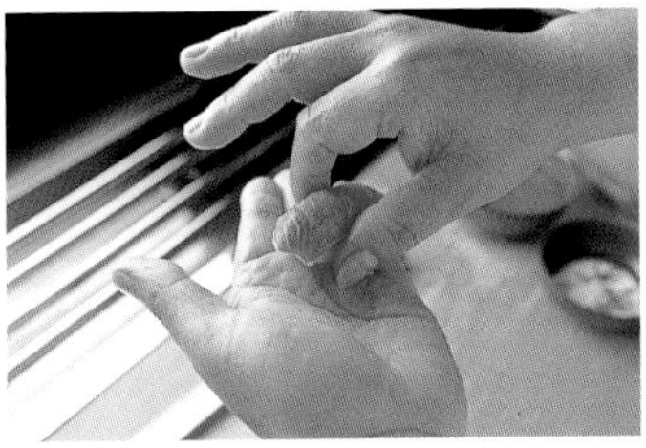

❿用拇指與食指拿起壽司，再度左右轉向。

⓫再握一次，最後做出整體的形狀。

壽司飯

壽司飯的製作方法（註）

飯是壽司不可或缺的要素，從選米、水分控制，攪拌到保管，每一道功夫都是左右壽司美味的關鍵。飯煮得好不好，也是決定壽司是否能做得膨鬆卻不鬆散且保持好形狀的要點。若飯煮得不好，壽司也會不好做就不用多言了。

在我的店裡米用的是茨城產的一見惚（ひとめぼれ）新米，水則使用鹼性離子水。

加在壽司飯裡的醋量也相當重要，若壽司醋拿捏不確切，不管用多好的食材，壽司也不會好吃。另外，飯粒的光澤也是一大關鍵。過去壽司店使用有顏色的紅醋，但現在為突顯飯粒的銀白色，使用紅醋的店家已經少之又少了。

（註：在日文中，攪拌的動作是使用「切」這個動詞替代「攪」或「拌」。最主要原因是因為攪拌時不能傷及飯粒，使飯粒缺角而影響味道。）

[米飯的材料]
米（一見惚新米）2升
水 3650ml
壽司醋
- 米醋 360ml
- 砂糖 140g
- 鹽 80g

＊若春夏之間距離收成已有較長時間的季節，水的份量要增加為3800ml。

壽司醋的作法

❶在鐵盆中放進80g的鹽。

❷再加上140g的砂糖。

❸注入360ml的米醋。

❹用攪拌器攪拌到食鹽與砂糖充分溶解於米醋之中。

1. 洗米

最重要的是避免用力過猛而讓米粒產生缺角。只要米粒破裂缺角，煮好起鍋時飯粒就不會直立，也無法做出有膨鬆感的壽司。

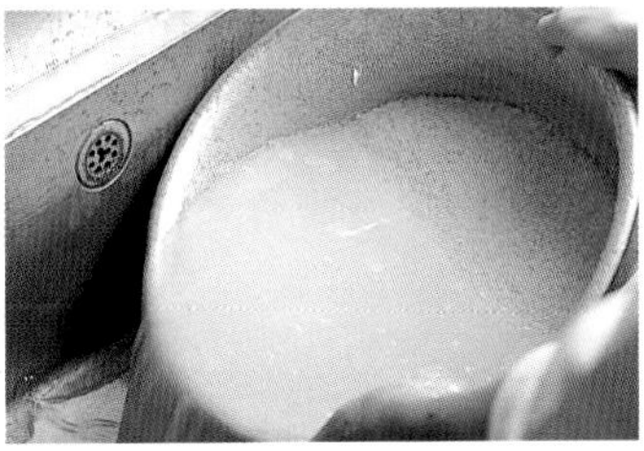

❶米放容器內，注入水輕輕攪動後，把水倒掉，這樣可除去混在米粒中的髒污及米糠臭味。

❷以掌心洗掉米糠並小心不要損壞米粒產生缺角。一邊以左手轉動容器，一邊悉心的洗。

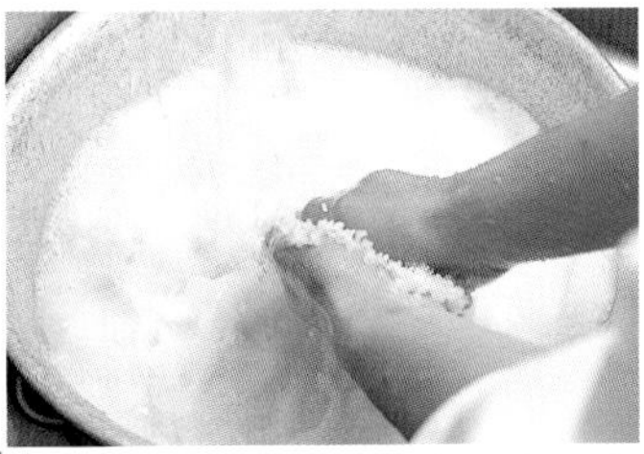

❸一邊注水一邊合掌夾住米粒沖洗。

❹趁著米的細粉等未沈澱之前，盡快把水倒掉瀝乾，但要小心不要讓米粒流出。

❺再次以❷的方法洗米。斟酌手的力道，以磨米的感覺微微摩擦米粒150次以上。

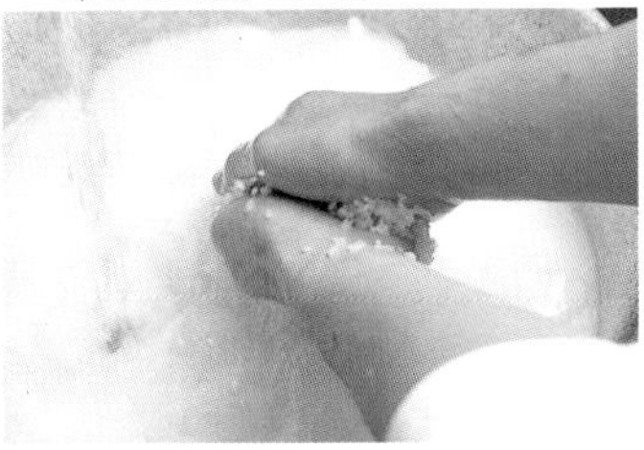

❻注入水沖洗米粒，這時水應該會清澈許多。

❼再洗第三次。這是最後一次。左手邊轉動容器，右手以攪拌的方式洗米。

❽注入水。雖還留有一些白濁，但已經可以清楚看見米粒了。這時要悉心攪拌並清洗。

❾把米倒進篩子裡。

2. 吸水

不可將米浸在水中吸水。因為米吸進過多水分之後，便會泡得過漲。

❶甩動篩子瀝乾水分。

❷將篩子斜放，確保足以瀝乾水分的放置三十分鐘。

❸吸入適度水分的米。

3. 煮飯

最重要的是將起鍋時飯粒直立有光澤。在我的壽司店中加的是鹼性離子水並用瓦斯鍋煮。一般兩升飯在壽司店裡稱為「一本」，依此類推四升飯為「兩本」，六升飯為「三本」。

❶將米移至大鍋中，僅加入所須水分之後將米鋪平。就此煮二十分鐘之後，再蒸二十分鐘。

❷煮好的飯。用飯匙畫十字，將飯分成四等分，並以飯匙插入鍋沿隔開米飯與大鍋，以便將米飯倒在飯台上。

4. 加醋

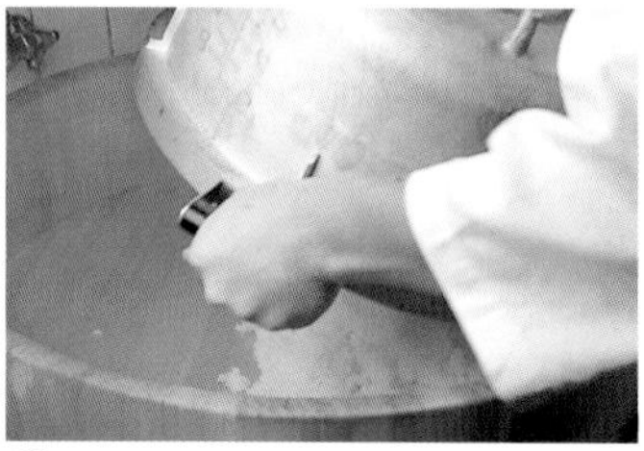

❶將米飯移到含有水分的飯台。

❷將飯集中在飯台一邊並鋪平，同時準備一條沾濕的布巾。

❸用飯匙抵住壽司醋，均衡淋到飯上。

5. 準備

❶為防萬一飯粒撒落也不浪費，要在飯桶的前緣（飯匙動線下方）鋪上沾濕的布巾。

❷用飯匙將飯移至飯桶內，平放但不要壓平。

❸若飯粒掉落沾在布巾，就將飯粒抖進飯桶內。沾黏在飯桶邊緣的飯粒也需集中整理乾淨。

❹將米飯鋪平之後，覆蓋上沾濕的布巾。

❹飯匙呈平放以「切」的方式鋪開米飯，讓醋可平均分散在飯上，並慢慢將飯移到飯台另一邊。若飯匙太小將相當不便。

❺以切的方式攪拌，一邊將飯移到飯台另一邊。附著在周邊的飯粒，要悉心用布巾擦掉。

❻以同❹的要領將飯再次邊攪拌邊移到飯台前方。

❼一邊以切飯的方式攪拌，一邊將米飯均等的平鋪在飯台。

❽輕搖扇子搧涼，飯粒便會有光澤。

❾舀起飯粒並撒落飯粒翻面。將飯台上所有飯粒都翻面。一邊轉動飯台一邊翻面會較好做。

❿再用扇子搧涼便呈現充滿光澤的飯粒。

芥末

芥末以深綠色較大者為佳。
雖說芥末因種類不同而有所差異，但基本上大者較為辛辣。
磨芥末的磨泥器使用鯊魚皮製品較能磨出細緻綿密的口感。
若使用金屬製品，則磨出的芥末較為粗糙。
若採購帶葉子的芥末，則不要浪費莖與葉的部分，可使用醬油將其做成醬菜，當作小菜上桌。
芥末的莖與葉帶有清爽的香味，辣度也有別於根部而不致嗆鼻。

伊豆產的芥末。

金屬磨泥器磨出的芥末。同樣的芥末，因磨泥器不同，磨出後也有這麼大的差異。

用鯊魚皮磨出的芥末，非常綿密細緻而黏稠。

芥末的磨法

❶手持芥末的根部，用有如削鉛筆般的方法，避免浪費的削去莖。

❷從根部朝向莖部，用刀削去根部凸起的部分。

❸莖的連結部分，用削鉛筆的技巧削乾淨。

❹從莖的連接部分以畫大圈的方式輕輕磨。不要一次磨太多，用多少磨多少。

❺用左手的拇指與食指穩住鯊魚皮磨泥器，並以30度角撐住。

莖葉的活用法

也可以汆燙過之後再做，但是使用生的莖葉味道較香。

❶莖斜斜切薄片以便入味。

❷葉片較大，因此請切成適當大小。

❸之後配合莖的厚度切細。

❹將莖葉放入鐵盆中，注入以濃醬油1、酒1、味淋1之比例調和煮過並經冷卻的醬汁，放置3～4日後食用。其間偶而攪拌一下使其均衡入味。

醬油

醬油是跟壽司有著密不可分關係的調味料之一。

雖然有些店家使用生醬油沾壽司，

但大多使用的還是加入味淋煮過的煮切醬油（以下稱味淋醬油），

或者是加入柴魚花煮過的土佐醬油。

發光魚類的握壽司食材多使用土佐醬油。但若是白魚肉的生魚片，

最好使用添加柑橘類果汁調製成的酸橘醋為佳。

味淋醬油的作法

[材料]

濃醬油 1.8 l

味淋（料酒） 200ml

❶味淋倒入鍋中加熱。若火太強會使鍋緣著火，並讓味淋產生苦味，因此宜小心控制火候。不久之後味淋會著火，並產生火焰，故要小心避開易燃物。待火焰熄滅之後熄火。這時，酒精成分已揮發。

❷在另外的鍋中注入濃醬油並點火。

❸在醬油中加入❶的味淋。

❹煮沸濃醬油。在快要達到沸點之前，大約鍋面有一半呈現泡沫狀時便將火熄掉。若直接煮沸醬油，醬油難得的香氣、口感與風味便會消失殆盡。待自然冷卻後將醬油移至1.8 l的大瓶中保存。暫時不用的要放冰箱保存。

土佐醬油的作法

柴魚、竹莢魚、青花魚等油脂豐富而味道濃厚的帶皮魚類，最適合香味絕佳的土佐醬油。

[材料]
濃醬油 1.8l
味淋 200ml
昆布 1/3片　柴魚片 25g

❶味淋倒入鍋中加熱揮發酒精。若以強火使鍋緣著火的話，將會使味淋燒焦產生苦味。小心控制火候，不久之後味淋會著火。由於火焰會高漲，因此需注意避開易燃物。待火焰自然消失後熄火，煮法要領與味淋醬油步驟❶相同。

❷在另外一只大鍋中注入醬油。

❸輕擦過昆布表面後，將昆布放進醬油鍋中。

❹注入❶的味淋。

❺點火加熱。

❻開始浮現煮沸的泡沫並達一半鍋面時，加入柴魚片。

❼馬上熄火，柴魚片會漸漸地下沈，就此放置10小時。

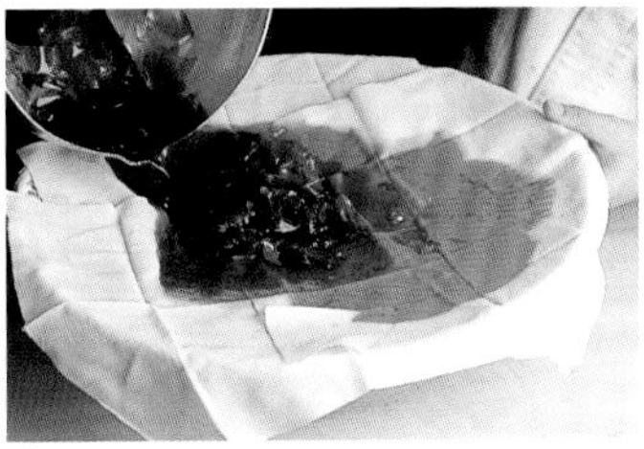

❽使用布巾瀝去柴魚片。

❾土佐醬油成品。將醬油移至大瓶中放入冰箱保存。

高湯

我們店裡使用的是清湯或味噌湯等通用的高湯。這種高湯用於兩方面。

首先是冷高湯的用法。通常用於清湯或是味噌湯，為了讓鮮魚的美味充分釋出在高湯中，通常在高湯還是冷的狀態下放進魚肉再慢慢加熱。

另外一種方法是將高湯加熱。諸如紅燒魚想要直接突顯魚的美味時，就等高湯煮沸之後，再加進魚肉並迅速起鍋。

高湯萃取法

[材料] 40號的雙耳鍋一個
昆布（羅臼）一片
柴魚片　60g

❶昆布用布巾等輕擦過表面。

❷水注入至鍋口（水位請參考照片。鍋用40號雙耳鍋），放入切成三等分的昆布靜置一會。

❸點火加熱並隨時撈取浮沫。

❹煮沸前（鍋底浮起小氣泡時）便取出昆布。

❺再加熱沸騰。

❻煮沸之後加入柴魚片，並馬上熄火。

❼柴魚片入鍋之後會暫時浮於鍋面。

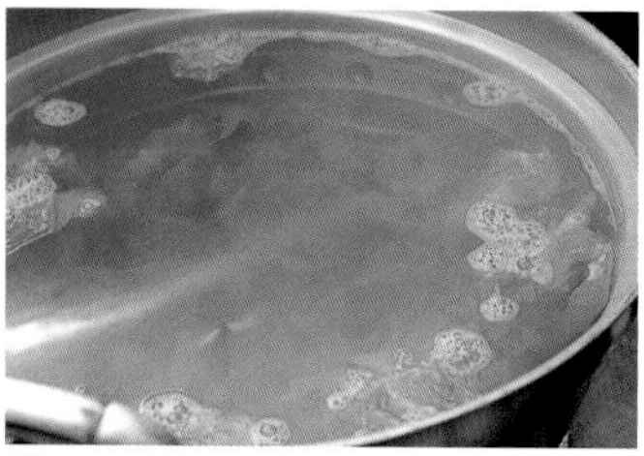

❽不久之後便會沈入鍋底。這時等待柴魚片完全如照片般沈至鍋底。

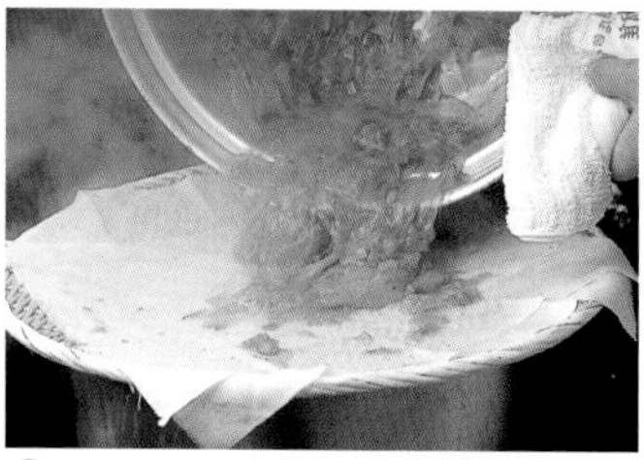

❾柴魚片完全沈入鍋底後，馬上用布巾瀝去柴魚片，高湯便大功告成。若錯過這個時間點，高湯便會變得混濁。

竹葉

竹葉使用綠竹葉，雖然市面上也有已經處理的葉片，但是購買帶樹枝的竹葉，顏色光澤都會截然不同，因此建議購買帶枝竹葉在店裡處理備用為佳。但因帶枝竹葉的葉片上通常附著蟲或蟲卵，因此必須悉心清洗處理。

竹葉之處理

❶竹葉以清水沖洗之後，用刷子刷洗表面。

❷背面同樣用刷子刷洗。

❸充分以清水沖洗。

❹一片一片摘下葉片。

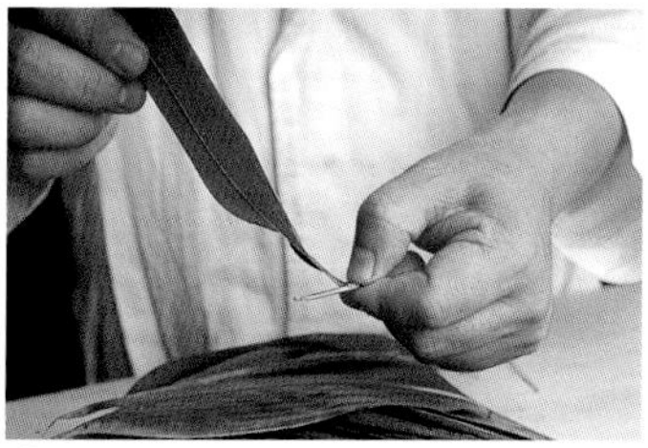
❺摘取要領在於先用指尖緊壓住竹葉背面的接縫。

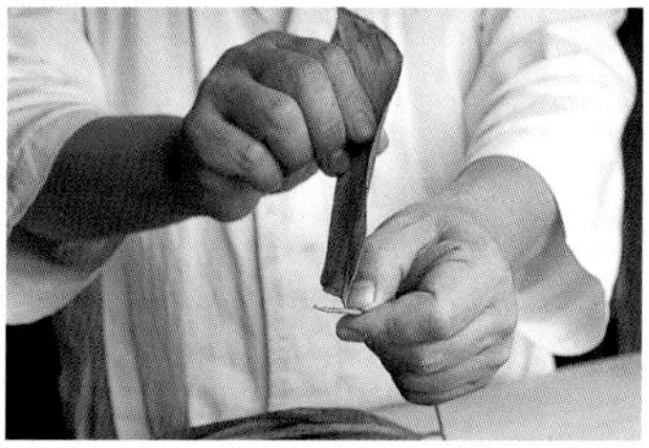
❻然後將葉片向前拉。新葉柔軟比較好處理，但是冬天的竹葉較硬， 因此必須用力些。

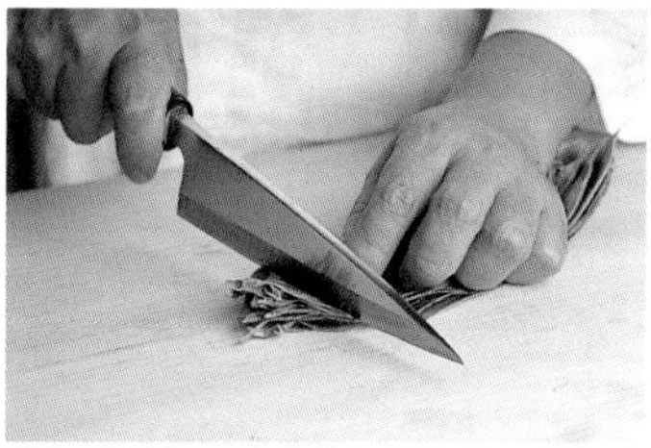
❼整齊疊好竹葉之後，用出刃刀切去葉頭。

❽切去葉尾，並且切除變色的部分。

簡單的竹葉切法

本來使用竹葉是利用竹葉的殺菌作用以輔助壽司之保存。但隨著時代的改變，開始出現塑膠製的代用品，因此原來的實用性功能似乎也漸漸式微。

竹葉的圖樣運用從極為簡單到複雜而具有藝術性的都有。在這裡介紹的是只要有一把小出刃刀，任誰都可以輕易完成的竹葉剪裁。

表現出直線美感的「劍竹葉」，與突顯左右對稱圖樣美麗曲線的「關所」是一定要學的兩種圖樣。

出刃基本上用的是刃尖。直接一刀切入一條線是畫出美麗線條的訣竅。另外，在此也介紹墊在壽司或生魚片底下的竹葉的切法。

竹葉用的是綠竹葉。6～7月的新葉柔軟而好入刀。但冬天竹葉較硬，因此用熱水燙過，使其軟化後會較好處理。在此同時，為保留鮮豔色澤，汆燙過熱水之後必須馬上放進冰水中。

用於切雕竹葉的刀具。
上為小出刃刀。
下為切雕用的斜刃刀。

合葉

用於分隔壽司與壽司之間。

❶將竹葉背面翻上較好入刀。幾片一起處理時，可重疊葉片一起入刀。先切去竹葉一邊。

❷在縱向一半的位置連續割出銳利的山形角度。

❸另外一邊也跟❶一樣切去。

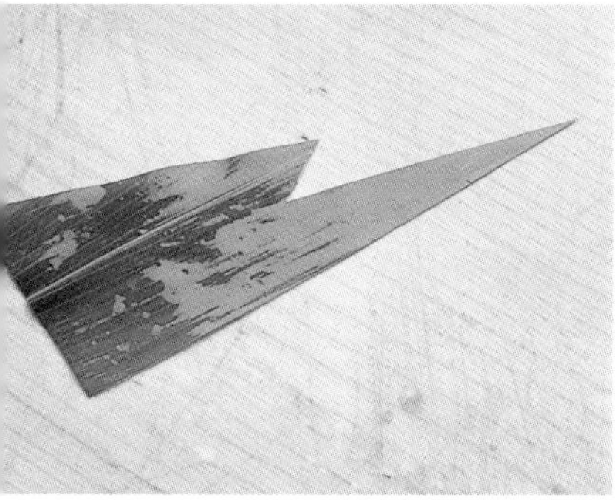

子持劍竹葉

立起當作間隔用。

❶從長方形一角切到❸的位置。

❷從❸的另一邊切向❹的對角。

❸分開。

❶切去竹葉兩側使其成長方形。

❷切成方便使用的長度。

❸在竹葉正中央短刀斜切。

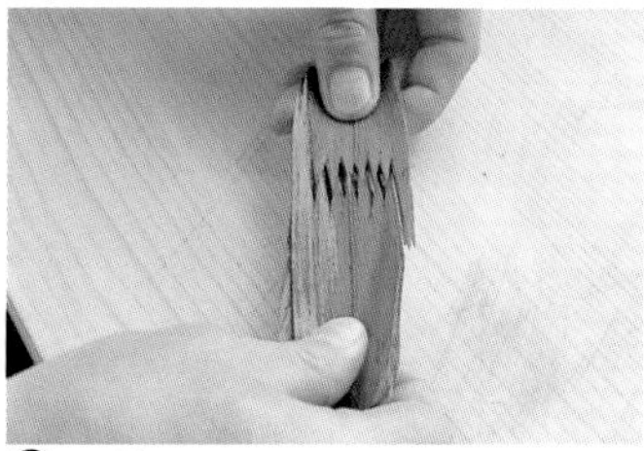

❹切開。

❺將❹重疊，並將竹葉切成一致的長度之後，再切去兩邊角落的三角形。

變關所

名為「關所」的竹片都是直立使用，因此必須切出優美的線條。

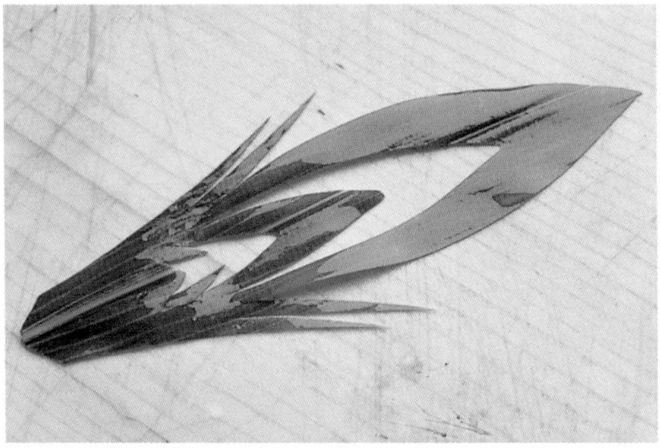

❶將三片竹葉重疊，並從中間對折。

❷從圖案下方開始入刀。首先斜切掉頂端。

❸切出最外圍線條。這個線條決定關所的寬度。曲線要流暢。

❹外側的葉形切短，尖端角度要銳利。

❺接下來切葉形外側。

❻去除切掉的竹葉。

❼第二個葉形要從外側切得稍長些。接下來向著中心線切出內向的曲線。

❽在這條線的內側，切出同❼的曲線。

❾內側再割出同❽的曲線，並去除割開的竹葉。

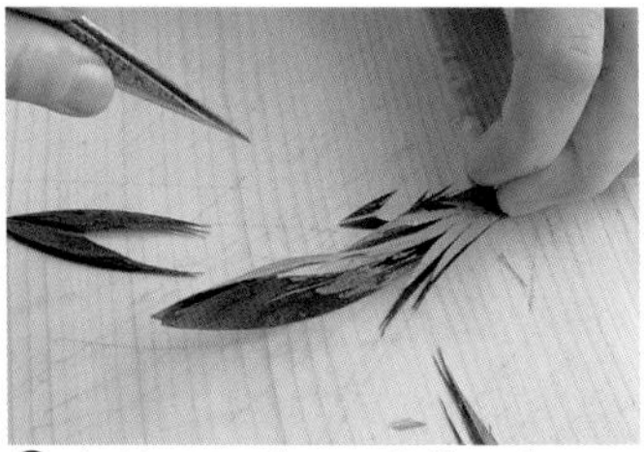

❿在剩下山形切入花樣。為了做出銳利的角度，要再劃兩刀，如此打開竹葉便大功告成，呈現出左右對稱的美麗圖案。

敷葉（竹葉墊）

鋪在生魚片下面上桌時用。想要做大片敷葉時就重疊葉片。

❶切去竹葉頭尾，折四折。

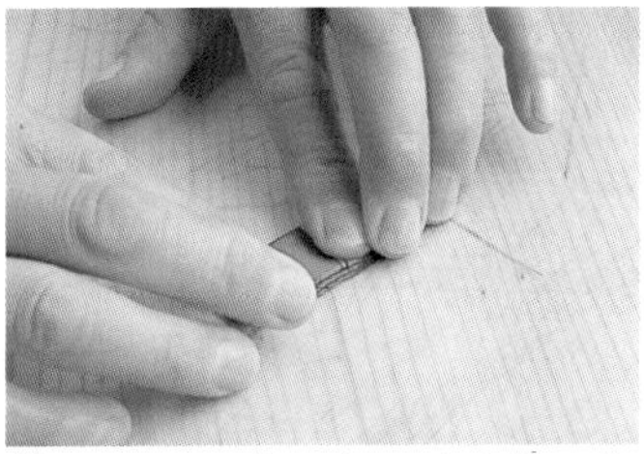

❷再對折之後便成八片重疊的狀態。如此便可切出四個網。

❸切去葉頭。

❹距3～5mm處，切入垂直一條線，之後再向內切出一條柔和曲線。

❺距❹的切痕3mm左右切出波形。內側再切出一條波形內側線，並取出割開的竹葉。重複這些動作後，切去葉尾。波形越多，縱向的網狀越多。

❻在對折的情況下將竹葉上下反轉，並在相反的方向入刀。順著❹～❺切出的波形，平行切出內側線。切完之後網狀圖樣便完成。只要打開竹葉便大功告成。

配菜

四季皆可用的白蘿蔔與海藻不僅較為便利，和魚的適性也相當好。通常用於生魚片的配菜。

茗荷與花穗紫蘇

❶茗荷先切半，再切薄片。

❷泡水。

❸瀝乾之後裝盤。

左上起為：海髮菜、拌入紫豆苗的蘿蔔絲、紅藻（雞冠菜）

左下為：白藻、綠藻、海帶芽。

桂切白蘿蔔

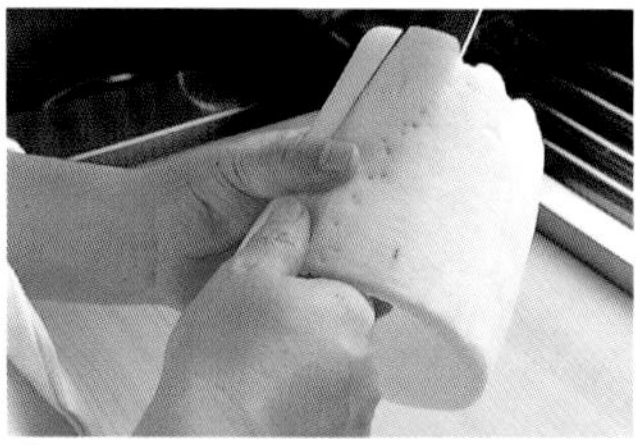

❶先一邊削去表皮，一邊將上下切成一樣的粗細。

❷上下粗細一致的白蘿蔔。

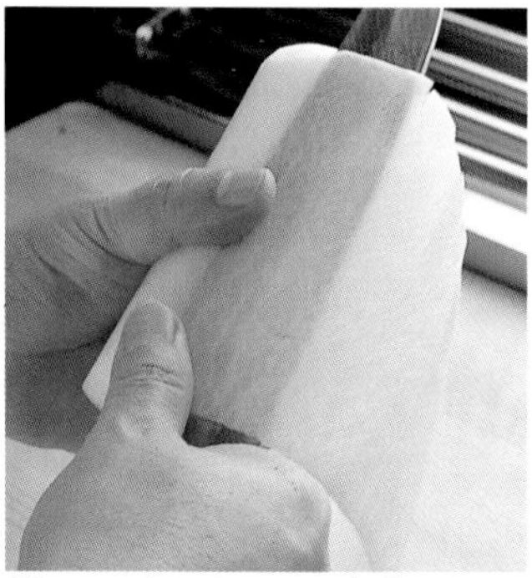

❸用右手拇指將白蘿蔔調整成一定的厚度。看著白蘿蔔上方，確認透明感與一定厚度一層一層繞著蘿蔔身慢慢剝皮似的平切。

❹切約10cm寬的薄片，不對齊交互重疊對折後切絲。

❺鐵盆內裝水，將切絲的白蘿蔔浸泡水中。

❻瀝乾水分，裝盤時份量要充足。

＊夏季的白蘿蔔多空心，可以白瓜取代。

鮮魚之採購與切工

❶在兩殼之間插入專門剝貝類的刀具。

❷轉動刀具撥開貝殼，並用大拇指撐開。

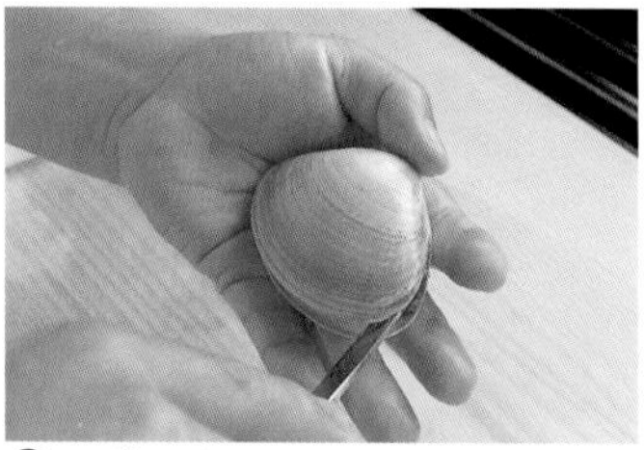

❸順著貝殼下方由右至左割開干貝。

❹接下來由左至右割開另一邊的干貝。

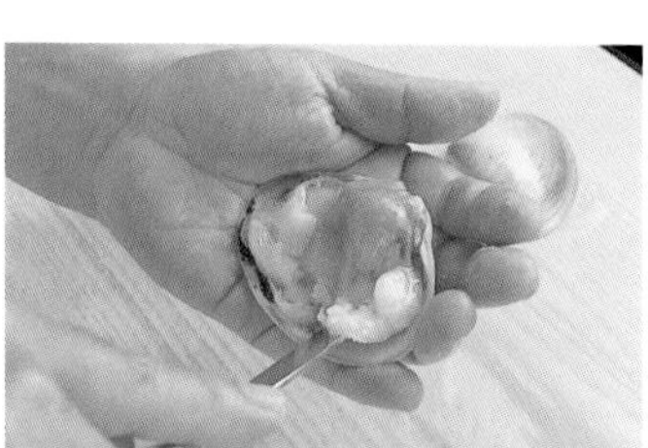

❺手持貝殼上下拿掉一片貝殼，並沿著貝殼下方由右至左移動刀具切開干貝。

青柳（あおやぎ ao yagi）

中文名：馬珂肉

馬珂貝又名「馬鹿貝」，其蛤肉部分日文稱之為「青柳」，最美味的季節在冬季。市場上販售的通常是蛤肉部分，但若帶殼，則殼的顏色越深越新鮮。

另外馬珂貝可供利用的不僅只限於蛤肉部分，干貝可作為壽司食材或油炸食材。左右的干貝大小不同，各自稱為大干貝與小干貝，大干貝有比小干貝高到三倍的價格。

握り（にぎ nigi ri）

握壽司

右起：小干貝的軍艦捲、馬珂肉（青柳）、大干貝

❻由左至右移動刀具切開另一邊的干貝。

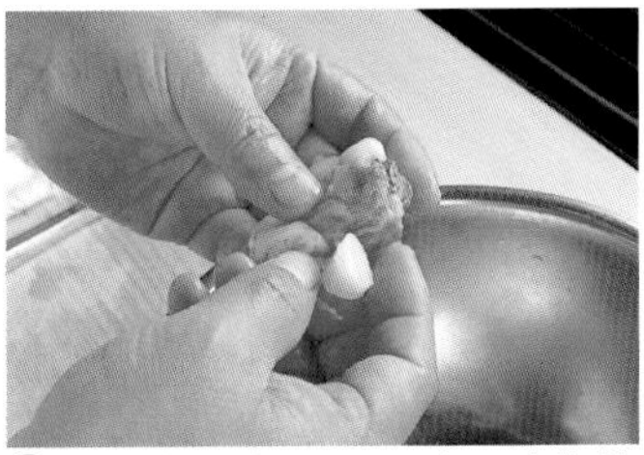

❼自貝殼取出蛤肉，並以手指掐取出大干貝。

❽以同樣的方法取出小干貝。

❾將小干貝放到鐵製圓盆中，以鹽水洗去沙粒，再瀝乾水分。

❿用來當食材的小干貝。

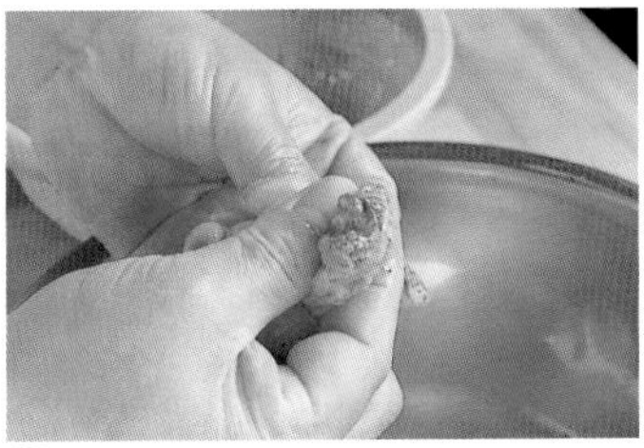

⓫從蛤肉部分取出內臟。

⓬將蛤肉放入鐵製圓盆中撒鹽搓揉，清除黏稠感與穢物之後，以清水快速清洗。

⓭蛤肉放進鹽水中，點火加熱，一邊煮一邊用手攪動。

⓮水熱到手無法放進時，取出蛤肉以手指壓看看。若較緊實，便放冷水中冷卻瀝乾水分。

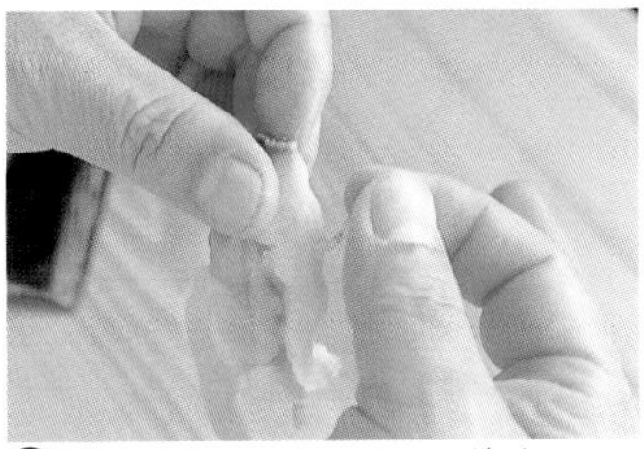

⓯剝除附著在貝唇上的薄皮。

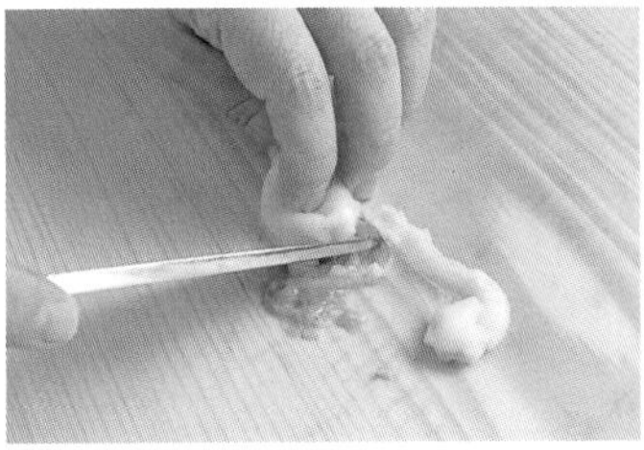

⓰用刀清理內臟。

⓱將蛤肉切半。

⓲將貝唇切半。捏製握壽司時，要將貝唇部分放到蛤肉下面。

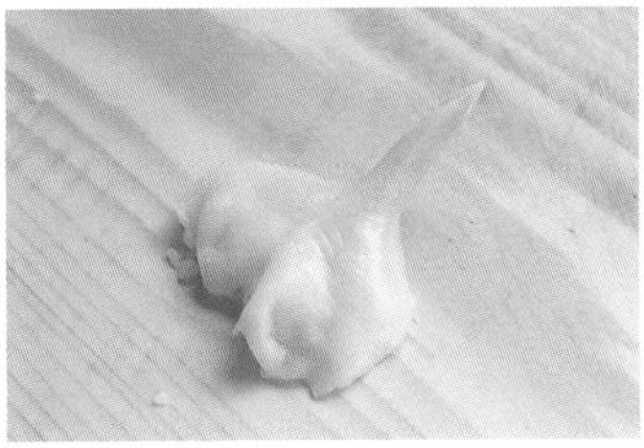

⓳用作食材的馬珂肉。

赤貝（あかがい／aka gai）

中文名：魁蛤、血蛤

秋季到春季間最美味，進入七月後因準備產卵，因此肉身較為單薄，也較不美味。魁蛤不同於其他貝類，不僅血液呈紅色，連蛤肉也帶紅色。這也是日文稱之為「赤貝」的原因。這裡使用的魁蛤產自四國香川縣或三陸荒濱。蛤肉大而厚者為上上之選，貝殼顏色越深，纖毛越多則越新鮮。

捏製壽司時使用的食材有蛤肉與干貝兩部分。新鮮的魁蛤在蛤肉上切花後，放在砧板上拍打，蛤肉會緊縮，並如花開般綻放。也由於此種特性，因此生魚片多用鹿子百合或菊花、唐草等各種裝飾裝盤上桌。

握り（にぎ／nigi ri）—握壽司

由右至左：使用貝唇的握壽司、魁蛤握壽司。

處理方法

❶握住兩片貝殼中圓弧形較深的一片，並從貝殼接縫處入刀。

❷扭轉刀具，撬開貝殼接縫。

❸將刀具插入下面的貝殼，由兩側順著貝殼切斷干貝。

❹打開並拿掉一片貝殼。

❺順著貝殼移動刀具切斷右邊的干貝。

❻以同樣方法切斷左邊的干貝。

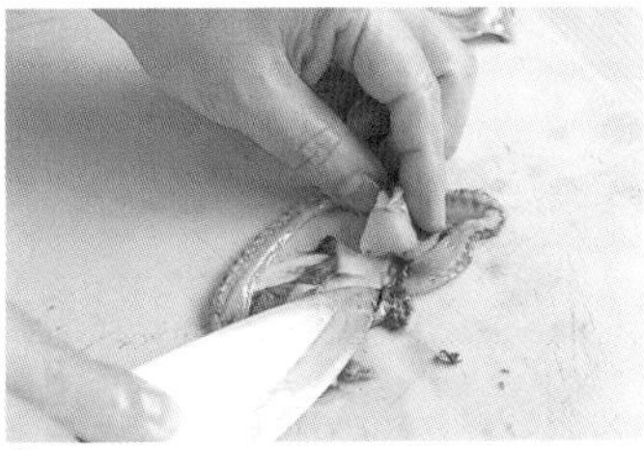

❼壓住內臟切除蛤肉。用刀切取附在貝唇上的內臟。

❽用刀輕撥貝唇清理乾淨。蛤肉從中切開兩半，並取出兩旁的內臟。

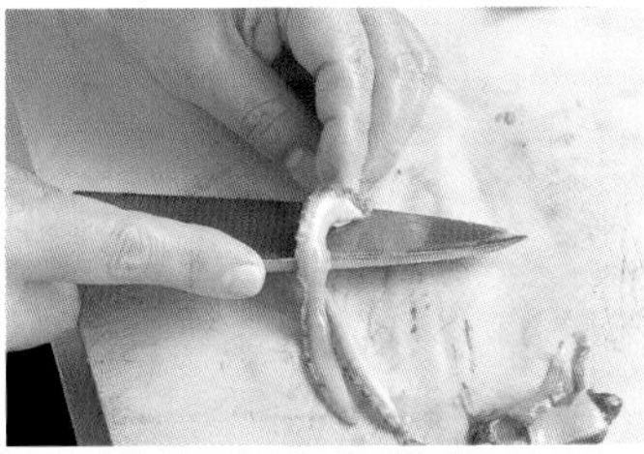

❾在貝唇接連一半的地方入刀。

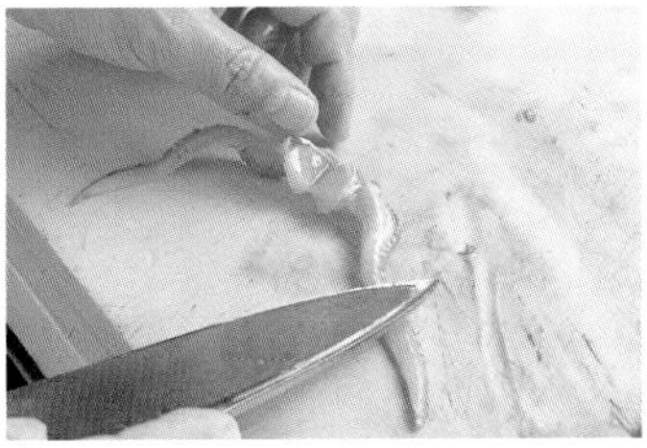

❿如照片般切開，連同蛤肉放進篩子中以鹽巴輕輕搓揉清洗，以去黏稠感。

ネタ——握壽司食材

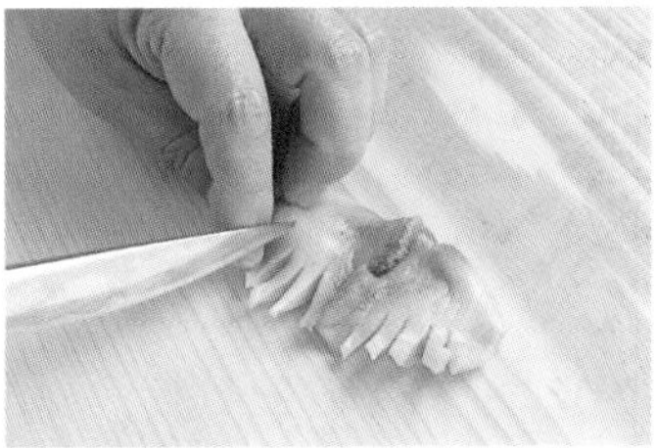

❶在蛤肉邊緣切花。

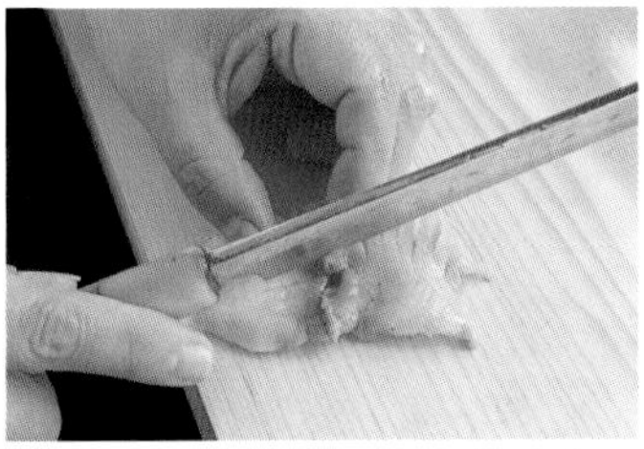

❷以刀尾在蛤肉上輕切幾道後，放在砧板上拍打，待肉質緊縮後捏製握壽司。

刺身——生魚片

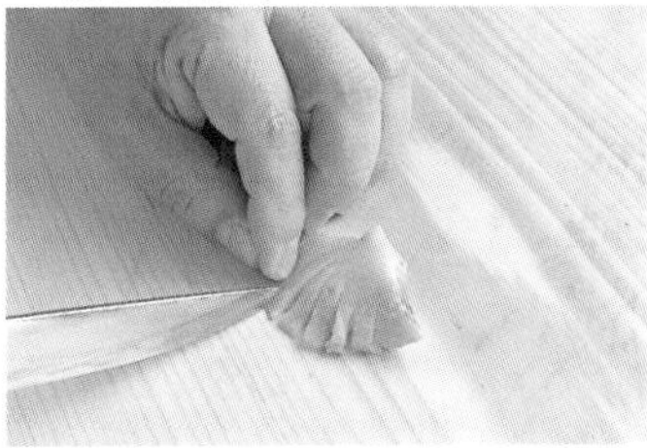

❶蛤肉切成兩半方便食用，並用刀尖在蛤肉邊緣切花。

❷置於砧板上拍打讓肉質緊縮，之後裝盤上桌。

鰺 あじ azi

中文名：竹筴魚

握り にぎり nigiri ——握壽司

為了捏好之後形狀的美觀，會在食材上劃一刀。並搭配薑末與蔥花一起食用。

竹筴魚是種類繁多的魚類，在這裡取其中的真竹筴魚（以下稱竹筴魚）來介紹。

竹筴魚在5～8月左右迎接盛產期，是夏季最具代表性的帶皮魚材。最早進入盛產期的是紀州或瀨戶內，盛夏則屬房州產之竹筴魚為最佳。鮮度好的竹筴魚腹部的鱗片紮實，在美麗的銀白色中還泛著藍光。

在小澤壽司店裡，竹筴魚使用開背法處理（從背部入刀的處理法），留下的中骨則用來做魚骨酥餅。首先會用細竹串刺入中骨去除血水，之後浸泡在水中一個晝夜泡漲。再用湯匙刮去魚肉之後，風乾並炸到酥脆。剛炸好的香脆最受顧客好評。（參照211頁）

たたき —剁魚丁

ta ta ki

雖說是剁魚丁，但其實只是不剁出黏稠感的切細而已。在這裡強調的是壽司店才吃得到的鮮度。

刺身 —生魚片

さしみ
sashi mi

留下表面的銀色，並在表面入刀留下美麗的切花。

開背

竹莢魚側腹上的黃鱗呈山形，若要一次去除，就要切得深，但卻會傷及魚肉，因此分為頂點與兩側，共計三次清除。

❶魚頭向左，從魚尾接點入刀。小心不要傷及魚身，只將黃鱗最凸起尖端用刀子上下切除。

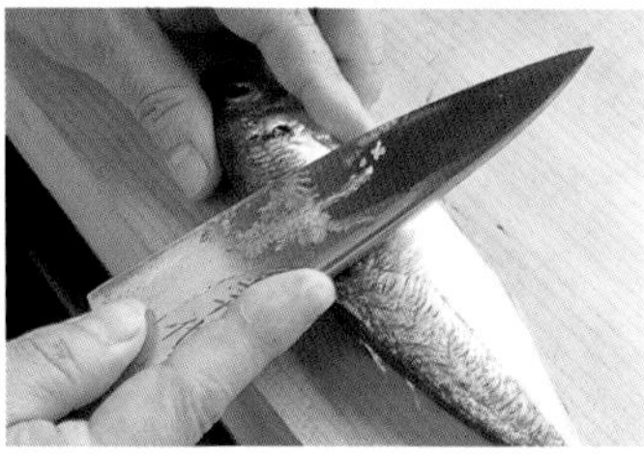

❷一直切到魚頭部分，都不要殘留。

❸拉高魚腹，從魚尾部分上下切除留在魚腹上的黃鱗。

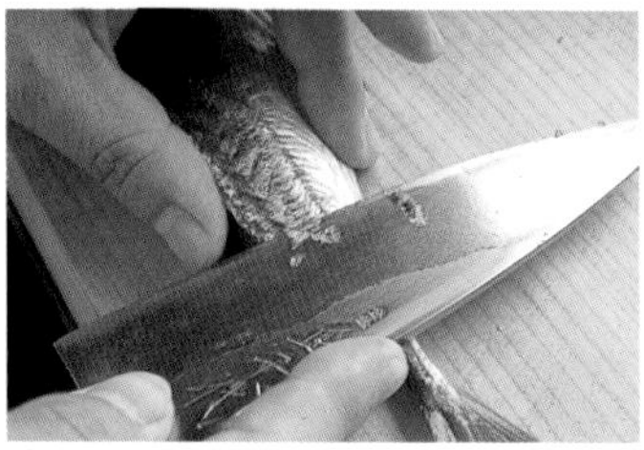

❹拉高魚背，同❸將殘留在魚背的黃鱗，從魚尾開始切除。另一半也以同樣方法去除。

❺魚鱗用刀尖刮除。尤其魚鰭與魚腹等要悉心清理乾淨。

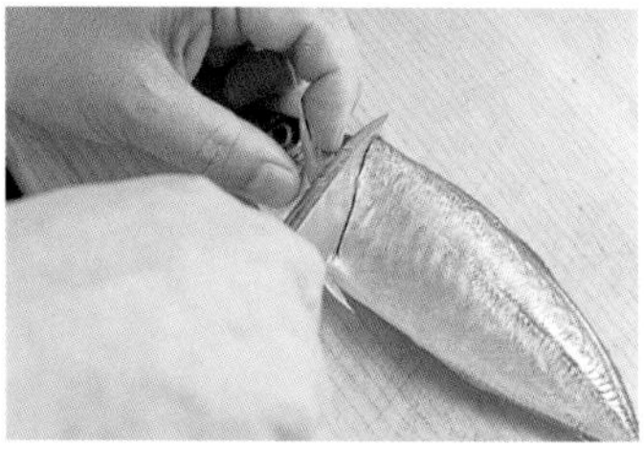

❻在胸鰭緊接頭部的地方斜切，分割魚頭與魚身。

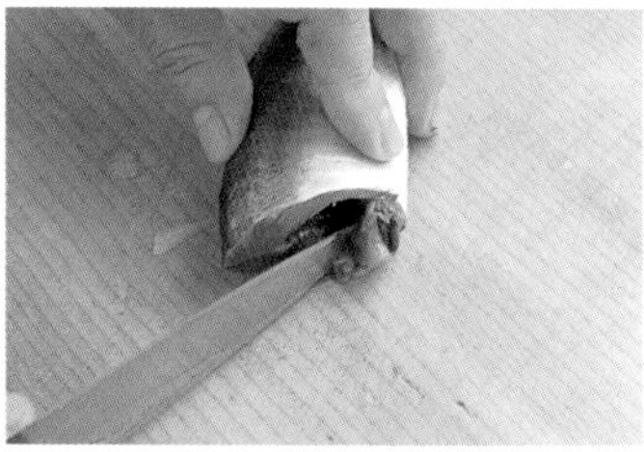

❼以刀尖取出內臟。

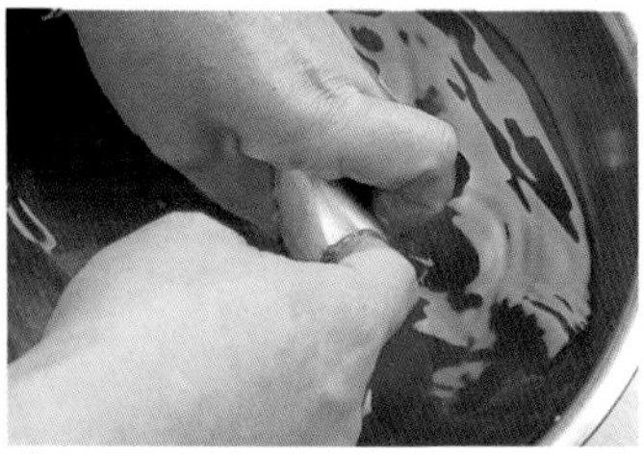

❽以鹽水清洗魚腹，清理血水部分之後，以布巾擦拭水分。

❾魚背向自己，中指輕壓魚腹穩住魚身，從緊接背鰭處筆直切入到背骨部分，從頭切到尾。

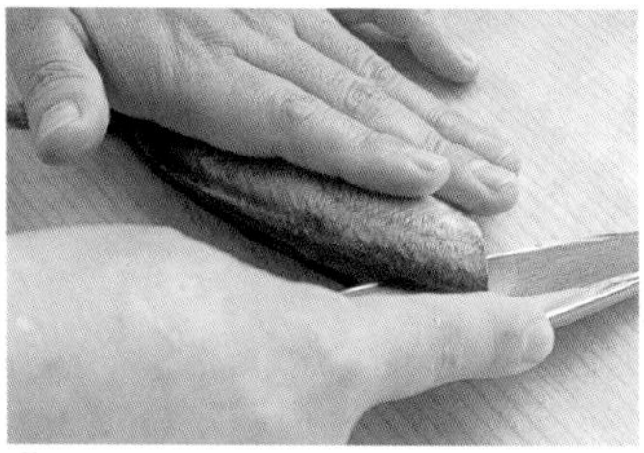

❿切除背骨對面的腹骨接點，切下魚腹。

⓫在緊接著魚腹皮的部分入刀，一直切到魚尾。

⑫打開魚身。

⑬切另一面。骨身壓在砧板上，由魚尾向著魚頭方向，順背鰭最上方到背骨入刀切開魚背。

⑭切開腹骨接點。

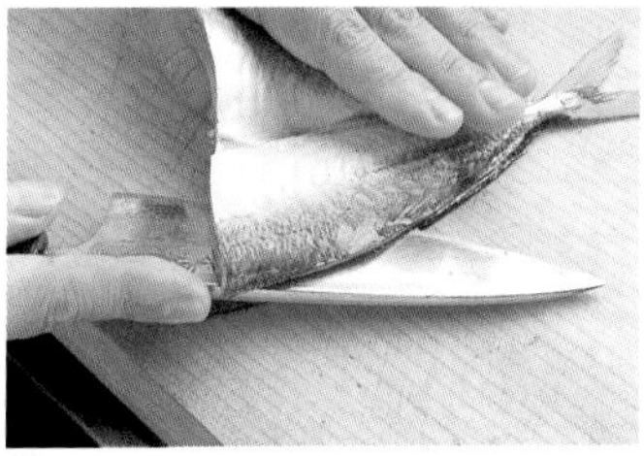

⑮以壓住魚身向上切的要領切開魚腹。

⑯切到魚尾接點。

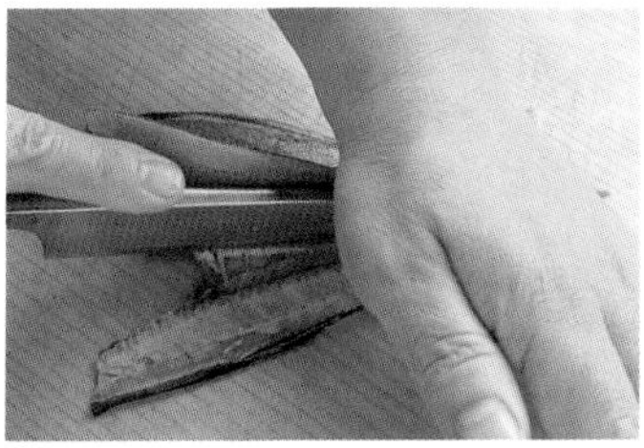

⑰完全切到魚尾接點之後切斷背骨。

⑱以刀壓住尾鰭，拉起魚身去除尾鰭。

⑲薄薄削去單邊腹骨。

⑳再薄薄削去單邊腹骨。留意不要切到腹皮。

㉑切掉魚尾。

撒鹽、保存

撒鹽只是短時間，並非是添加鹹味，而是為了去除腥味的處理法。

❶為了讓鹽巴均勻分佈，首先以濕布巾擦拭竹篩。

❷從高處以掌心刷落鹽巴，使其少量均勻分佈。

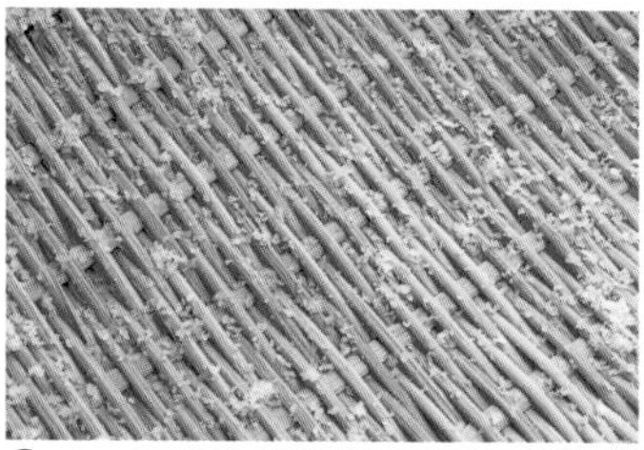

❸食鹽份量如照片所示。

❹將以開背法處理後的竹莢魚不重疊的排在竹篩上。

❺再度撒鹽後擱置三分鐘。

❻洗去鹽巴。

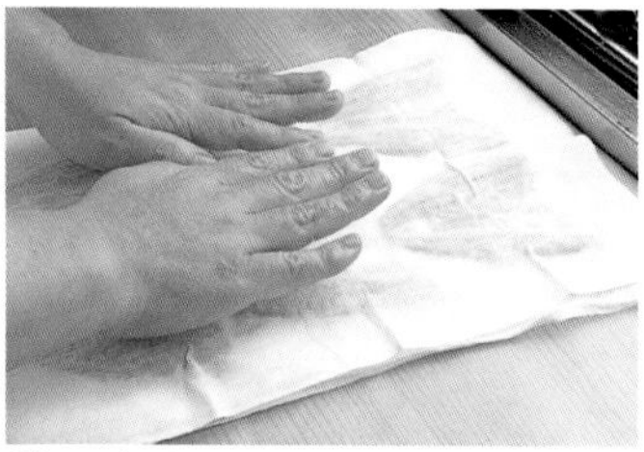

❼以布巾包起，吸取水分。

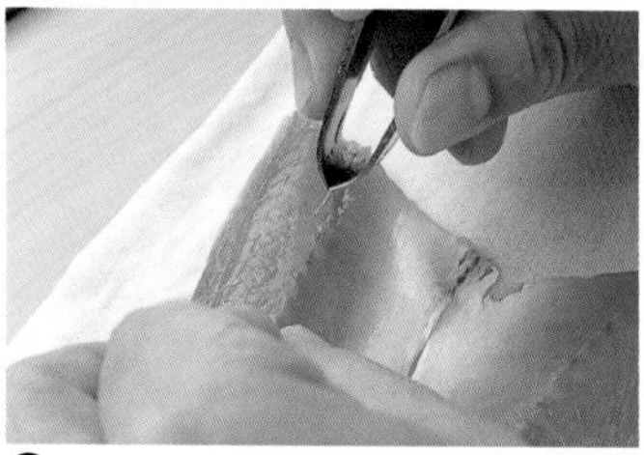

❽順著魚肉纖維小心不要傷及魚身的拔除細小魚刺。

❾準備竹葉。切去邊緣，並將竹葉切成符合魚肉大小的尺寸。

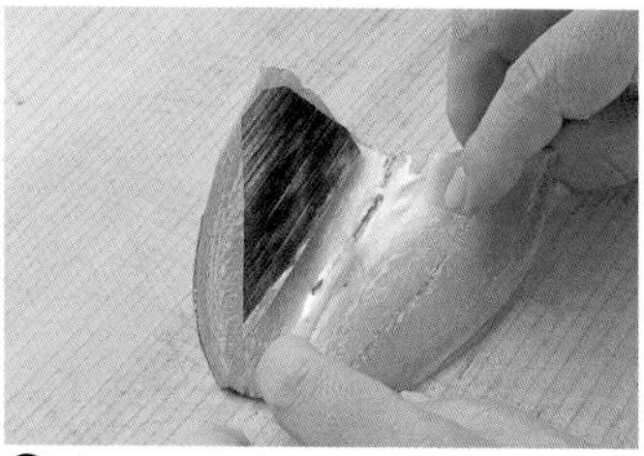

❿為了不讓魚肉沾黏，在魚身內側夾竹葉。

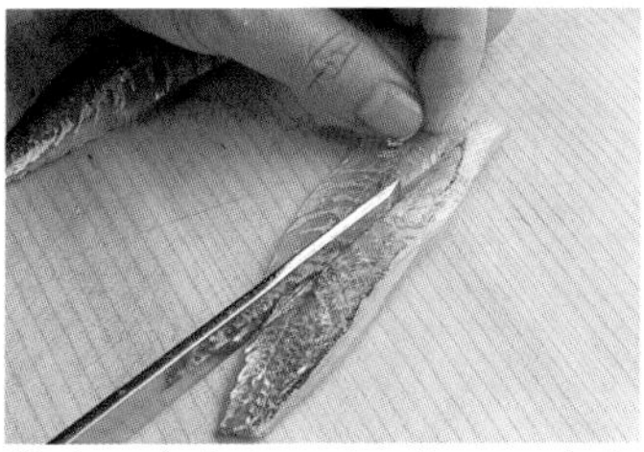

❸為了讓魚肉服貼於飯上，在魚肉上深深斜切一刀。

⓫將魚身對折，置入冰箱保管。

切法

●ネタ——握壽司食材

❶切除魚腹較薄部分。

❷從魚頭部分剝除薄皮。

●刺身——生魚片

❶同握壽司❶～❷的程序。之後在表面斜切出格子狀。

❷切一半以便入口。盤底墊海帶芽與紫蘇葉，附薑末與蔥花。

●たたき——剁魚丁

❶同於握壽司❶～❷的程序。剝皮之後，從魚頭部分切細塊，附上薑末與蔥花。

穴子（あなご / ana go）

中文名：星鰻

握り（にぎり / nigiri）

一條星鰻斜切成三等分捏製握壽司。沾醬以毛刷沾上之後上桌。

夏天是星鰻的季節。從6月初到9月底都可採購到油脂豐富的星鰻。這段時期的星鰻，用於紅燒會在表皮浮現黃色，看起來相當美味的油脂。紅燒星鰻捏成握壽司再加上熬煮得甜甜辣辣的沾醬，口味獨特，是江戶前壽司不可或缺的食材之一。

市場販售的星鰻有背部呈茶色的真星鰻和腹部呈銀色的銀星鰻。用於壽司食材者為真星鰻（以下稱星鰻）。活星鰻或現殺星鰻比起其他價格較高，但是煮過之後肉質柔軟，而且彈性極佳。

另外，過大的星鰻紅燒較費時間，再加上骨頭較粗，因此在我的小澤壽司店裡使用的是拇指粗細的星鰻。這種粗細的星鰻，做成握壽司剛好是三等分，接近腹部的部分又可以將魚皮翻上，呈現出油脂豐富的表面，魚尾部分則可做成魚身向上的形狀，賣相亦佳。

油脂豐富的紅燒星鰻。尤其越接近腹部，油脂越豐富。

開背

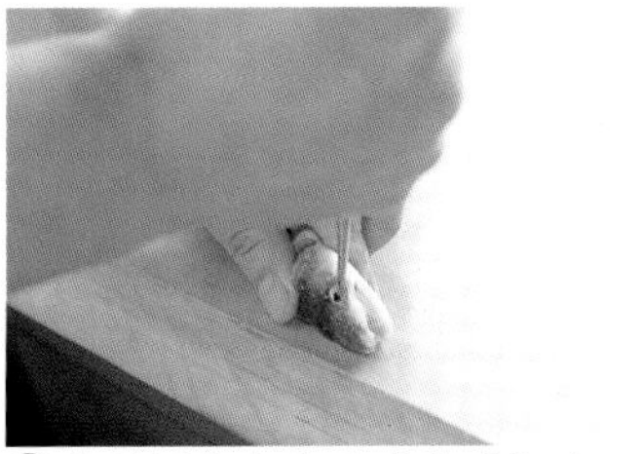

❶將星鰻背朝自己放在砧板上。木釘就釘在眼睛附近固定。

❷在胸鰭後以出刃刀垂直入刀，切到中骨前。

❸沿中骨切開。左手一邊拉直星鰻，一邊小心不要切到腹皮。

❹漂亮的切至尾端。

❺若是釣上來的星鰻，要留意釣針進入腹部。

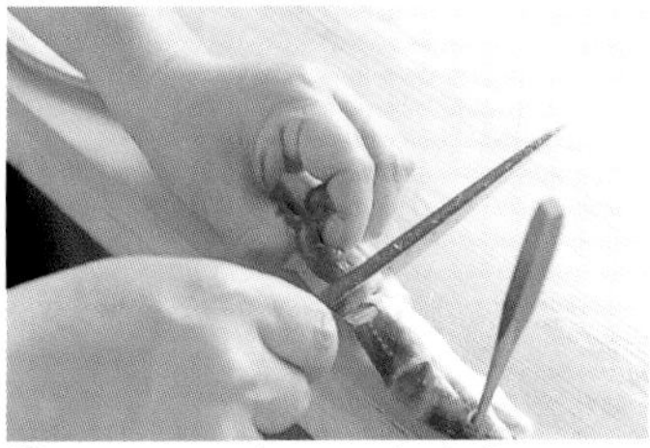

❻用刀切斷魚肝的連結處。

❼以刀壓住魚身，拉去魚肝。

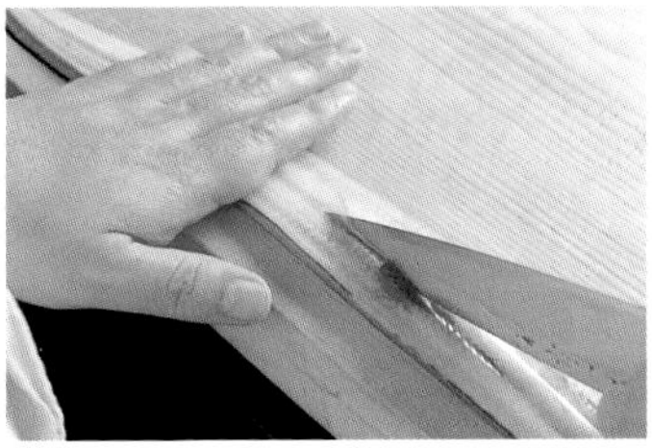

❽留意不要切到腹皮，以刀背切入中央將魚身完全分開。

❾切去中骨連結處，並由此切除中骨。

❿沿著中骨，用刀子上下擺動切除中骨，一直到魚尾部分。

⓫斜切魚尾，但注意不要切斷。

⓬拉住魚尾，並順勢切除魚背。中骨、魚尾、背鰭要以一貫的作業切除。

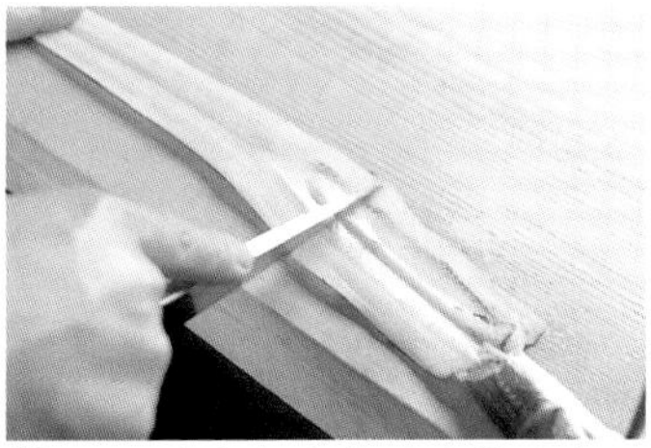

⓭以刀刮除魚腹中的穢物及黏稠感。

⓮切去魚頭。

⑮從魚尾部入刀，拉起腹鰭並切除。

⑯鐵製圓盆中放入處理好的星鰻並加入大量鹽巴悉心搓洗。

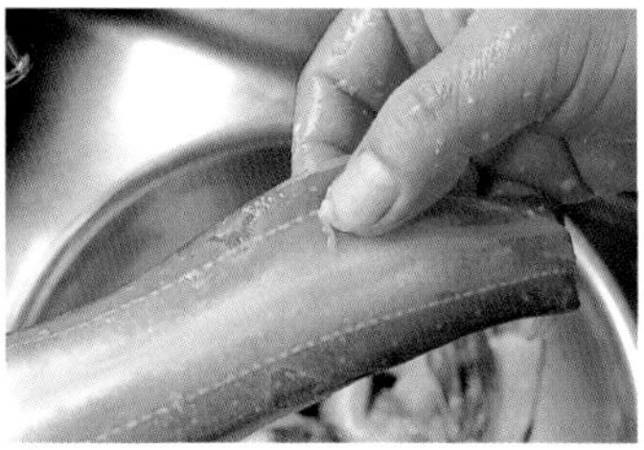

⑰經過仔細搓洗之後，如照片所示，可洗去魚身上的黏稠。

⑱以清水沖洗乾淨。

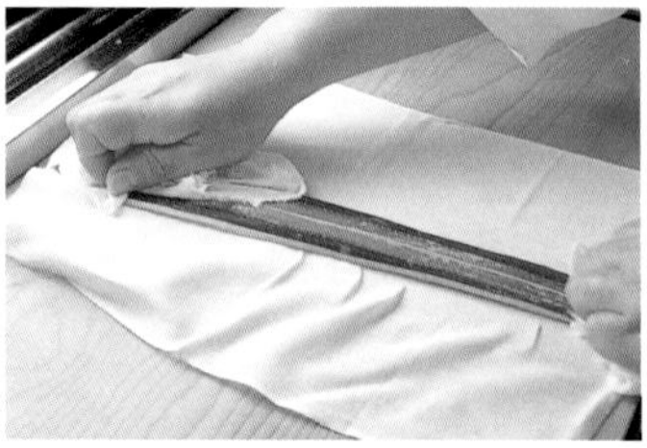

⑲砧板上鋪乾布巾，將星鰻腹部朝下魚皮向上擺在布巾上，再用乾布巾擦拭表面去除黏稠。

⑳翻面，擦去腹部的薄膜。若薄膜份量較多時，可在水龍頭下以刷子悉心刷洗乾淨。

㉑前面的是以布巾擦拭過後的星鰻。上面則是擦拭前的星鰻。

煮（紅燒）

［材料］

星鰻魚骨　星鰻2kg份
水　4 l
濃醬油　400ml
味淋　200ml
酒　200ml
砂糖　600g

❶將以開背法切除的中骨與魚頭放進大鍋中，加進充分清水。

❷蓋上壓蓋以強火加熱。

❸待沸騰後撈起浮沫。

❹將火調弱，在如照片所示的狀態下維持火候，持續煮1小時左右。

❺待魚骨爛了便熄火。

❻過濾❺。

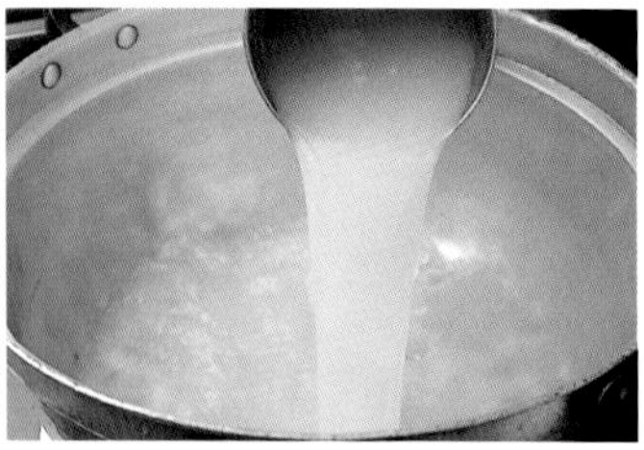

❼將❻倒進別的大鍋中（直徑可容納整條星鰻的鍋）。

❽加入其他調味料。

❾攪拌均勻。再點火稍煮。

❿沸騰後，手持重疊的三條鰻，整條筆直由魚尾逶迤游水般放入。

⓫如照片般讓星鰻在鍋中呈筆直狀。

⓬蓋上壓蓋。

⓭沸騰之後調成中火再煮7～8分鐘。冬季的星鰻油脂較少，肉質較硬，燉煮時間要長一些。

⓮熄火，不要打開壓蓋，燜大約7～8分鐘使之入味。

⓯紅燒入味後的星鰻。湯汁要取出備用。

⓰仔細地一尾一尾放在漏勺上，將皮面朝上排放在竹簍。

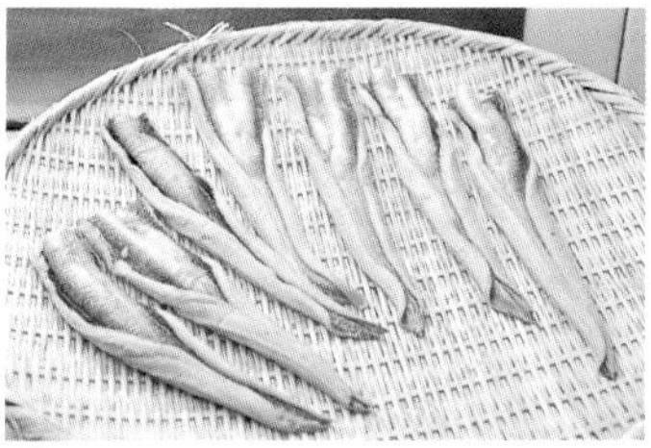

⓱排列星鰻使其冷卻，但避免重疊。為了容易捏製握壽司，要將星鰻魚身的捲曲拉平之後，放置冰箱保存。

沾醬

❶湯汁集中放到鍋中，加冰糖、酒、味淋、濃醬油熬煮至三分之一量，並調味成甜辣口味。

❷熬煮完成之後便會有如照片所示的濃稠感。

鮑 あわび awabi

中文名：鮑魚

在夏季迎接盛產期的鮑魚。最廣為人知的鮑魚有略帶褐色的真高（マダカ）鮑魚和略帶青黑色的黑鮑魚。在這裡，我們使用的是千葉大原產的黑鮑魚。黑鮑魚相較於真高鮑魚，其特徵在於肉質較厚也較緊緻有彈性，價格相對也較高。選購時以殼的厚度深者為佳。

另外，鮑魚的內臟部分也別具風味，因此可保留下來做成小菜。

握り にぎ nigiri

握壽司

切法

從側面觀之，貝殼厚重壯碩者為佳。

❶由鮑魚柱的根部開始處理。刀面以波浪般上下切動的方式切入，然後照此薄切後拿開。

❷接著處理鮑魚身。跟❶同樣要領以波浪切法將鮑魚身切片。

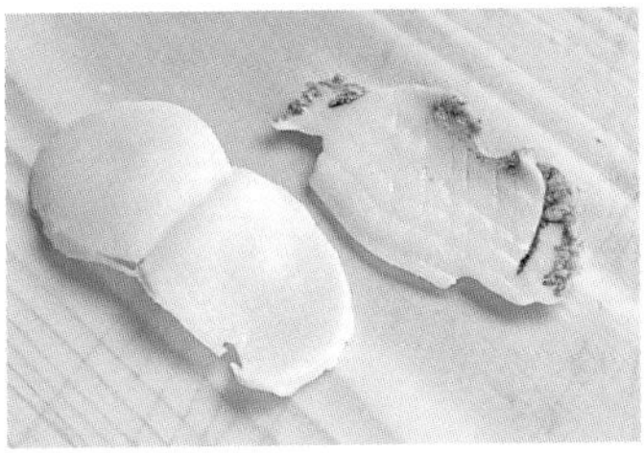

❸切好的鮑魚身。

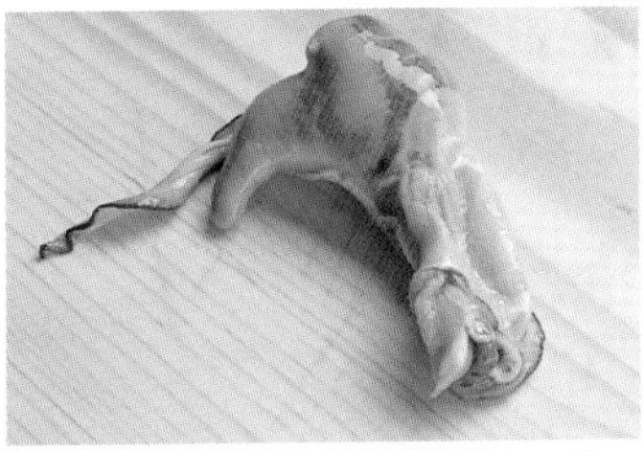

❹清理過後的內臟。內臟汆燙過後備用，可做成小菜。

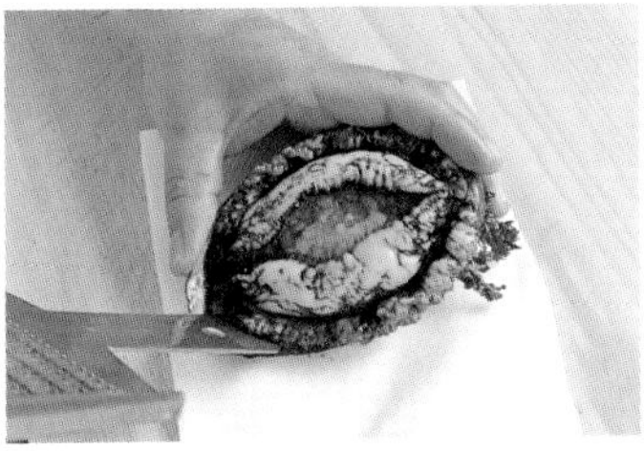

❺從貝殼較淺的一方（鮑魚嘴那一邊）插入磨具的把手。

❻用磨具將鮑魚肉提起，用掌心敲打後，在殼上留下內臟，取出鮑魚身。接下來再取內臟。

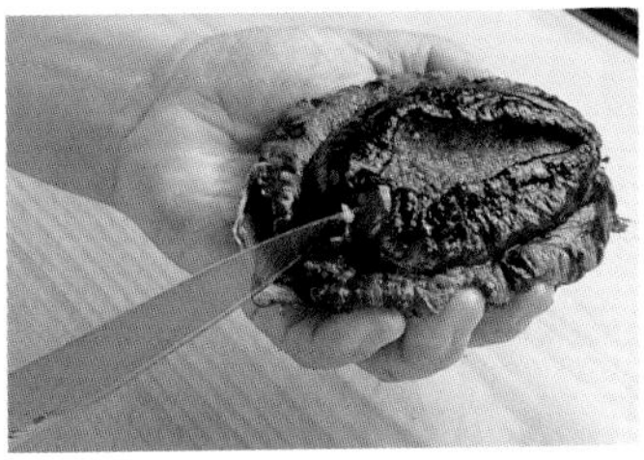

❶為了能夠輕易取出鮑魚嘴，先於兩側以刀尖入刀。

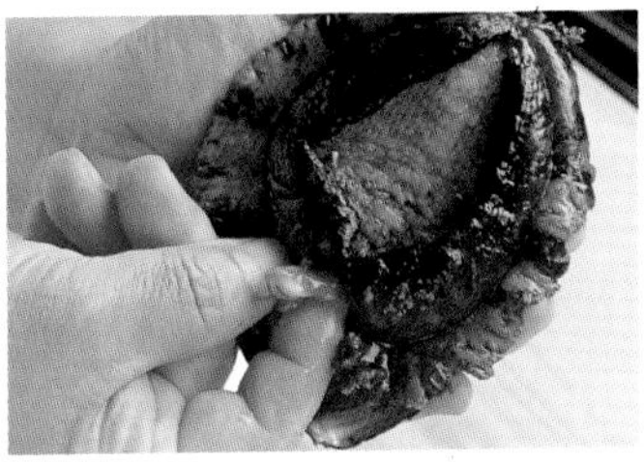

❷用手抓出鮑魚嘴。

❸抹上大量的鹽巴。

❹使用刷子清洗。

いくら

i ku ra

中文名：鹹鮭魚子

・軍艦巻

ぐんかんまき

gun kan maki

——軍艦捲

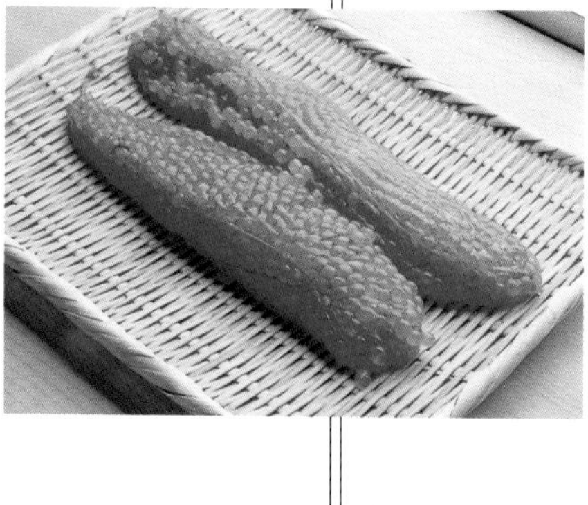

鹹鮭魚子是鮭魚卵，9月上旬到10月中旬較早時期的鮭魚卵皮膜較薄，品質亦佳。選購時以顆粒大而每一顆都沒有破裂且色澤美麗者為佳。過了這時期便進入產卵期，鮭魚卵的皮膜也會越來越厚。盛產期以外的時間，一般都使用鹽漬的鮭魚卵泡水去鹽，然後再浸泡醬油當作壽司食材。

在這裡要介紹的是以鮭魚卵為例的軍艦捲壽司作法。軍艦捲是用於魚卵或銀魚等較小或較易破裂的食材時常用的握壽司手法。飯的份量與其他握壽司一樣。

❸捏好的飯糰。

❹準備切成2.5公分寬的海苔，內側向內的的捲住小飯糰。

❺繞一圈後，末端以飯粒黏住。

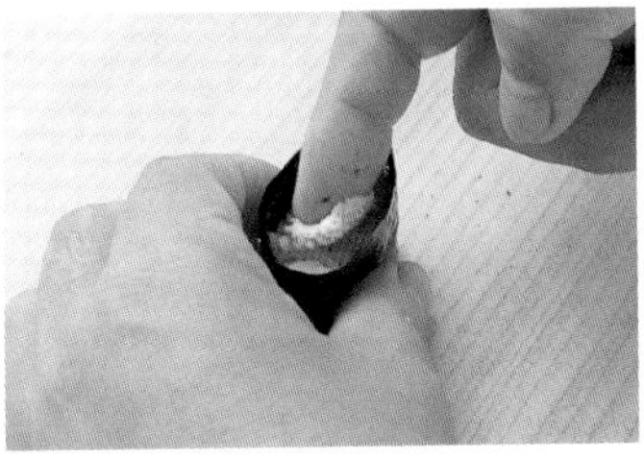

❻加上適量芥末。

❼加上適量鮭魚卵。

❹從冰箱取出魚卵（充分瀝水後顏色會較紅）置入漬汁中。

❺將鮭魚卵浸泡在足以浮游其中的醬油漬汁中一個晚上。

❻醃漬後瀝乾的魚卵。置於冰箱保存，約三天內用掉為佳。

軍艦卷——軍艦捲

❶右手沾手醋，並以此塗抹在左手。

❷取飯粒輕捏。

以醬油醃漬

在這裡使用生的鮭魚卵，但非盛產期買不到時，則使用鹽漬的鮭魚卵泡水去鹽。在製作鹽漬鮭魚卵時，拆解鮭魚卵最好要在鹽水中進行。

[醬油漬汁的比例]

濃醬油 1
味淋 1
酒 1
高湯 1

（以上）混合之後煮沸再使其冷卻。

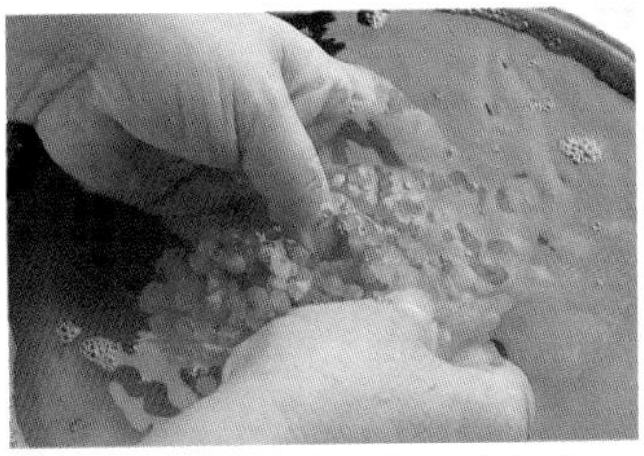

❶盆中注入較體溫稍高的熱水，在水中用手指掐破卵巢皮膜。

❷將皮膜外翻以便剝除鮭魚卵。要小心不要弄破鮭魚卵。

❸鮭魚卵置於竹篩上瀝乾水分。並將竹篩放在鋪了布巾的鐵盤上放冰箱約2小時瀝乾水分。

雲丹（うに uni）

中文名：**海膽**

握り（にぎり nigiri）——握壽司

最裡面為軍艦捲
海膽最常做成軍艦捲，
前方為握壽司。

握壽司所用的海膽，主要多為紫海膽或馬糞海膽，而食用的部分是刻意養大的海膽生殖巢。這些通常在產地就已經去殼裝盒。此次使用蝦夷紫海膽（8～9月解禁，利尻產），但到11月，市場上則可見解禁的根室、三陸產的海膽。

那麼海膽又該如何選購呢？盒裝海膽，以看起來結實而有彈性者為佳。不新鮮的海膽，鬆垮流動。另外還有許多進口海膽，其中明礬的味道很重，有些甚至時間越久越刺鼻，因此需小心留意。附殼而海膽口向上者鮮度最佳。

海膽因易破裂常做成軍艦捲，但因有些客人不愛吃海苔，因此時而也會做成沒有海苔的握壽司。這時要小心不要弄破海膽，留意力道的捏製壽司。

❶從海膽口入刀。

❷用刀切去海膽口周圍。

❸使用刀尾將海膽殼一分為二。

❹一分為二的海膽。

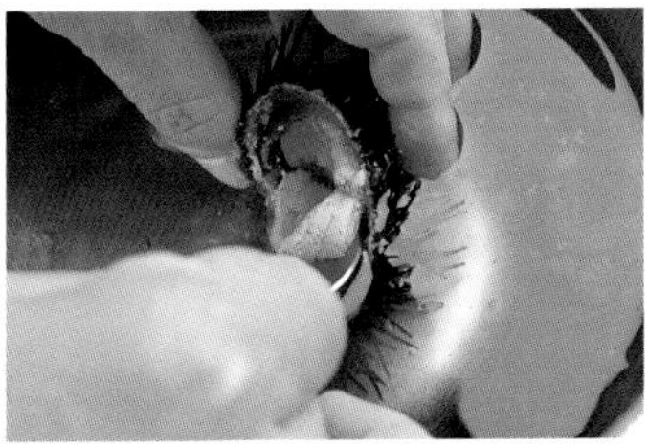

❺鐵盆內裝鹽水（由於海膽還活著，因此使用鹽水為佳），用湯匙順著海膽殼挖出海膽。

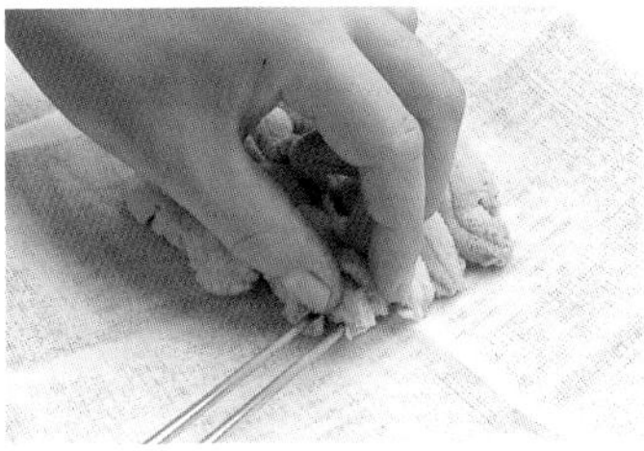

❻在竹篩上鋪布巾，將海膽內側朝下排列，瀝乾水分。移到木盒後，再移到食材櫃裡。

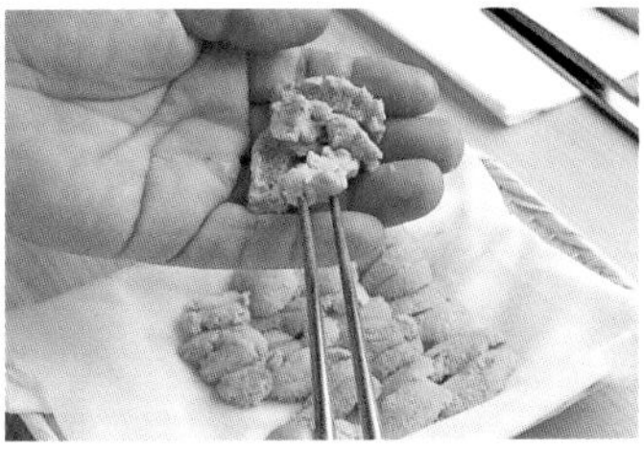

❼握住海膽。取適量海膽，讓海膽內側朝上的置於掌心。

❽沾芥末。

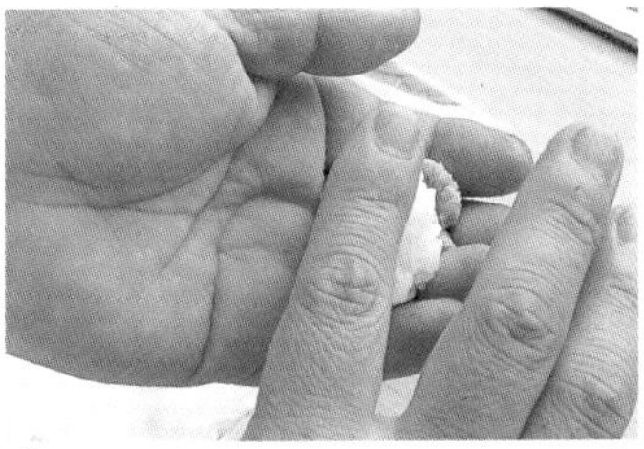

❾放上捏好的小飯糰之後捏成壽司。膨鬆的，不要捏碎海膽的調節力道輕輕在手中握一下即可。

海老（えび / e bi）

中文名：蝦

充滿彈性口感與美麗的透明感就是活跳蝦的醍醐味。經過氽燙之後，則會顯現出鮮豔的朱紅色。蝦子就是這種不管是生猛活跳或是經過氽燙，都能夠展現出獨特美味的食材。

壽司食材最具代表性的是大蝦（クルマエビ）。依大小有「細卷（サイマキ）」（5～6㎝）、「卷（マキ）」（10㎝左右）及大蝦（10㎝以上）的稱呼。其中最常用來做為壽司食材的是卷或大蝦。茶色外殼有光澤而具透明感者鮮度最佳。這次用的是重達60g的大蝦（熊本縣五輪町產，8月23日買進）。

另外還有甜蝦和牡丹蝦。這些蝦子的產地都在東北或北海道，具有入口即化的甘甜，為了不損及這份美味，使用時不經氽燙而直接生食。含卵的甜蝦（北海道積丹產，8月23日買進），其卵的鮮綠色正是鮮度的明證。

牡丹蝦（北海道襟裳產，8月23日買進，55g）價格比甜蝦高。採購時選擇蝦身透明，蝦卵鮮綠而不白濁者為佳。

活跳蝦

・握り（にぎ / nigiri）

——握壽司

大蝦

氽燙過的大蝦

刺身（さしみ）

sashimi

——生魚片

活跳蝦（おどり）

不僅大蝦，生猛的蝦類都有黏稠感，只要在手上沾醋便會方便處理。活跳蝦當然要使用活蝦，因此不會事先做好，要等到點了菜才會做下列動作。

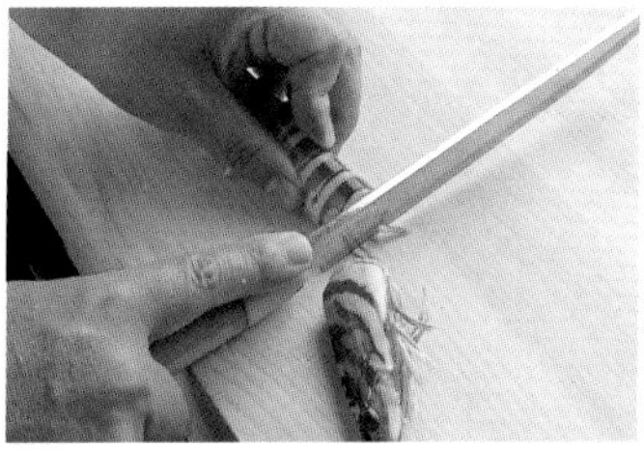

❶切掉蝦頭。

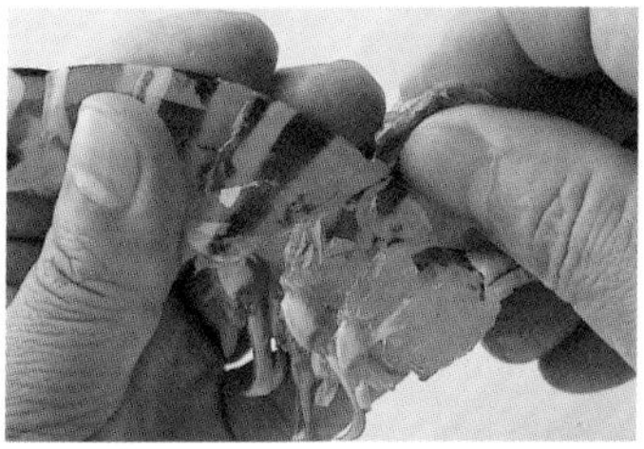

❷剝去蝦殼和腳。

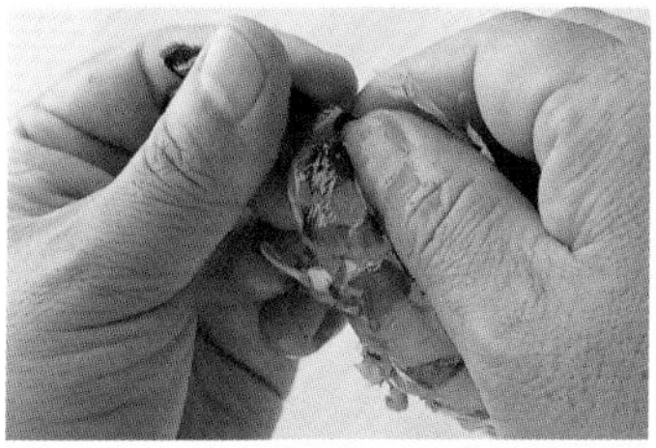

❸剝去接近蝦尾的殼。小心不要連蝦尾都剝掉。

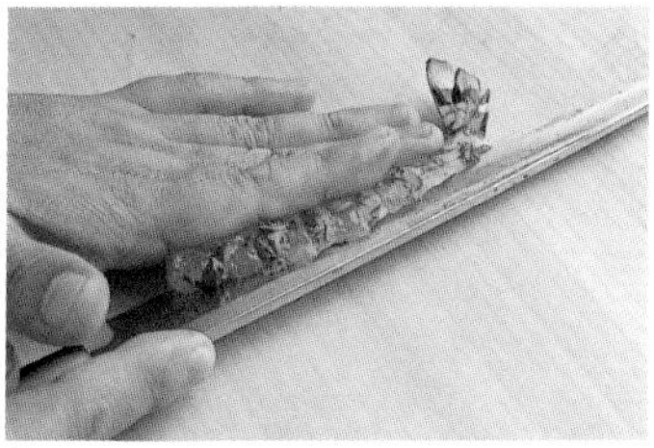

❹從蝦背入刀，深切至蝦腹。

❺打開蝦身。

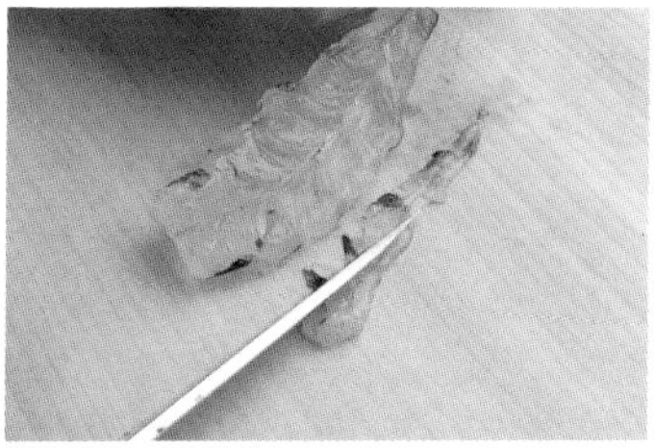

❻除去蝦背上的蝦腸。

❼活跳蝦食材完成。

大蝦（氽燙）

為了燙出均衡的美麗顏色，要使用裝入蝦子後仍綽綽有餘的大鍋。蝦子浮上鍋之後再往下沈便煮好了。

❶將蝦子腹部朝上並將竹籤插入腹部。

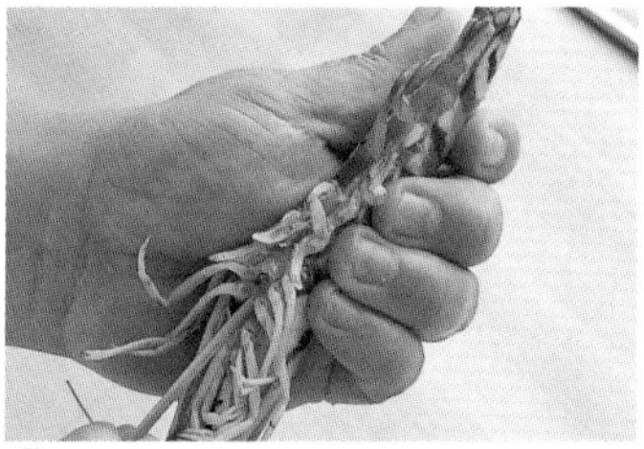

❷竹籤順著腹殼串過整隻蝦。

❸穿過蝦尾中間部分。

❹在大鍋中煮沸清水，加入一撮鹽。

❺放入串了竹籤的蝦。

❻湯沫浮起則撈除。

❼浮起後會再沈下便煮好了。看狀況汆燙時間約8分鐘。

❽燙好的蝦子。

❾馬上放進冷水之後再撈起拭去水分。

❿轉動拿下竹籤。

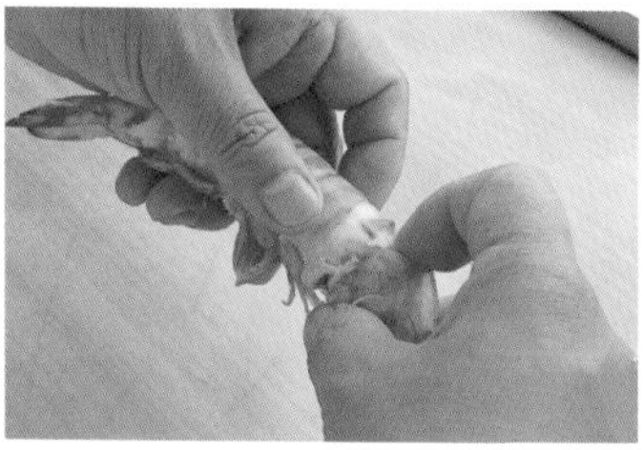

⓫剝掉蝦頭。

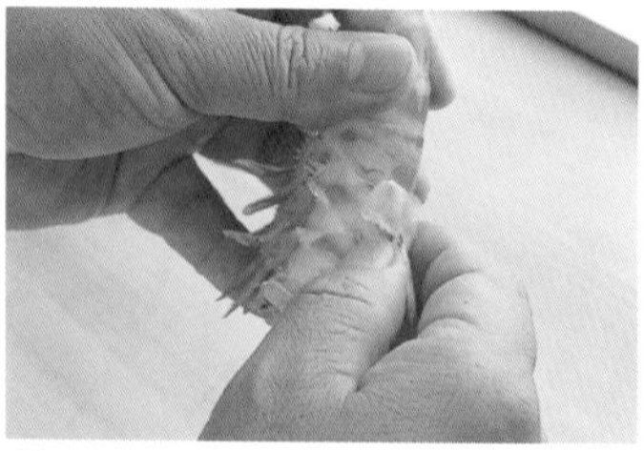

⓬剝殼去腳。

⓭剝去蝦尾較堅硬的殼。

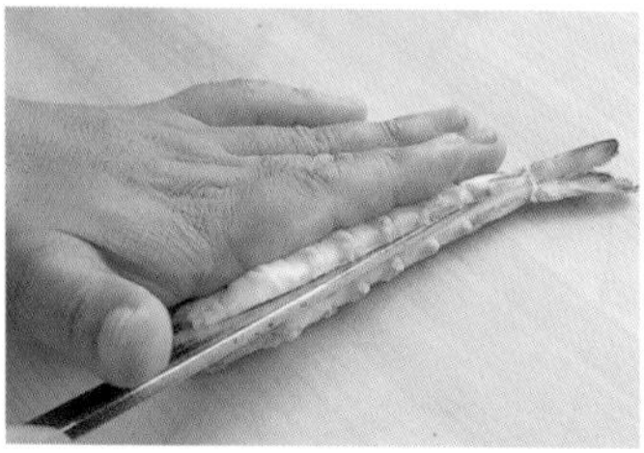

⓮由蝦腹入刀。

⓯切開蝦身。

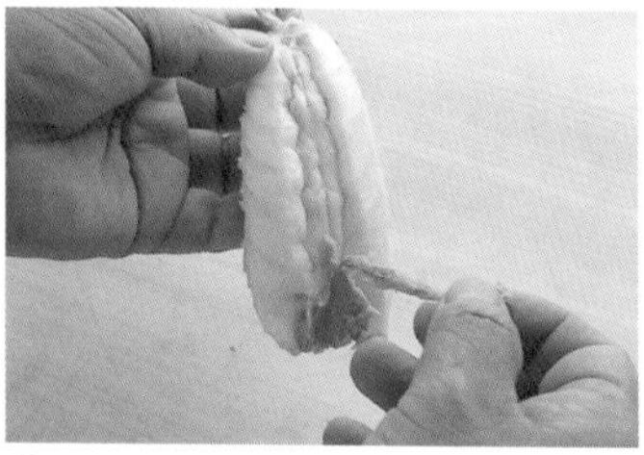

⓰抽離蝦子背上變紅的蝦腸。

⓱將頂端切整齊。

⓲用來做握壽司食材的大蝦。

牡丹蝦

刺身（さしみ sashimi）——生魚片

握り（にぎ nigiri）——握壽司

上面加牡丹蝦卵。

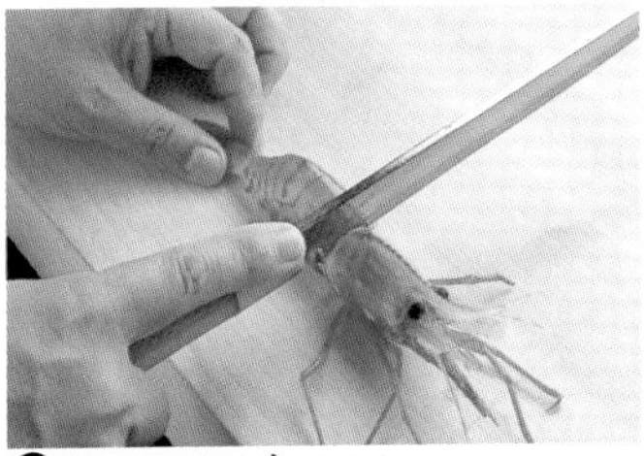

❶以刀尾切去蝦頭。

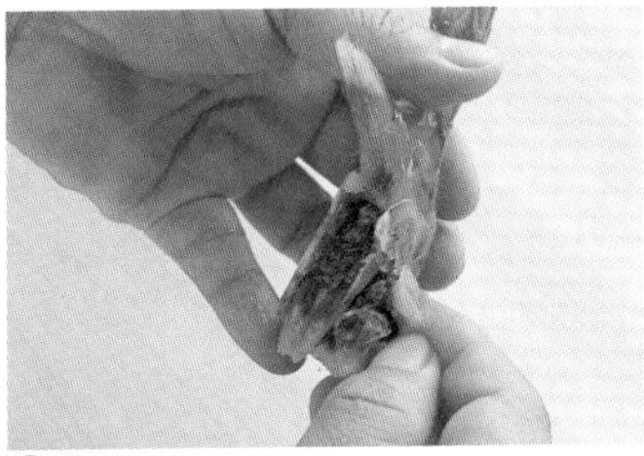

❷剝殼。

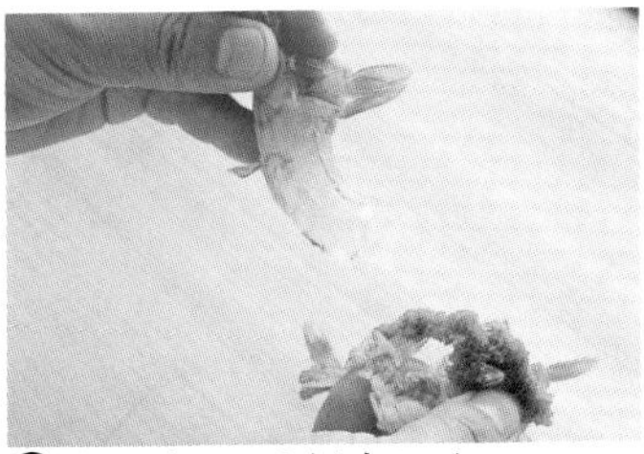

❸與腹殼一同剝去蝦卵。

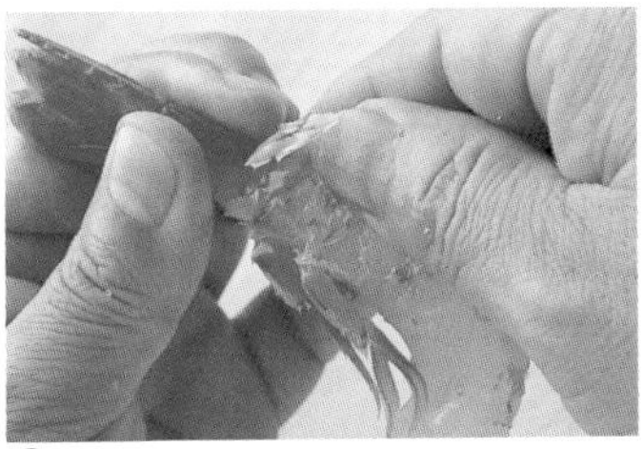

❹剝去蝦尾殼。

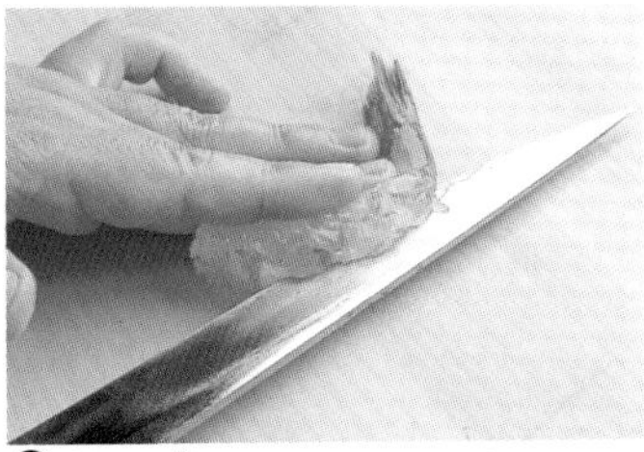

❺從蝦背入刀。

❻打開蝦身，就成牡丹蝦握壽司的食材。

握り（にぎ nigiri）——握壽司

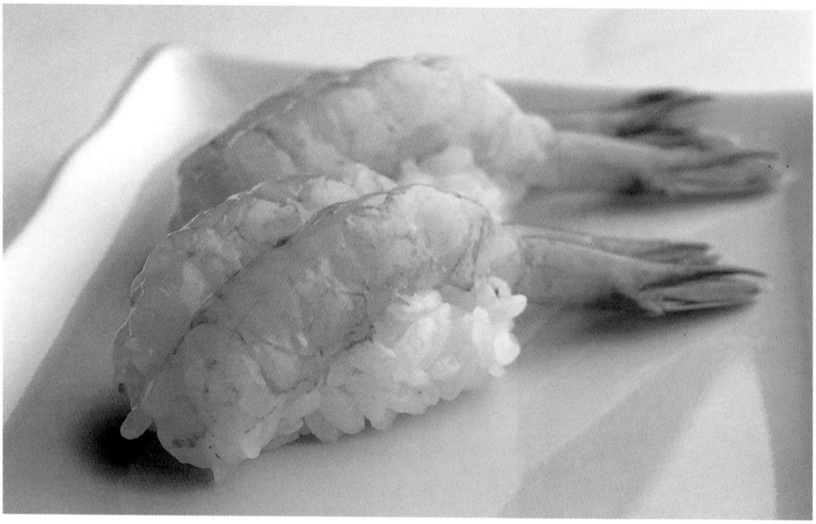

軍艦巻（ぐんかんまき gunkanmaki）——軍艦捲

甜蝦卵。

一捲使用三隻蝦卵。

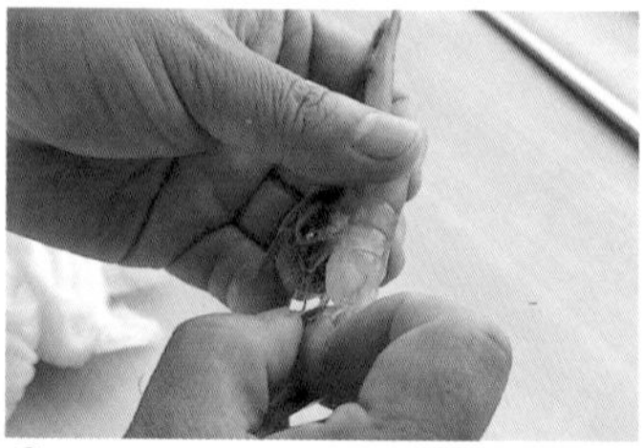

❶用手指剝去蝦頭。

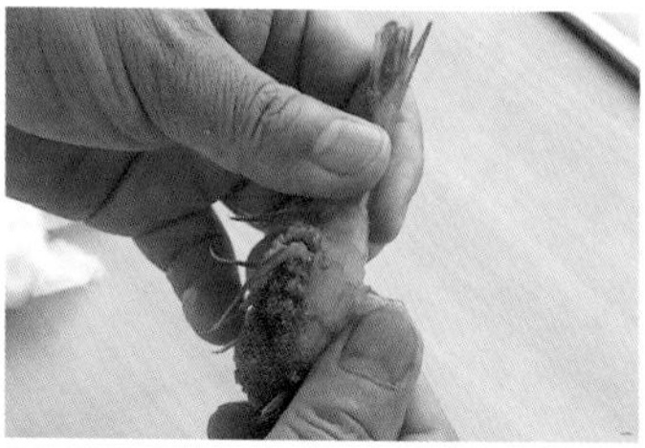

❷與殼一同剝去蝦卵。

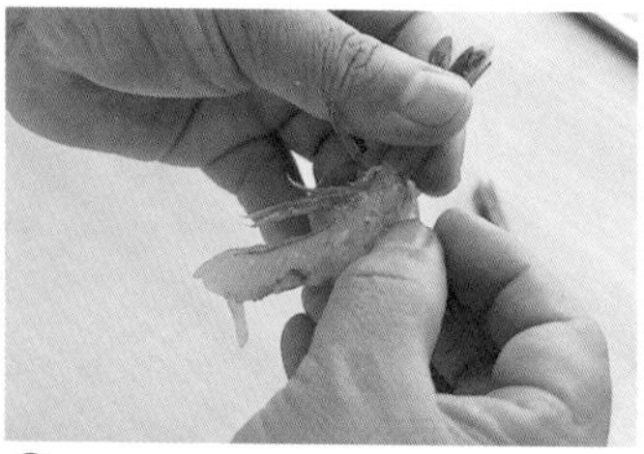

❸剝去蝦尾殼。以甜蝦兩尾做成一捲握壽司。

春子（かすご kasugo）

中文名：春子鯛

握り（にぎ nigiri）——握壽司

不用醋漬，改以爽口的清鹽處理。

春子鯛在日文稱之為春子（かすご），雖然也用醋漬的調理方法，但在這裡為突顯鮮度，因此改以爽口的清鹽處理。正如其名，春子鯛是產於春季的幼鯛，其櫻花色的玲瓏身軀令人聯想到春天，但另外也因其體型較小之故而稱之。

雖說若狹的春子鯛名聞遐邇，但是築地市場的春子鯛多來自九州、四國、愛知一帶。這裡使用茨城縣潮來產的春子鯛。用於壽司食材，一般以身長約10cm者較好處理。另外天然的春子鯛跟嘉鱲魚一樣，會在櫻花色的魚身上顯現出鮮豔的藍色星點。選購時以鱗片結實緊貼，魚身厚實者為佳。

藍色斑點是天然魚貨明證。

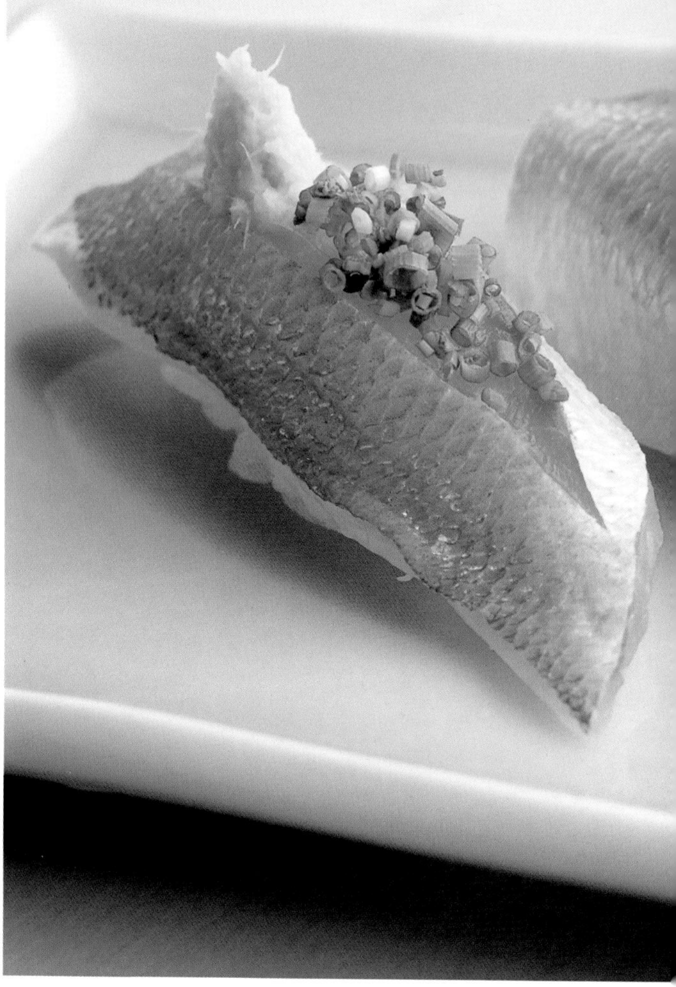

握り（にぎ り / nigi ri）

——握壽司

飾以薑末和淺蔥花。

刺身（さし み / sashi mi）

——生魚片

開背法

❶緊抓住魚嘴，用刮具將魚鱗去除乾淨。

❷魚鰭、魚腹、魚背只要用手指撐高魚身，便能輕易去除。之後以清水沖洗。

❸在胸鰭緊接腹鰭處入刀斜切去魚頭。

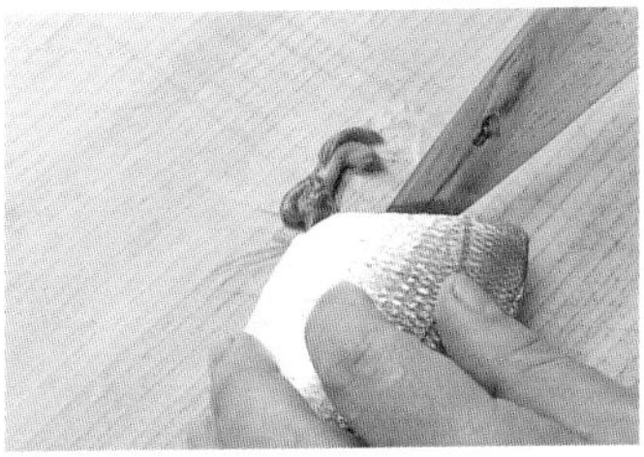

❹以刀尖清除內臟。

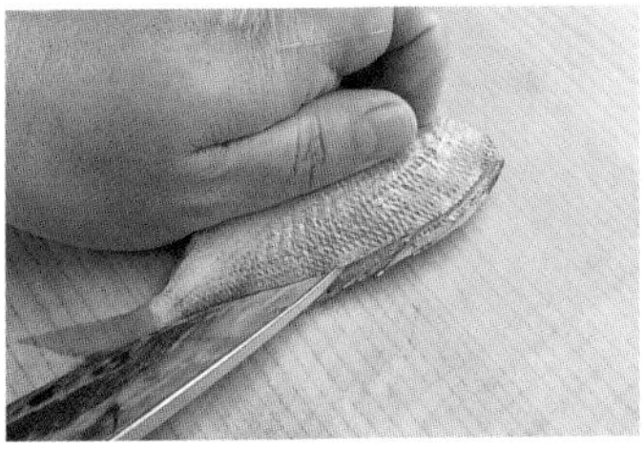

❺由魚頭朝魚尾方向，沿魚背骨輕切入刀。

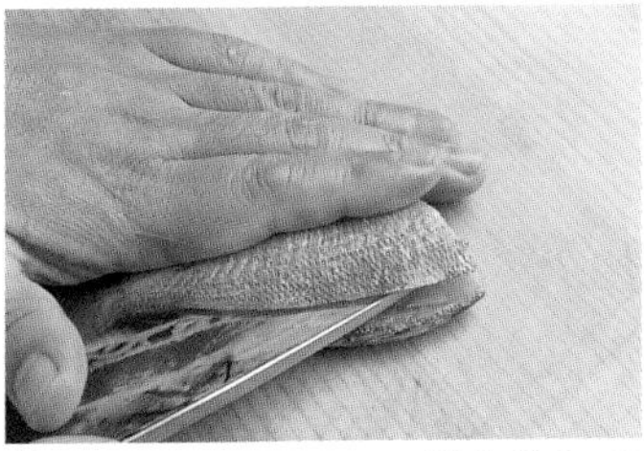

❻由❺的切點切入，順中骨切下魚背。

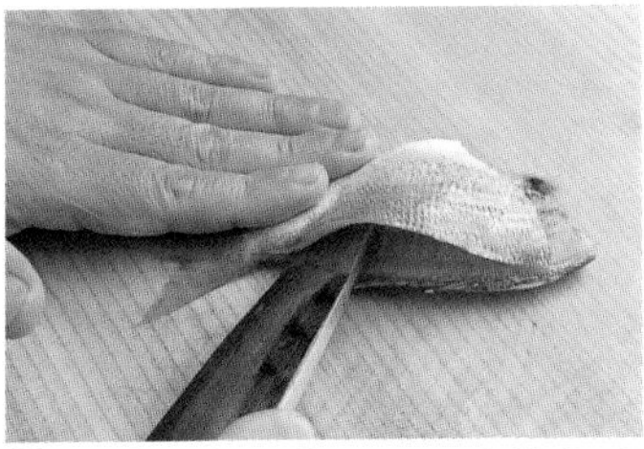

❼接著切去腹骨接點，然後越過背骨，切下整片腹側魚身。

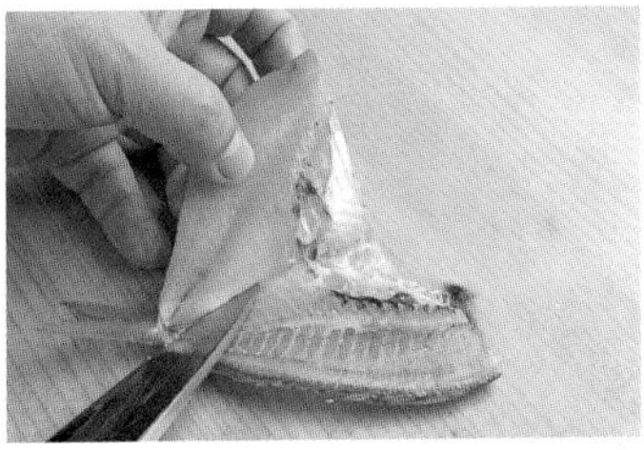

❽切到緊接魚腹皮的地方，俐落的打開魚身。

❾打開魚身後中骨壓在砧板上，再切下另一邊。沿背鰭骨切入後，再從切入點深入到背骨，然後沿中骨切下魚背肉。

❿切除與腹骨的接點。

⓫切下連接背骨的魚腹。

⓬在連接魚尾處切除中骨，分開切開後的魚肉與魚骨。

⓭以刀壓住魚鰭，抓住魚尾拉掉尾鰭。

⓮翻面切除魚腹骨。

汆燙

❶拔去小刺。順著魚身纖維（朝魚頭方向）小心仔細的拔除。留意別傷及魚身。

❷在容器上鋪布巾，之後讓魚皮朝上將魚肉排列其上。

❸再覆蓋一層布巾。

❹斜拿容器，並輕淋上熱水。如此可突顯魚皮美麗的紋路。

❹與❷同樣高度，均勻的將鹽撒向魚身。鹽巴的份量如照片所示。擱置三分鐘。

❺置水龍頭下以清水洗去鹽分。

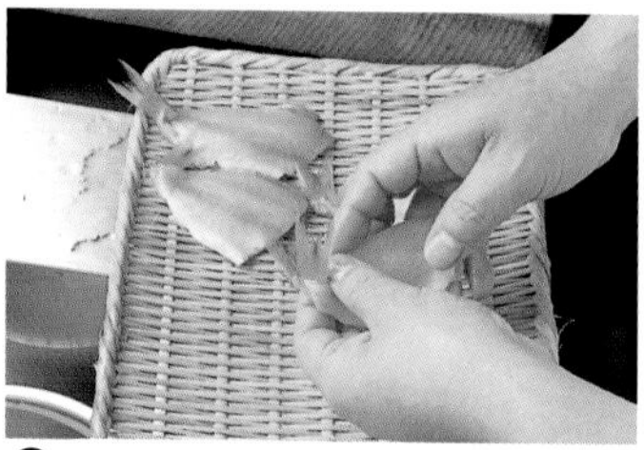

❻避免傷及魚皮的將魚身向內折起，不要重疊並排於竹篩上。

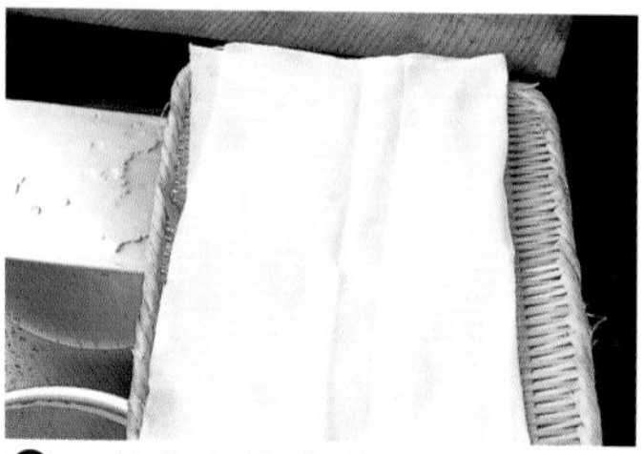

❼以乾布巾覆蓋後置於冰箱20～30分鐘去除水分。

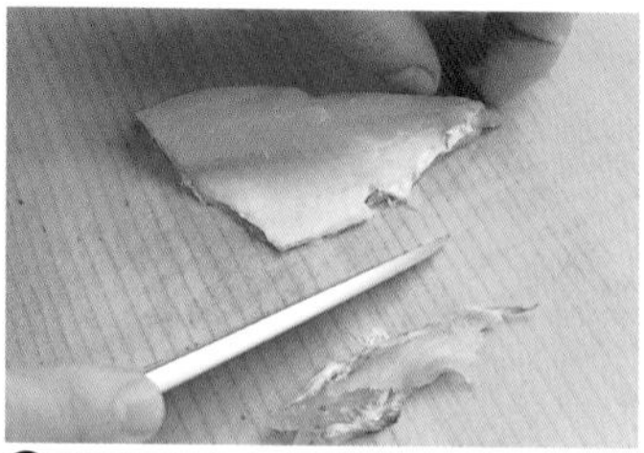

⓯將魚皮向內側折起，並切除腹骨。

撒鹽

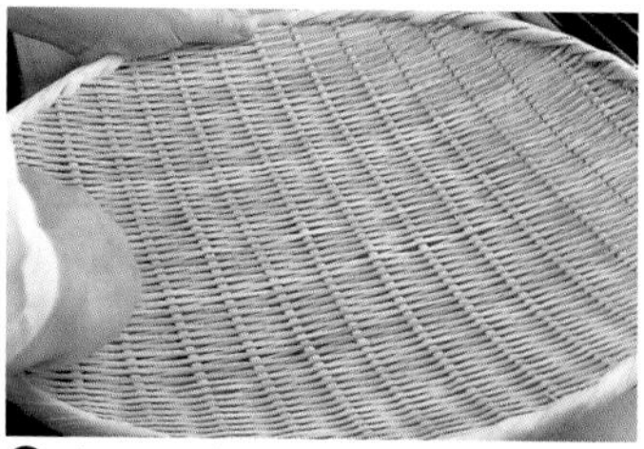

❶準備竹篩，以沾濕的布巾輕擦過，以便鹽巴可均等附著。

❷從高處將鹽均勻撒向竹篩。鹽巴的分佈分量如照片所示。

❸魚皮朝下，將魚身較厚處向著竹篩中間排列，以便鹽均勻分散（鹽會由上往下入味，因此魚身較厚處要朝下）。

切法

❶ 拿掉竹葉，切除單薄的魚腹與魚尾部分。

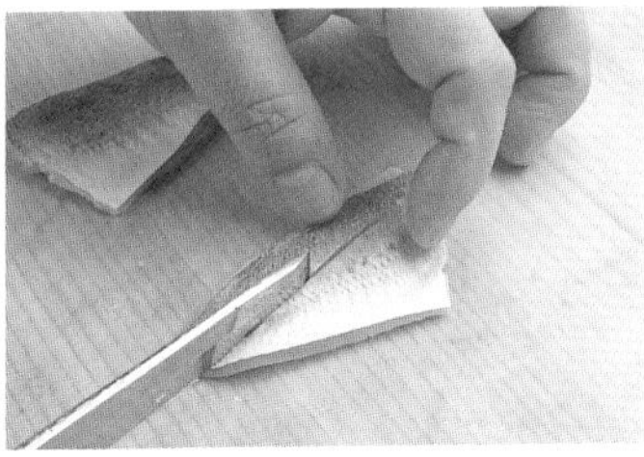

❷ 斜面入刀切入一道裝飾刀痕。並依喜好配上薑末與蔥花清爽入口。

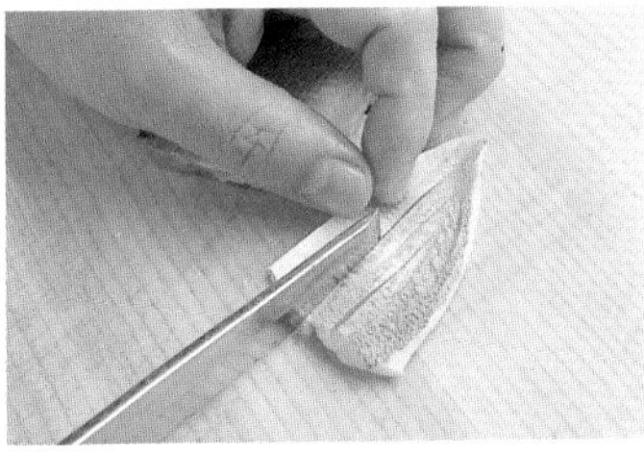

❸ 首先縱向輕切三刀裝飾刀痕。

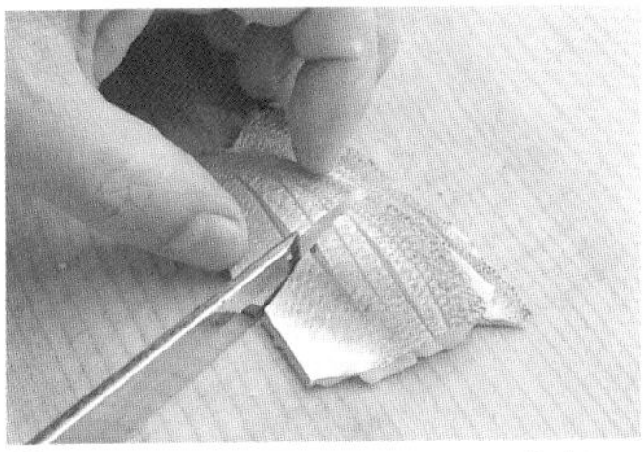

❹ 然後切成容易入口大小裝盤，並以薑末、蔥花作為配料。

❺ 取下布巾，馬上將魚放入冰水冷卻。魚身很薄注意別加熱過度。

ネタ——握壽司食材

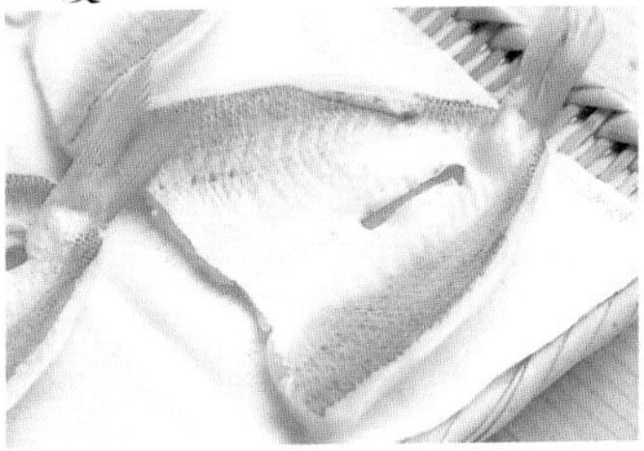

❻ 魚皮向上並排在墊了乾布巾的竹篩上，並再覆蓋乾布巾，輕壓以吸取水分。

❼ 配合魚身大小切好竹葉備用。

刺身——生魚片

❽ 為了避免魚皮沾黏，在魚身內側夾一片竹葉對折。

❾ 竹篩上鋪一層布巾，將春子鯛並排其上，並以保鮮膜覆蓋之後，置入冰箱保鮮備用。

数の子・子持ち昆布

かずのこ・こもちこんぶ

ka·zu no ko ko mo chi ko·n bu

中文名：
乾青魚子
乾青魚子昆布

・握り（にぎり / nigi ri）——握壽司

右起為乾青魚子昆布、乾青魚子。

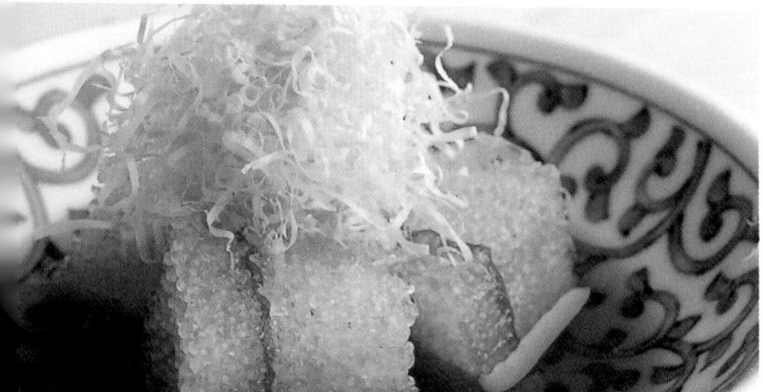

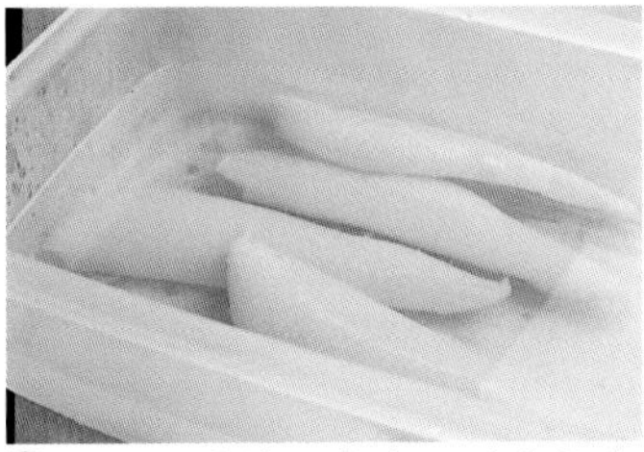

❶以足以覆蓋乾青魚子（或乾青魚子昆布）的薄鹽水浸泡一夜去除鹽分。

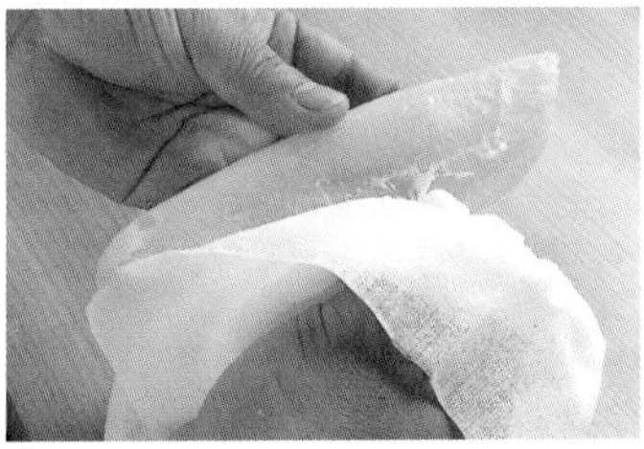

❷小心取下附著於乾青魚子上的薄膜。

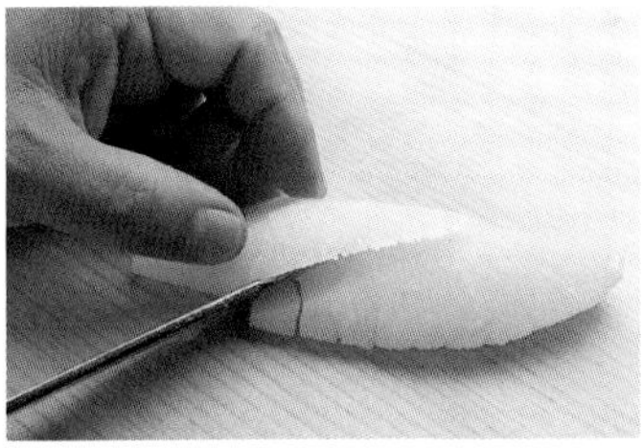

❸若用於握壽司食材，則斜切。一根乾青魚子（或乾青魚子昆布）可切成三片做成三捲。若要作為小菜，則一切為二。

乾青魚子是鹽漬鯡魚卵。選購卵粒結實且大者為佳。新貨會呈現漂亮的黃色。

乾青魚子昆布指的是鯡魚將卵直接產於其上的昆布。最近市場上常見的厚青魚子昆布，據說多是在1～5月間，將舊金山灣北上的抱卵鯡魚趕到加拿大喬治亞灣使其產卵的製品。

由於鹽分相當高，因此使用前必須充分去除鹽分的手續相當重要。去除鹽分的方法兩者皆同，下面便以乾青魚子為例說明。

・つまみ tsu ma mi —— 小菜

（乾青魚子與乾青魚子昆布）

乾青魚子或乾青魚子昆布以同比例的高湯及濃醬油調製成的醬汁輕醃過之後裝盤，並以少量柴魚花裝飾。

鰹（初鰹）

かつお

katsuo

中文名：鰹魚（初鰹）

握り

にぎ

nigiri

握壽司

鰹魚搭配薑末與淺蔥花品嚐。

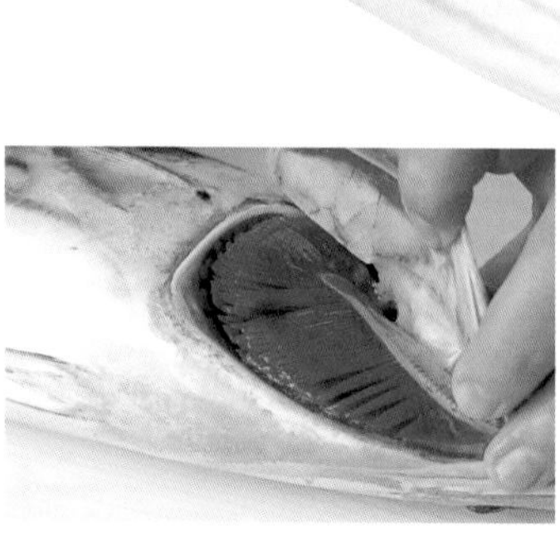

新鮮鰹魚的鰓呈現漂亮的粉紅色。

刺身（さしみ sashimi）——生魚片

櫻花綻放的時節，初鰹的身價據說高到喜新並求好運兆的江戶人，不惜把老婆送進當鋪都要嚐鮮的程度。即便現在，只要一入春，初鰹便會充斥市場，是一項非常具有季節感的食材。

初鰹肉深紅而少油脂，且由於魚齡尚幼，因此魚肉結實，口感極佳。唯獨皮與肉之間有一層薄薄的皮下脂肪，因此為了突顯這個時節初鰹的美味，通常是做成不剝皮便直接在火下烤的「炭烤生鰹魚」。

一般而言，9～10月間上市的鰹魚，體重已達春季的4～5倍，由於身上的油脂豐富，因此不做成「炭烤生鰹魚」，而多剝去魚皮生食。

選購鰹魚以體呈鮮豔銀色，魚鰓成漂亮粉紅色者為佳。若魚鰓顏色黑濁，則表示鮮度不佳。

另外一般亦認為魚臉多傷的鰹魚最為美味。因為這樣的鰹魚通常都搶先游在成群迴游的鰹魚群中，可謂魚群領導者，在魚群中較為敏捷，魚肉亦較為結實，當然就更為美味。

另外單隻海釣的鰹魚價格較為昂貴，主要是因為魚身沒有受傷。網撈的鰹魚多有表面看不出的打撲傷，諸如此類受傷的部分不能用，也會加速整體魚肉的劣化，因此須要格外注意。

鰹魚節切法

❶橫放刀面，由魚尾部分削切。

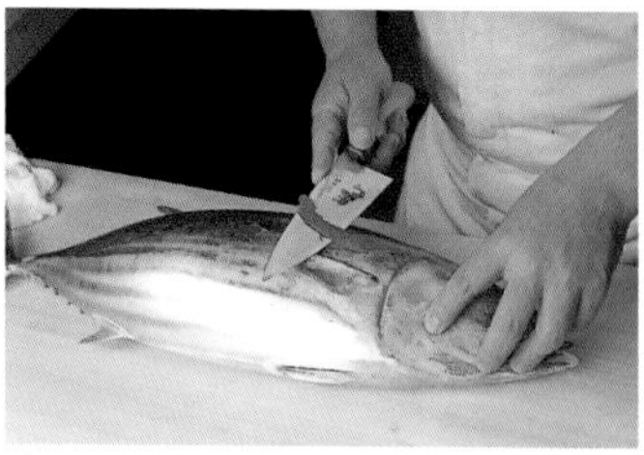

❷削切掉魚側或魚背等魚皮較厚的部分。

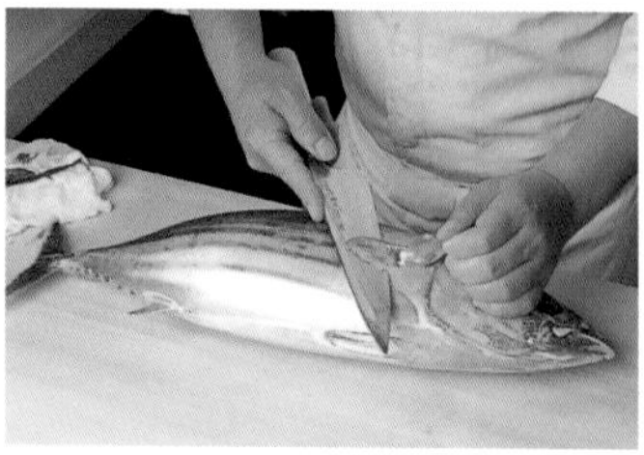

❸提起胸鰭，小心的切除。

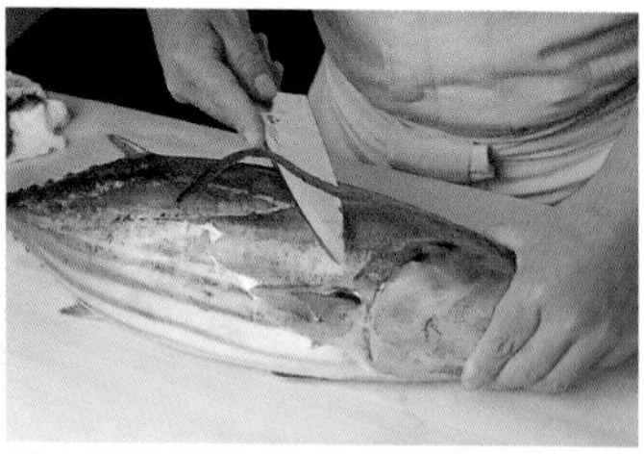

❹魚腹朝上，削去魚腹下方的硬皮。反面也同樣依❶～❸步驟處理。

❺從腹鰭接點斜切入刀。

❻再從胸鰭接點斜切入刀。反面也同樣斜切入刀，切去魚頭。

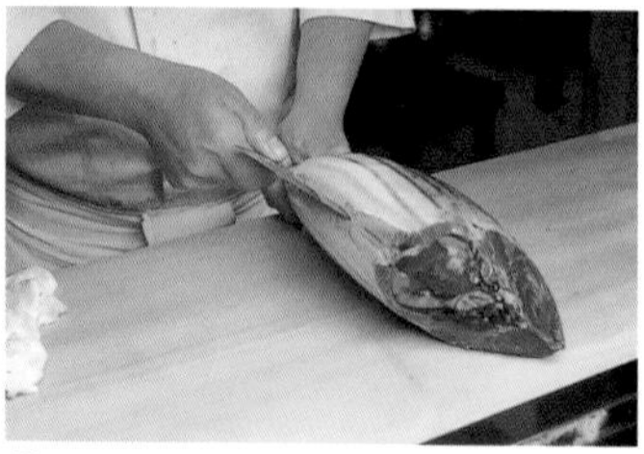

❼接著用刀背由排泄口處切開腹部。

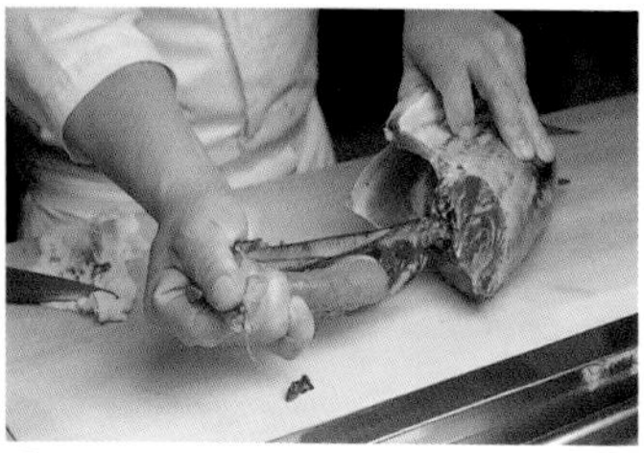

❽用手拉出內臟。

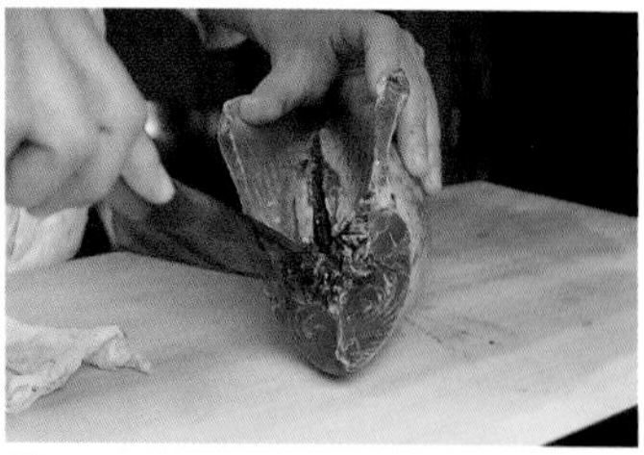

❾用刀背沿著背骨入刀，血水會順著刀尖流出。

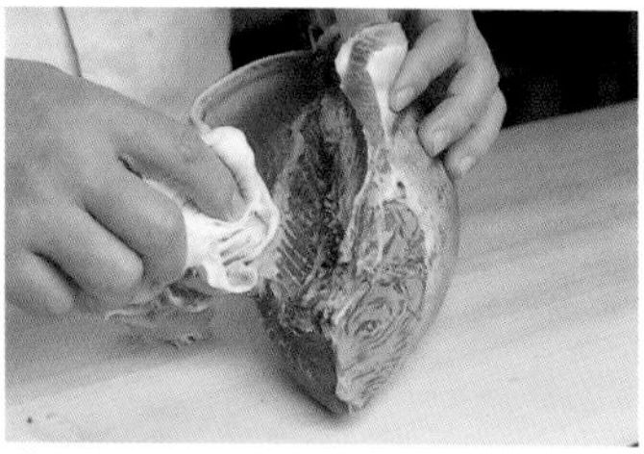

❿在水龍頭下以清水沖洗之後，以布巾拭去水分及血水。

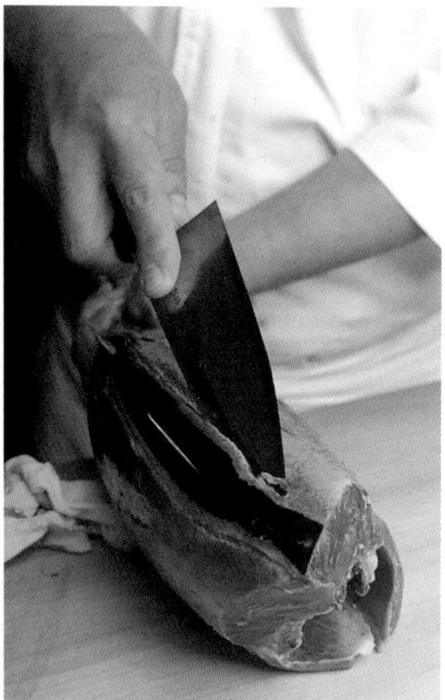

⓫手持魚尾，再以刀背由前端入刀，在背鰭兩側切入刀痕。

⑫單手抓起魚身，用削切的方法切除背鰭。

⑬先將魚身切成三片。魚腹朝前在緊接中骨處入刀切下魚腹。

⑭魚背朝前，以同於⑬的要領切入中骨並切下魚背部份。

⑮然後完全切掉接近魚尾部分的中骨。

⑯由魚尾抓起整條魚，從步驟⑮切下處切下單面魚身，去掉背骨。

⑰切掉魚尾接點。

⑱拿掉單面魚身的狀態。

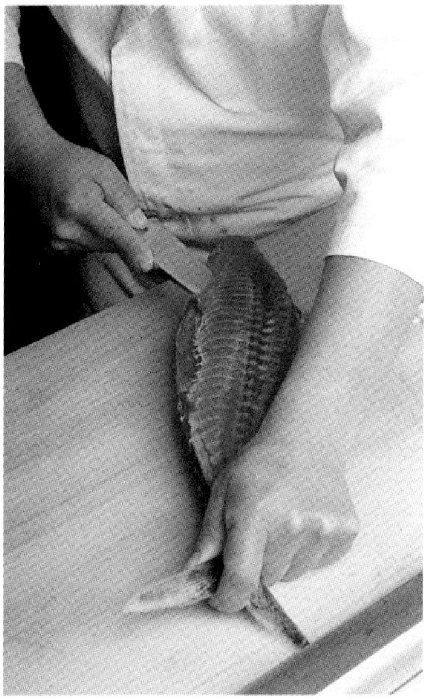

⑲魚背面朝自己，在中骨下入刀沿著中骨切下魚背。

⑳魚腹朝前，在中骨下入刀切下魚腹部。

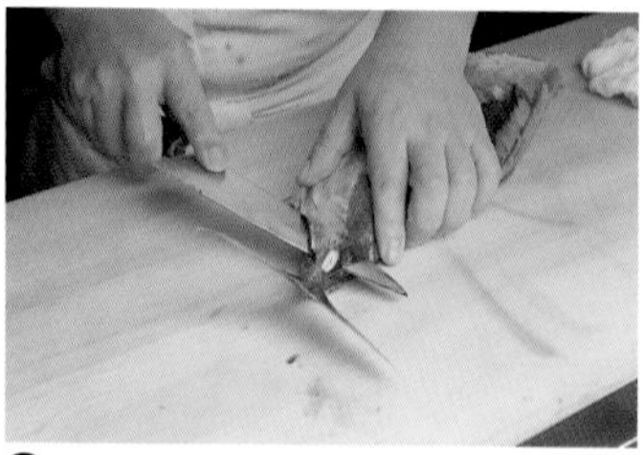

㉑完全切斷接近魚尾的中骨。

㉒抓起魚尾並從魚尾入刀，切下另一面魚身，並卸下背骨。

㉓切掉魚尾。

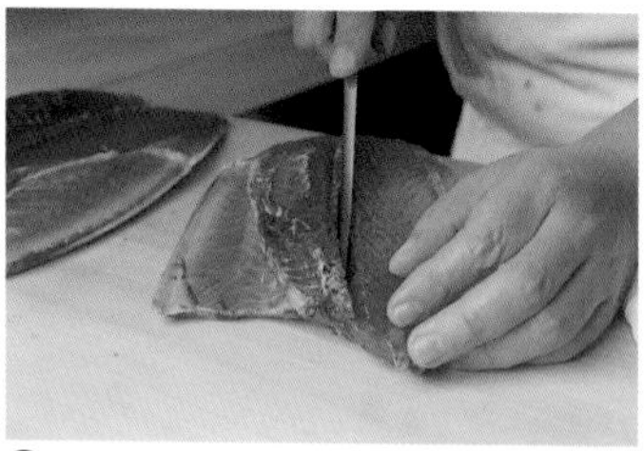

㉔沿著背骨痕跡切成兩半。

㉕依接點大卸成五片的鰹魚。此法稱之為「鰹魚節切法」。

炭烤生鰹魚

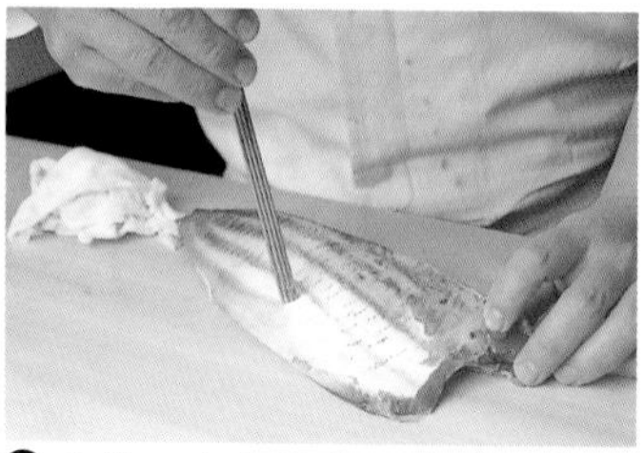

❶手持八支細鐵串，在使用節切法卸下的鰹魚表皮刺穿小洞。深度約5～8mm。透過穿刺動作，可使鹽分均勻滲透魚身，加熱速度也較快，因此可以讓魚皮避免燒焦。

❷接近魚皮處以三支鐵串穿刺成三叉狀。如此可便於單手握於三叉末端，魚肉也不易鬆散。

❸魚皮向上，並在表面上抹大量的鹽巴。

❹從魚皮開始烤。快烤焦時便移動烤魚側，魚皮處要烤熟些。

❺側身部分要烤到如照片所示的程度。

❻馬上浸泡冰水。磨蹭之間，熱度又會讓魚肉變熟，因此❹～❻的步驟，必須手腳俐落。

❼魚肉置布巾上，一邊轉動一邊取下鐵串。避免讓魚肉脫落。

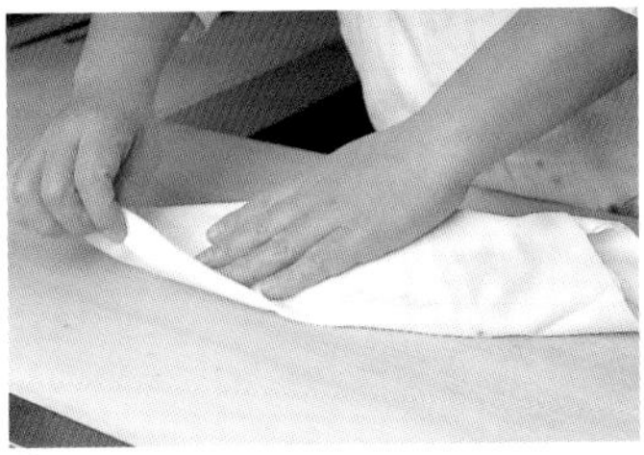

❽以布巾拭去水分。

❾切除帶血部分。

❿以刀背切除與腹骨的連結。

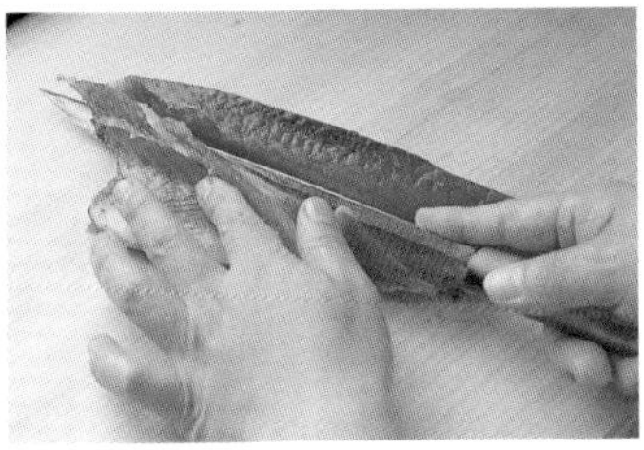

⓫從❿削切處前端入刀，切除腹骨，最後立起刀，去皮並切下腹骨。

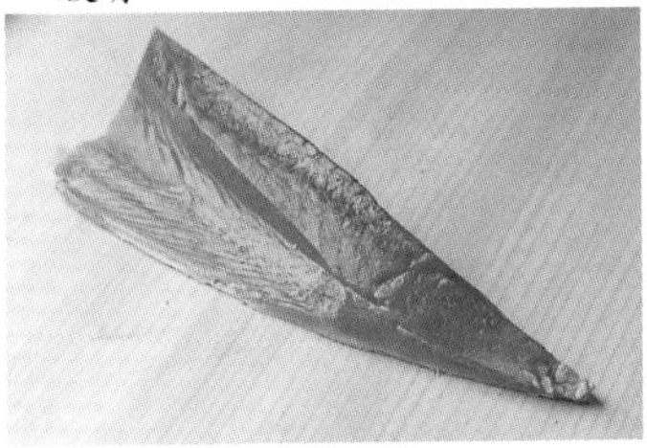

⓬處理完成後的炭烤生鰹魚。

切法

從魚尾部分斜切成片備用。

❶魚皮向上，入刀但不要切斷。

❷之後再切斷。這種切法稱之為「八重造」、「中一刀切法」或「兩枚落」。

鱚（きす）ki.su

中文名：
沙鮻魚
多鱗鱚
沙鑽仔魚

握り（にぎ）nigiri

握壽司

魚目中央呈深黑色者為佳。

沙鮻魚在初春到初夏之間迎接盛產期，是握壽司帶皮食材的一種。一般多認為夏季為盛產期，但因為這時開始進入產卵期，因此7～8月必須留意魚身較瘦，味道也較差。

通常用於壽司食材的是白沙鮻魚（以下通稱沙鮻魚），在選購時以魚身長約20cm左右（單面大約可做成一捲握壽司），魚鱗緊密覆蓋全身，魚身中央突起粉紅色的體線，且腹部有泛藍珍珠色者為佳。另外魚目中央閃耀黑色光澤者為新鮮度的明證。築地市場裡的魚貨，多來自常磐或東京灣。

搭配薑末與淺蔥花。

・刺身（さしみ sashi mi）——生魚片

搭配生薑醬油品嚐。

開背法

一條魚可取兩個握壽司份量，將鮮魚以開背法處理並留下魚尾，撒鹽並汆燙。

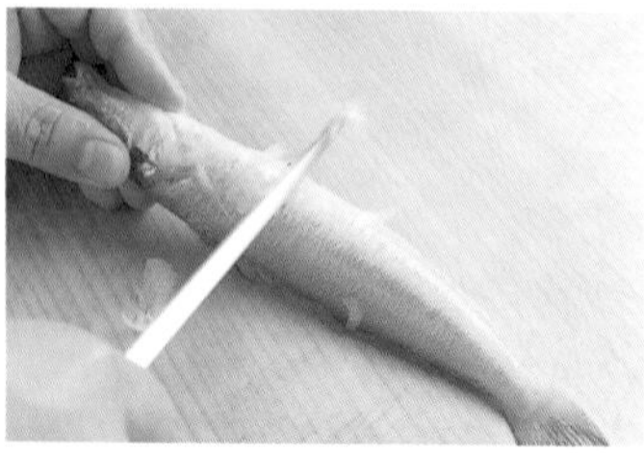

❶ 緊抓住魚頭，從魚尾開始向著魚頭方向以刀尖刮除魚鱗。

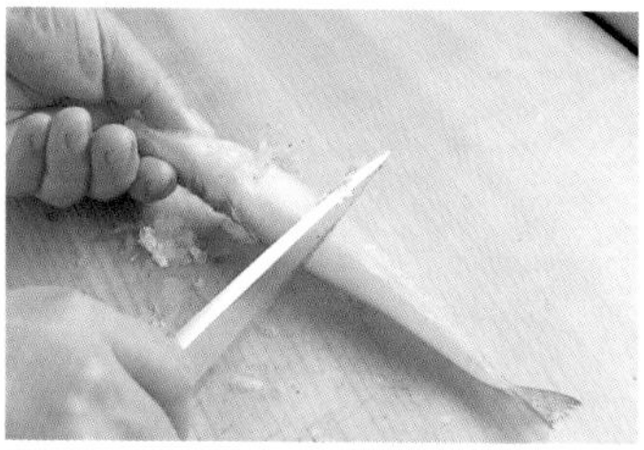

❷ 為避免魚鱗清除不乾淨，魚腹部分要仔細處理。

❸ 在緊接胸鰭處斜切下魚頭。

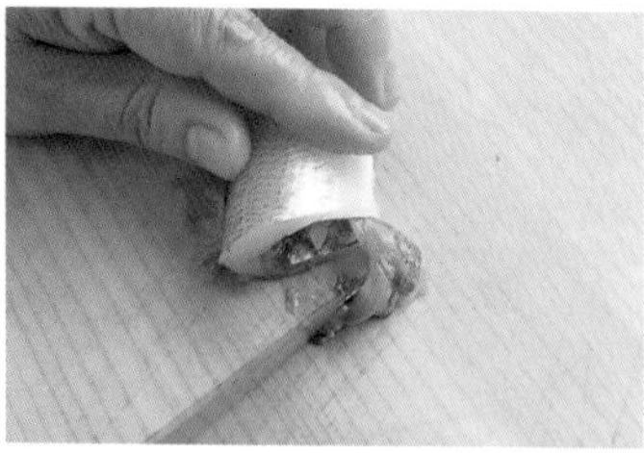

❹ 以刀尖從切口拉出內臟。

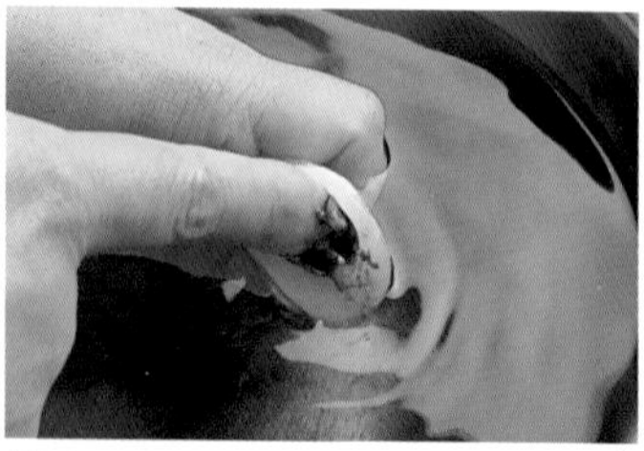

❺ 在水龍頭下以清水悉心洗去血水與腹內黑膜。

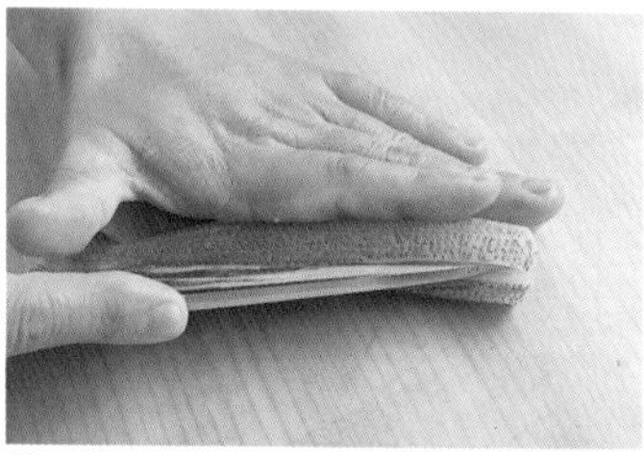

❻ 先入刀至背骨處切下魚背。順頭至尾的方向在緊接背鰭處入刀。刀面與砧板平行無角度。

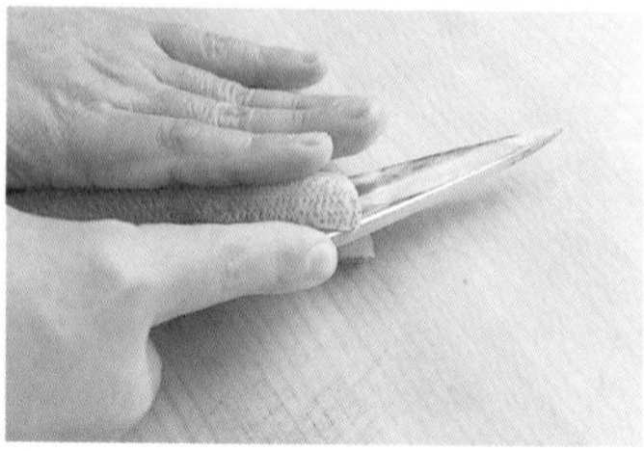

❼ 接下來卸下魚腹。首先切斷腹骨的關節。

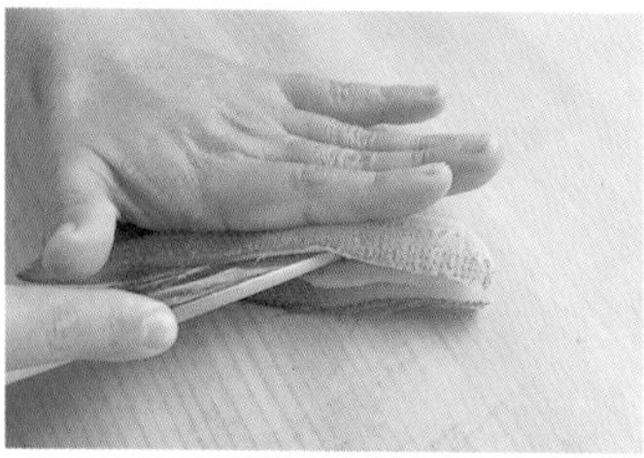

❽ 自此，讓刀以搭在背骨上的感覺切下魚腹。

❾ 切到與魚尾的接連處時，打開魚身。

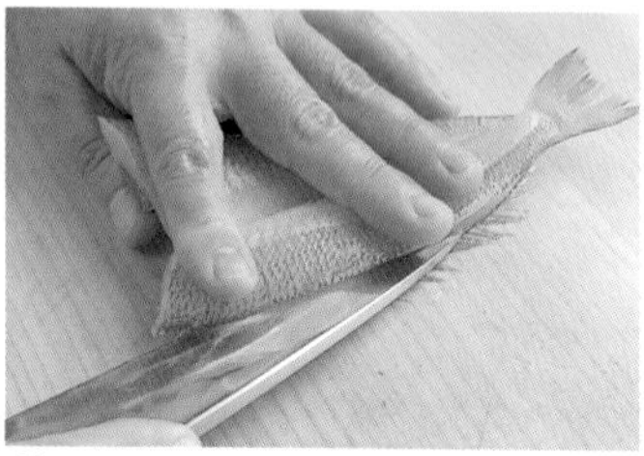

❿ 開面下翻切另一面魚背。以同❻的步驟在緊接背鰭處入刀，順著魚頭至魚尾的方向切。

⓫ 切斷與腹骨的接點，將骨身壓在砧板上，順魚頭至尾的方向邊壓邊切下中骨，卸下魚腹。

❹在水龍頭下以流動清水洗去鹽分，移到竹篩上瀝乾。

❺以布巾悉心擦拭過水分後，開始拔除小魚刺。要順著魚身纖維的方向拔除。

汆燙

汆燙是為了突顯魚皮的美麗，但必須留意不要加熱過度。

❶在竹篩上鋪一層布巾，並將沙鮻魚魚皮朝上排列擺放。

撒鹽

由於是小魚，因此鹽漬的時間以短時間為佳。

❶以濕布巾擦拭過竹篩，讓竹篩保持濕潤度，並撒下如照片所示的鹽巴份量。

❷將完成開背之後的沙鮻魚魚皮向下的排列。

❸從高處均勻撒鹽。鹽的份量如照片所示，就此放置3分鐘。

⓬切到尾鰭接點。

⓭在緊接尾鰭處切斷中骨。

⓮將魚頭向著自己，以刀尖薄削去腹骨。

⓯另一面也以同樣的手法削去腹骨後，開背便大功告成。

❸在魚皮上斜切入刀。

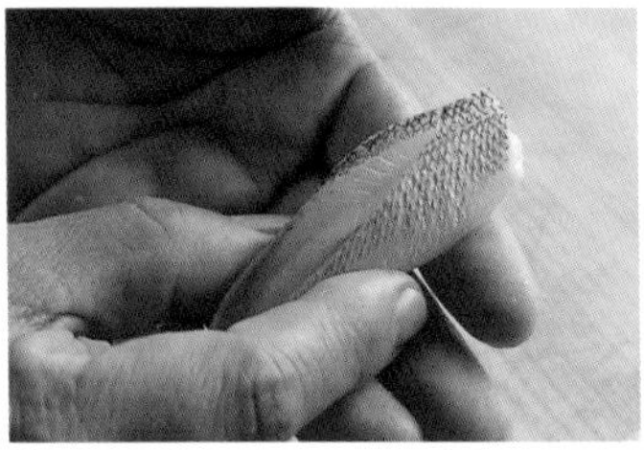

❹為了讓握壽司形狀美觀，切痕要稍微深一些，呈現出皮與肉之間美麗的顏色。

刺身——生魚片

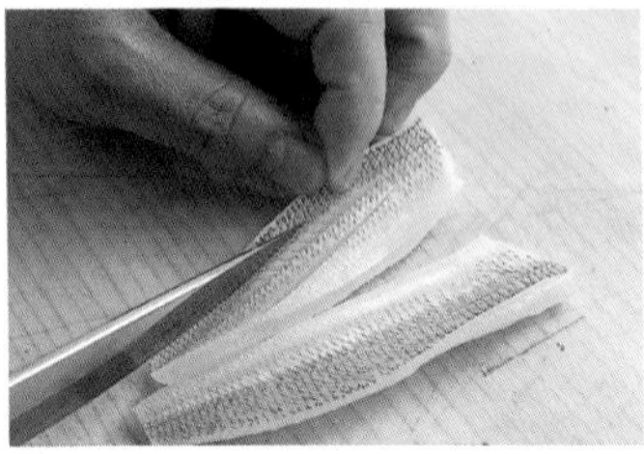

❶切去尾鰭與魚腹（同握壽司食材步驟❶～❷）。在魚身縱切三道切痕。

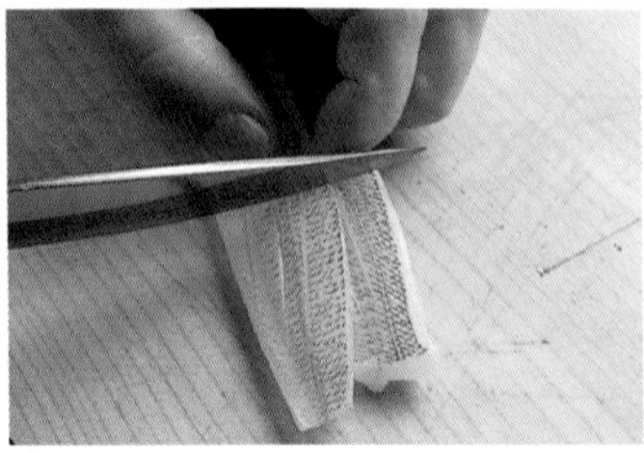

❷一切兩半成易入口大小之後裝盤，並附上生薑醬油。

❼若要放進壽司食材櫃，則要在長盤上鋪一層竹葉，之後每片魚之間都放一片切好的竹葉。

❽魚與魚之間夾著竹葉，稍有落差的疊放並排列美觀之後，移至食材櫃。

切法

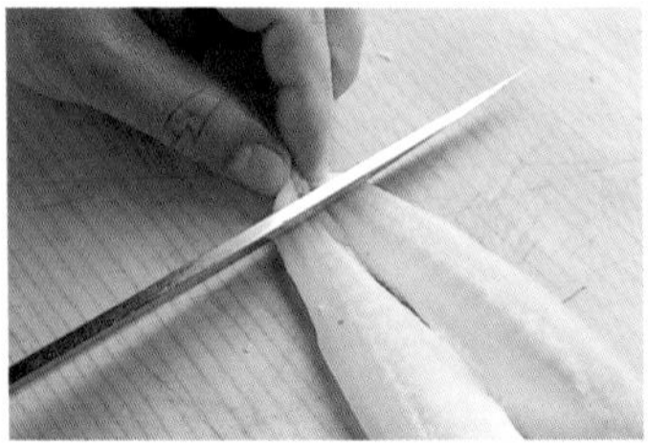

❶切去尾鰭。

❷魚皮向上以細長刀法切去有腹鰭的魚腹。

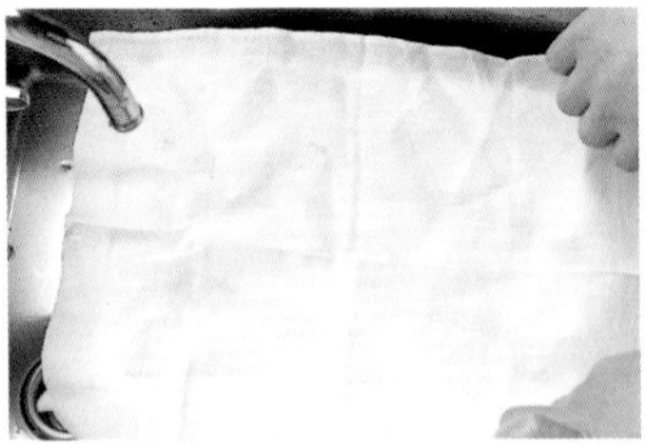

❷再拿一塊布巾覆蓋其上。

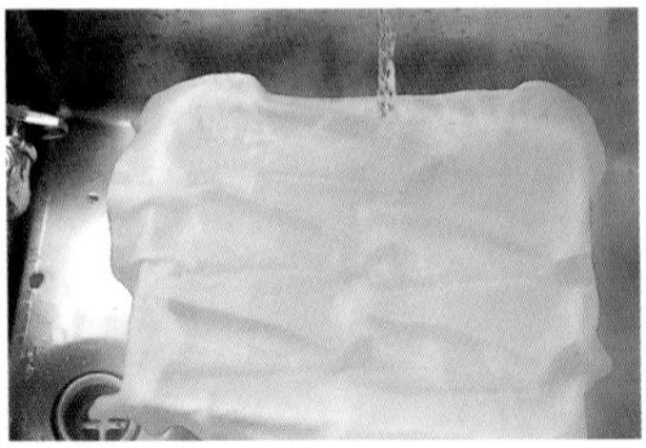

❸斜拿起竹篩，淋上熱水。之所以要在魚上再覆蓋一層布巾，是因布巾能讓熱水均勻滲透。

❹馬上放到冰水內冷卻。

ネタ——握壽司食材

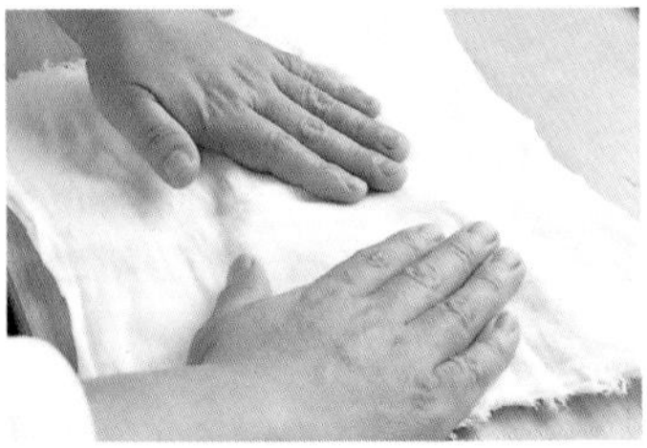

❺以乾布巾包住，再悉心吸去水分。

❻呈現美麗角度的魚皮。以濕布巾包住之後，再裹一層保鮮膜放進冰箱保存備用。

鯒（こち）ko・chi

中文名：牛尾魚

牛尾魚目前算是較新的食材，基本上也是最近才開始使用的魚。5～8月魚身油脂豐富是最美味的季節。不同於在同時節迎接盛產期的鱸魚或星鰈，其特徵在於魚肉結實、彈性豐富的口感，因此在日本料理店多做成薄切生魚片或「洗膾」（註1）。我這裡使用房總產的1.5kg活魚。選購時以魚身整體渾圓者為佳。瀨戶內海地區稱牛尾魚為「ガラゴチ」（註2），但九州附近也可捕獲。

魚頭部分太大，不易處理，但是活魚鮮度夠，因此取出內臟清煮也相當美味，適合做成小菜。

註1：經冷水收縮的生魚片，多用於夏季鯉魚、鯛魚以及鱸魚。

註2：「ガラ」在瀨戶內海是「瘡」之方言。因牛尾魚鱗堅硬、表皮粗糙而得其名。

握り（にぎり）ni gi ri

握壽司

富含彈性的口感為其魅力所在。

・握り（にぎ nigi ri）——握壽司

搭配淺蔥花與辣椒蘿蔔泥，沾橘醋醬油品嚐。

・刺身（さしみ sashi mi）——生魚片

要切得比握壽司食材還薄。

三枚切法

小心處理魚臉兩側突起的刺。牛尾魚因魚腹渾圓，因此以三枚切法分開魚身之後，只要在腹骨連結處切入刀痕，並將魚身翻平，便可易於剝掉魚皮。

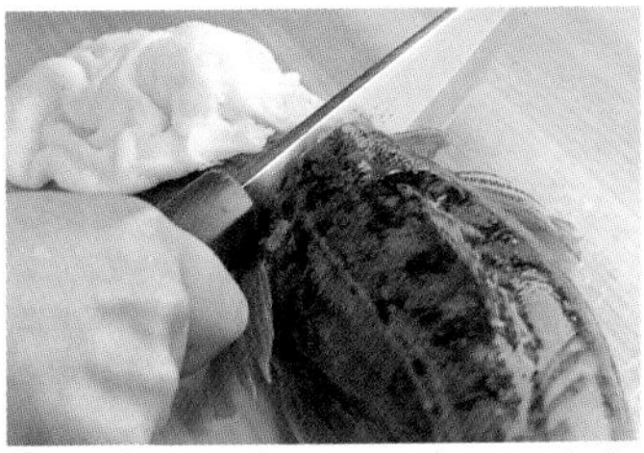

❶首先要活著放血。先以濕布巾緊緊壓住頭部，之後以刀根向著鰓旁接點下刀切斷延髓。

❷魚尾關節部分也用刀根切去中骨，處理完之後再置於水龍頭下洗去血水。

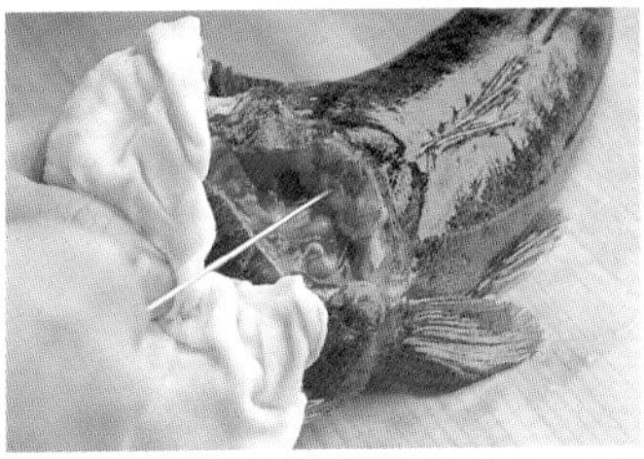

❸以細鐵串順著背骨麻痺神經穿刺可使魚身僵硬，讓魚保鮮。

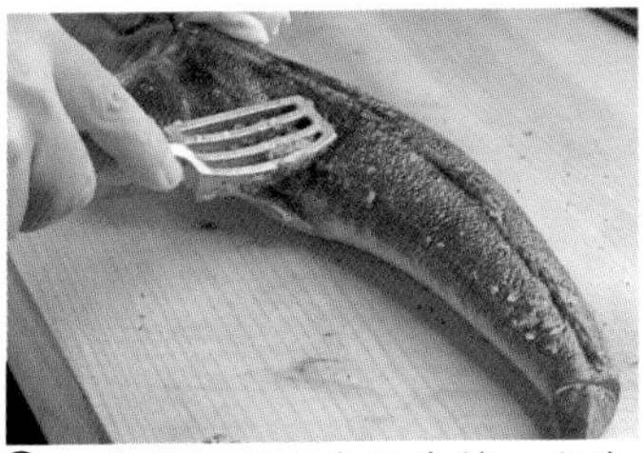

❹以魚鱗耙刮去表面魚鱗，水洗後擦乾水分。由於背鰭部分突起，在處理時須格外小心。

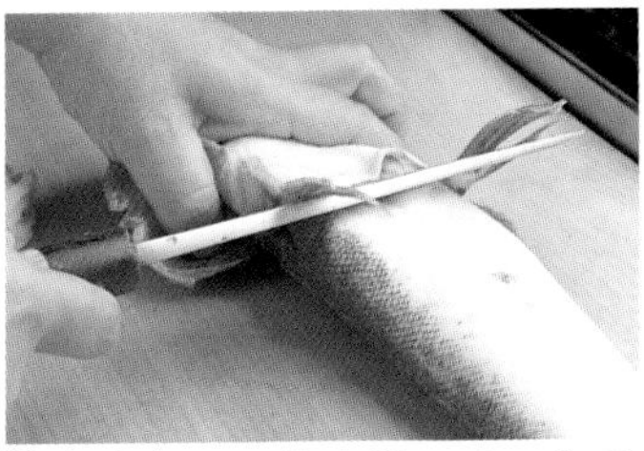

❺魚腹朝上，從腹鰭入刀，在不損及內臟的情況下，只切下皮和魚身。

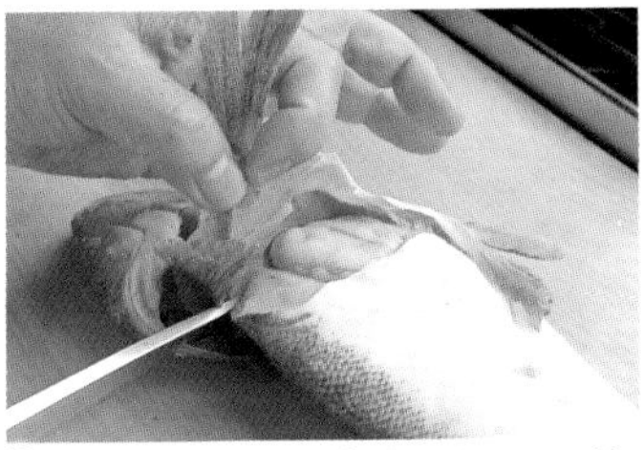

❻從腹鰭接點沿著胸鰭接點切掉兩肋邊。

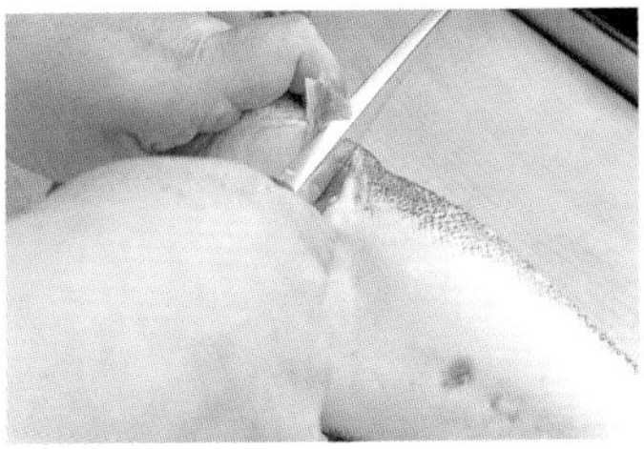

❼提起相反方向的魚身從腹鰭接點入刀。

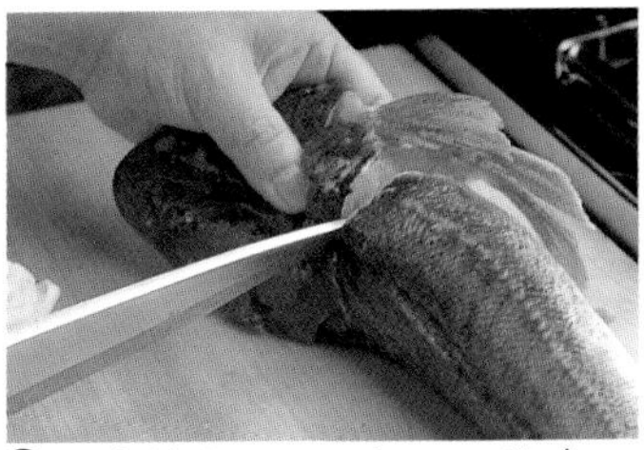

❽將魚轉向，從頭部切下鰭邊。

❾將魚腹身朝下，切掉背骨。

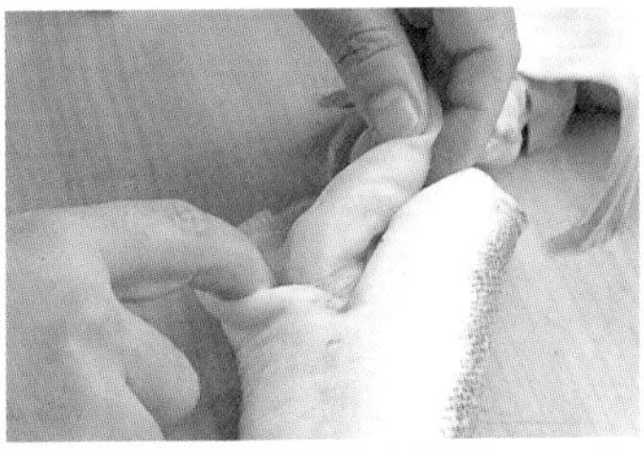

❿以刀將魚腹切開至排泄口，拉出內臟。

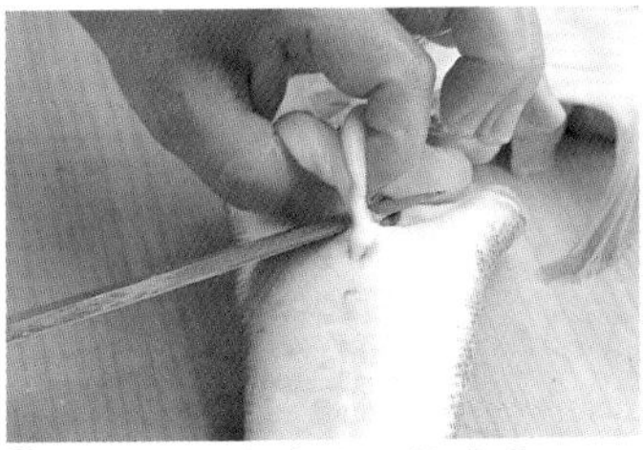

⓫切斷內臟與魚腹的接連處。

背鰭部分突起，因此處理時要格外小心。

⑫由此沿著中骨切除內臟膜，取出內臟。

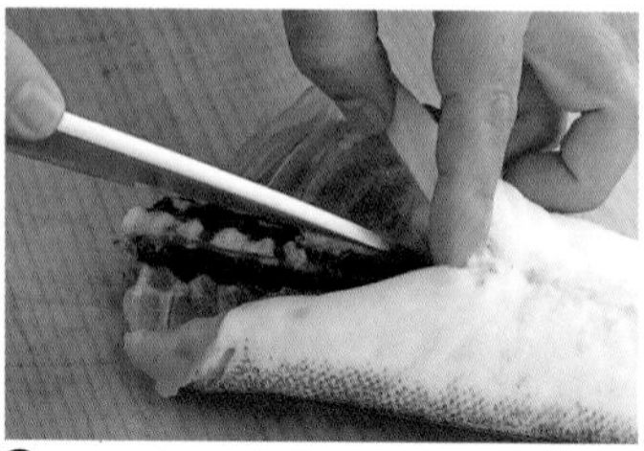

⑬以刀尖除去背骨周圍的血塊。

⑭在水龍頭下以木刷悉心洗去血塊。

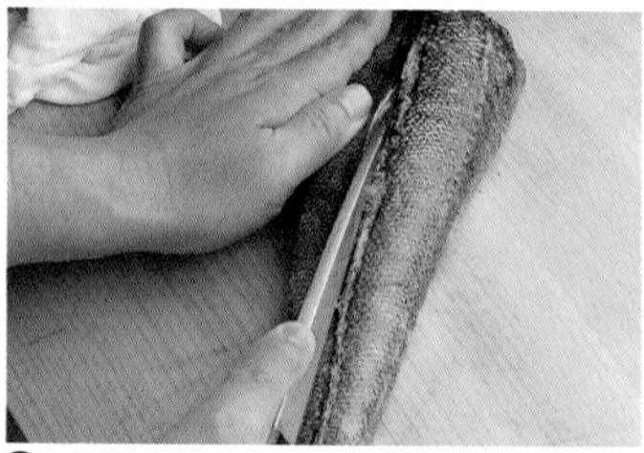

⑮沿著背鰭，入刀並深入背骨。

⑯相反方向也使用同樣刀法。

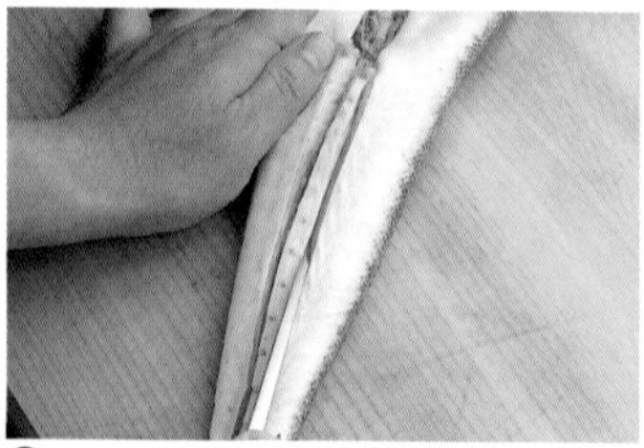

⑰魚腹向上，切入兩道刀痕如照片所示，並深入至碰到背骨。

⑱將魚身橫擺，從魚尾入刀，由背骨切下魚身。

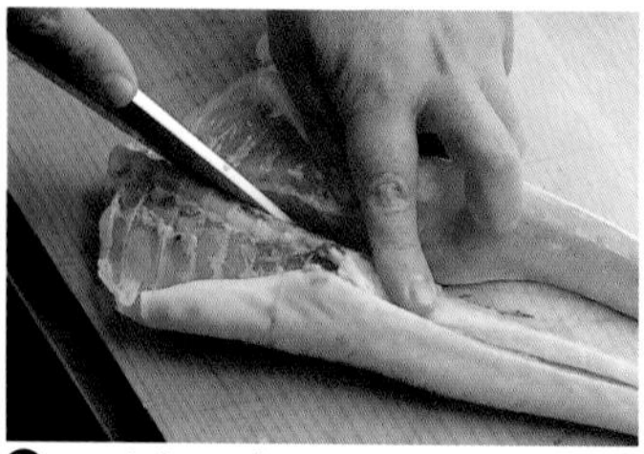

⑲切到魚腹時便改變方向，切斷魚腹的接點。

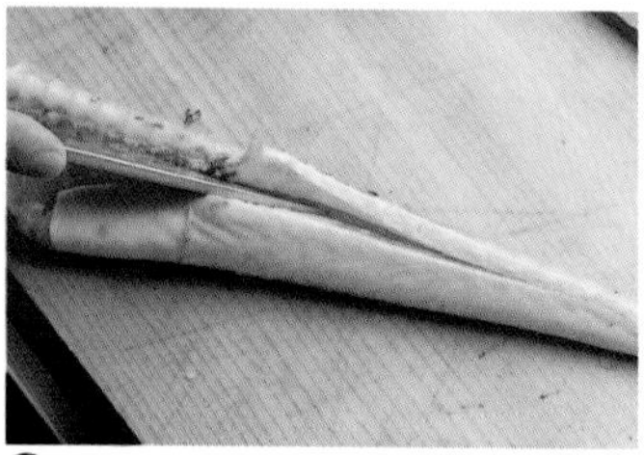

⑳切相反方向的魚身，首先要切斷腹骨接點。

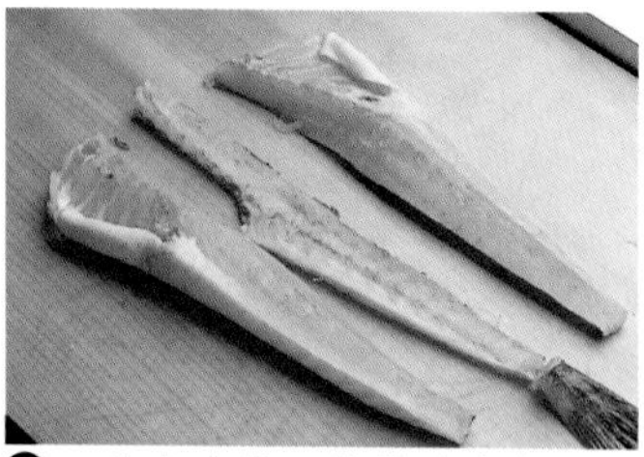

㉑之後由中骨切落單片魚身變成三片魚身。

㉒在腹骨接點入刀切除腹骨，讓渾圓魚身成平坦狀。另一片魚身也以同樣刀法處理。

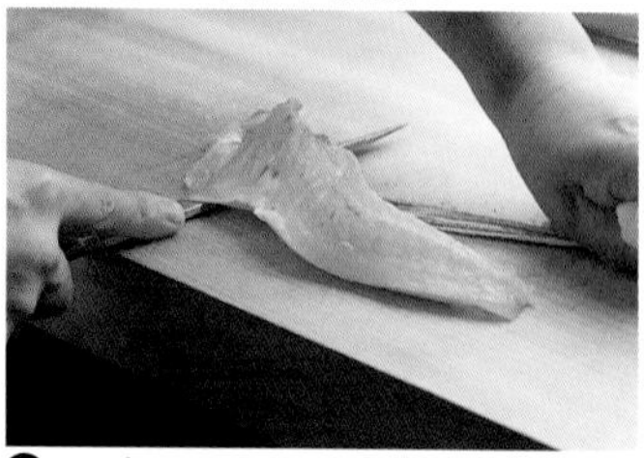

㉓拉著尾鰭連結處的皮從魚尾拉下魚皮。

㉔由於腹骨彎曲且深入魚身，因此去骨作業要一根一根仔細拔除。

㉕以手指壓魚身，確認是否有魚骨斷裂殘留。

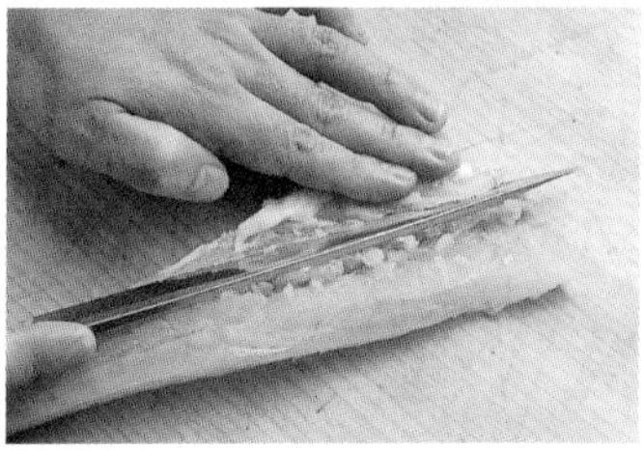

㉖以刀切除魚腹內臟薄膜。另一片魚身也以同樣方法處理。

切法

生魚片的切法與握壽司食材同樣，只不過要切得比較薄。

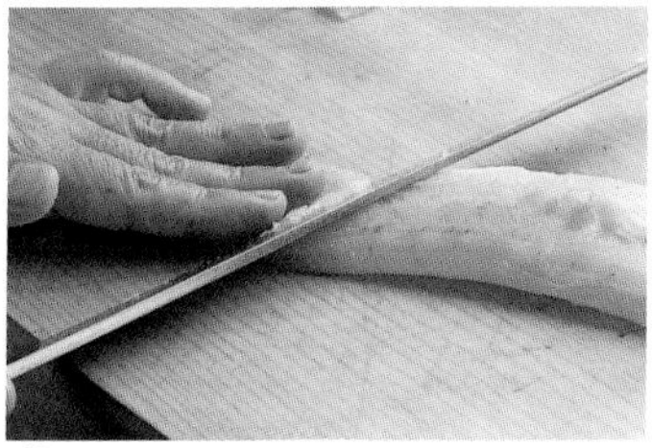

❶從魚尾部分薄薄切片。

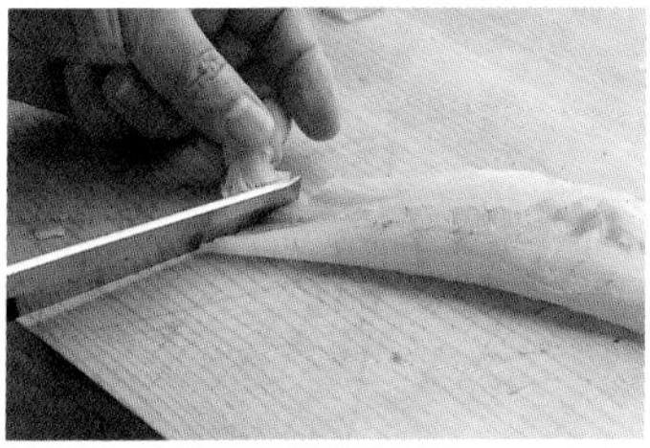

❷最後立刀切斷魚肉。

❸食材一捲份約8g為準。

鯖（さば saba）

——中文名：鯖魚 青花魚

9月到10月間為鯖魚的盛產期。魚身有豐富油脂的這個時期，不僅魚身會大一圈，也會更加美味。

鯖魚除了真鯖魚之外，還有花腹鯖，一般用魚壽司食材的都是真鯖魚（以下稱鯖魚）。清澈的眼睛，粉紅色的魚鰓，以及背部鮮豔的藍色正是一眼看出鯖魚鮮度的要點。另外此時的鯖魚因魚身肥厚，體型渾圓，因此在選購時以結實渾厚的大魚為佳。

鯖魚保存鮮度不易到被稱之為「活著都會臭」，再加上魚身柔軟，油脂豐富，因此為求清爽入口，通常多以醋漬處理。關西也有鯖魚壽司等醋漬鯖魚的技術，但這裡要介紹的是江戶前的醋漬技巧。由於鯖魚魚肉容易分離，因此如果處理時入刀過多，便易傷及魚身。最重要的還是得一刀切定，悉心處理才是。

最近關鯖魚人氣漸旺，市場上的交易價格也相當高。這裡指的是在大分豐後水道捕獲的鯖魚。這附近沿岸因海潮流動較急，魚餌豐富，因此以魚貨優良的漁場而聞名。這裡捕獲的鯖魚與他處最大不同的特徵在於魚肉碰到舌頭時極富彈性的口感。捕獲後的關鯖魚結實而口感佳，但即便是早上買進的魚，晚上九點或十點過後，魚肉就會慢慢鬆弛，因此最好是盡早處理。關鯖魚之所以美味在於其彈性極佳的口感，因此不管是用於生魚片或握壽司食材，最好都不要醋漬為佳。

・握り（にぎ nigiri）——握壽司

搭配薑末和淺蔥花。

・刺身（さしみ sashimi）——生魚片

三枚切法

❶用出刃刀刮去表面魚鱗。尤其是魚頭和魚鰭部分更要用刀尖去除乾淨。

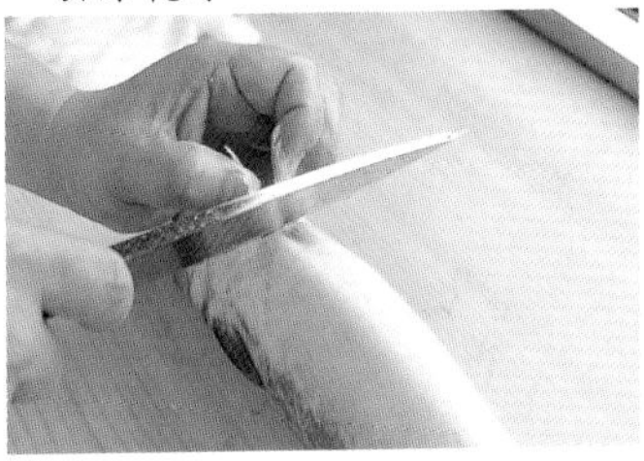

❷將魚腹翻向上抓住腹鰭，並從接點入刀。

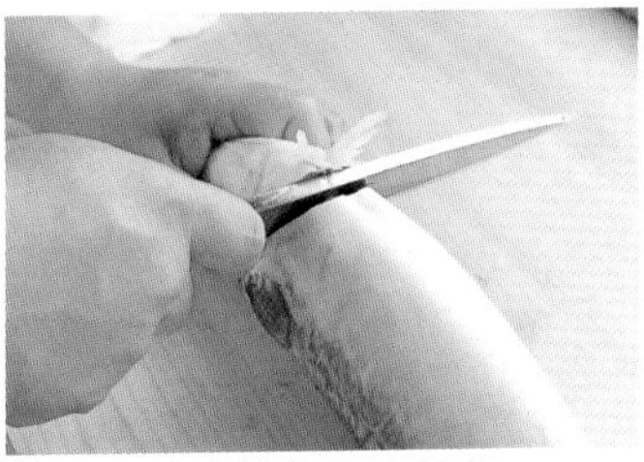

❸斜切到碰觸中骨的部分。

❹讓魚背向自己，從胸鰭接點入刀斜切至中骨。

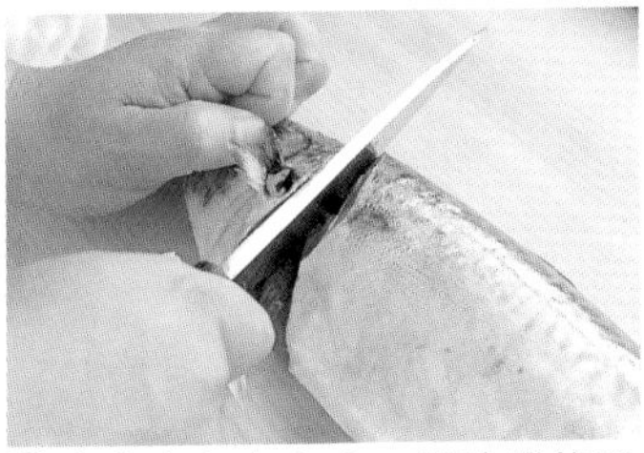

❺讓魚腹朝向自己，從胸鰭接點斜切入刀，最後切斷背骨。

❻用刀從排泄口逆切腹皮。留意不要切到內臟。

❼切腹皮一直切到❺的切口。

❽連頭一起取出內臟。

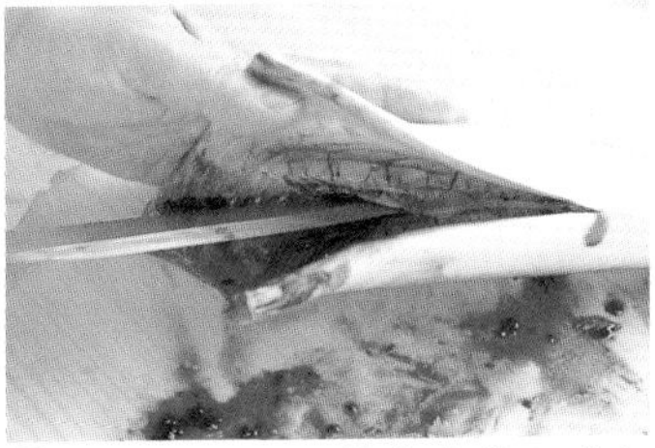

❾以刀尖切下附著在背骨上的血塊薄膜。

❿在水龍頭下將血塊完全清洗乾淨，並充分擦拭水分。

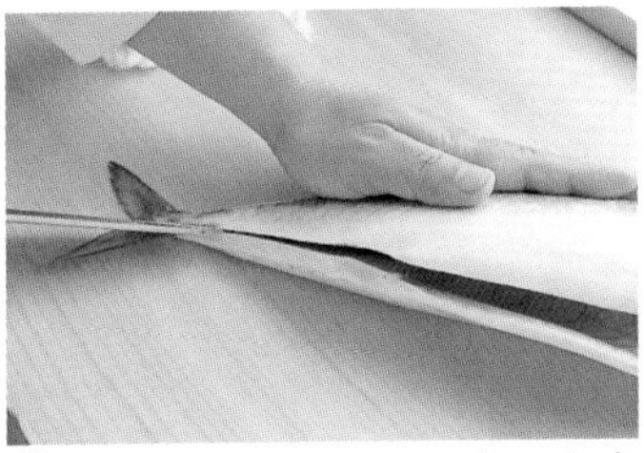

⓫將魚腹朝向自己，沿魚頭向魚尾方向在中骨上方入刀，並沿魚骨切下魚腹。一刀切下。

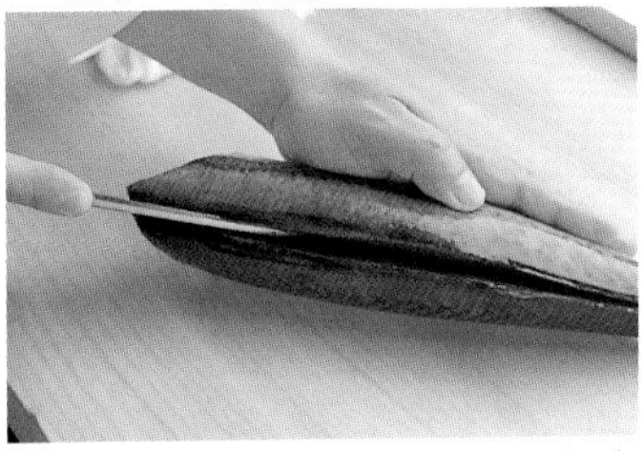

⓬讓魚背朝向自己，從尾部朝魚頭方向淺淺的在背鰭及其接點入刀。

⓭從⓬的刀痕上切入骨頭上方，並沿中骨切下魚背。切記一刀就切落。

⓮由中骨切下連接魚尾部分的魚肉。

⑮從切下的地方用刀向魚頭部分卸下背骨和魚身。

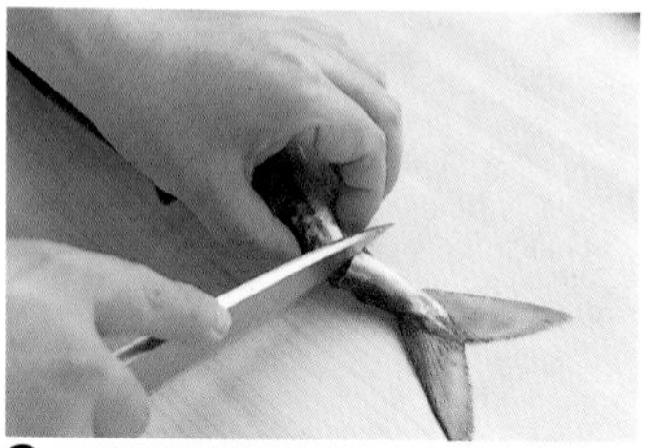

⑯切斷尾鰭接點。

⑰切下一片魚身後的狀態。

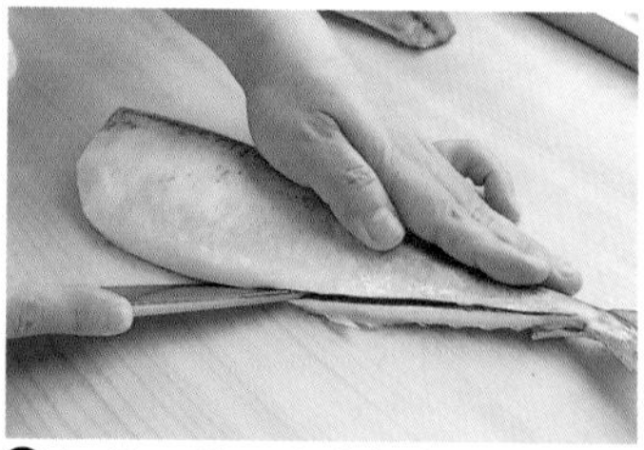

⑱切另一片。魚腹朝自己，由尾朝頭方向在中骨上方入刀沿魚骨切下魚腹。尾鰭留在魚身。

⑲將魚背轉向自己，由頭朝尾的方向以同⑫的方法淺淺入刀。

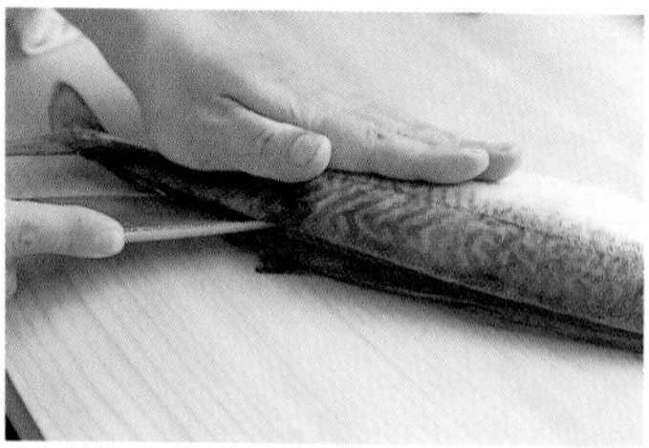

⑳由頭朝尾從⑲的切痕中入刀切到中骨上方，並沿著骨頭切下魚背。

㉑將靠近尾鰭接點處的魚身，從中骨切落。

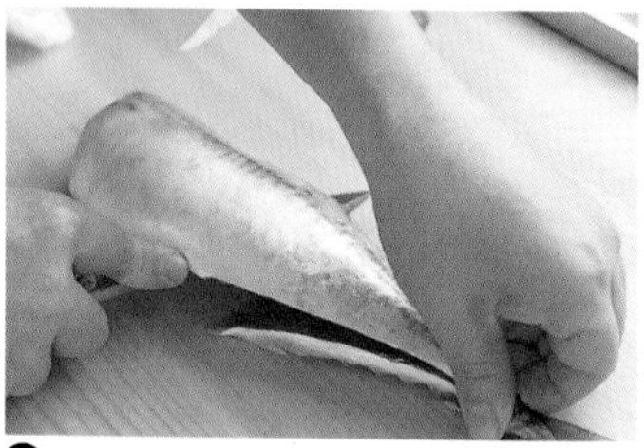

㉒用刀由此朝魚頭方向切離魚骨與魚身。

㉓剩下的魚骨與切下的魚身。魚骨上還留有背鰭和尾鰭。

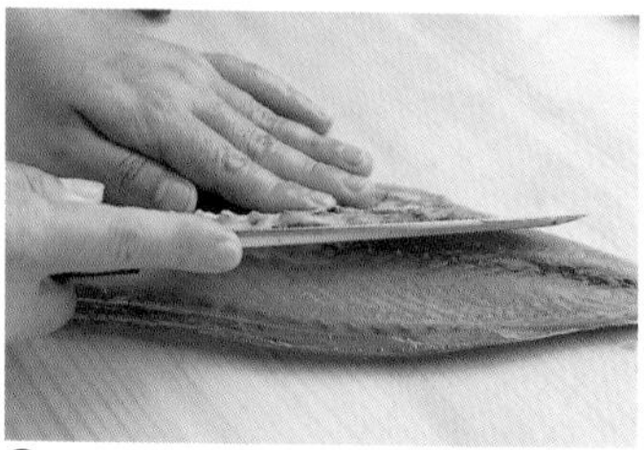

㉔在腹骨接點入刀。

㉕在這樣的狀態下，鹽或醋便可透過刀痕全面迅速遍佈魚肉。

醋漬

❶在竹篩上鋪滿鹽巴，將切好的魚肉置於其上。

❷再覆蓋大量鹽。如此用大量鹽消除水分稱為「鹽漬法（どぶ漬け）」。照此擱置1小時30分。

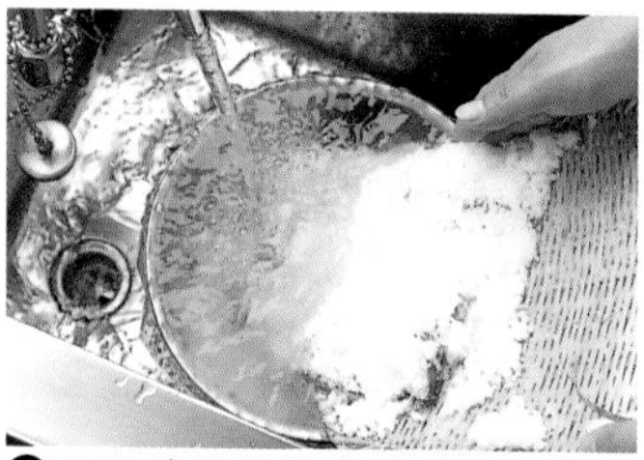

❸將鹽漬後的鯖魚移到鐵盆中。

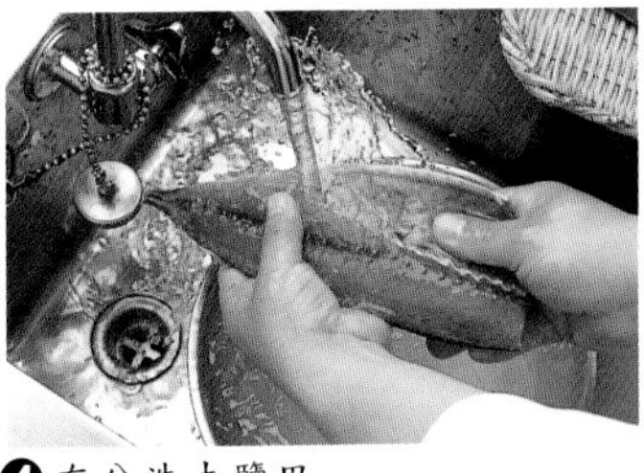

❹充分洗去鹽巴。

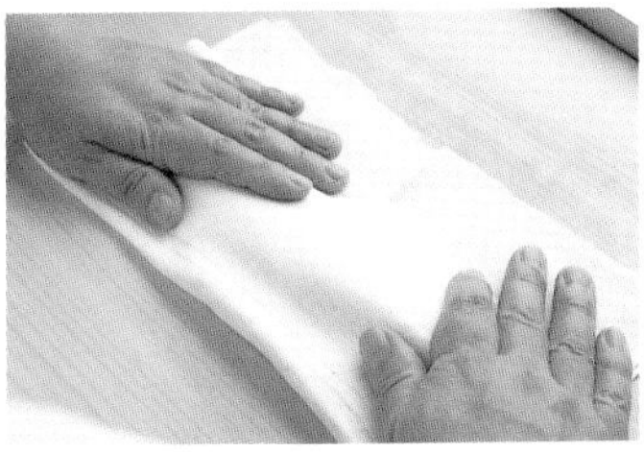

❺以布巾悉心吸去水分。要小心不要讓魚身破裂受損。

❻在較深的鐵盤中裝大量的醋，並將❺處理好的魚肉以魚皮朝下醃漬30分鐘。

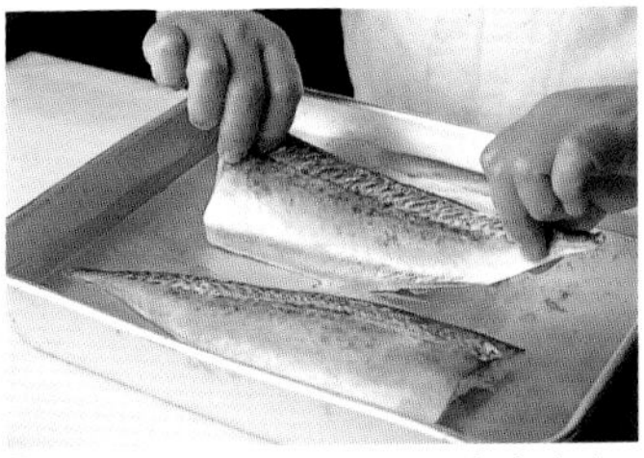

❼過了15分鐘時，翻面讓魚皮朝上。

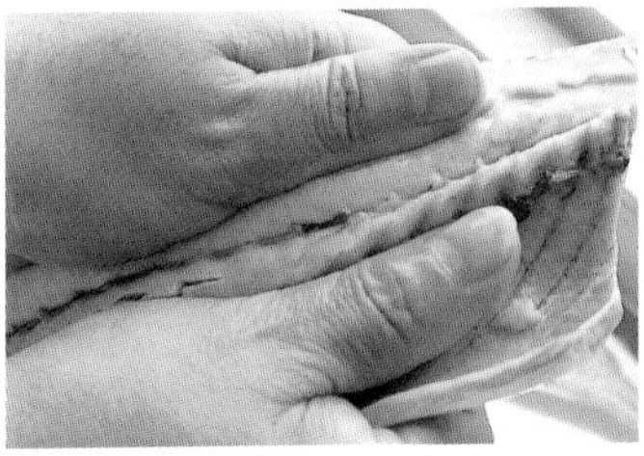

❽30分鐘時確認醋漬的狀況。雙手握住魚肉擠壓中骨痕跡時，若有血水滲出的跡象，則須要再多浸泡一些時間。

❾斜放竹篩，魚頭朝上的把醋倒掉。

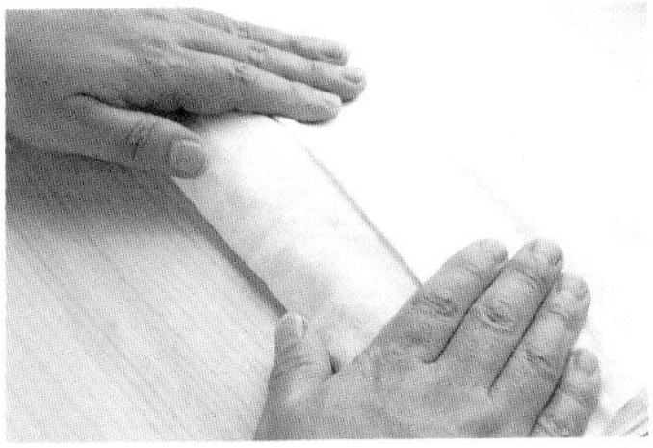

❿以布巾擦拭乾淨之後，置入冰箱20～30分鐘使魚肉結實。

切法

刺身——生魚片

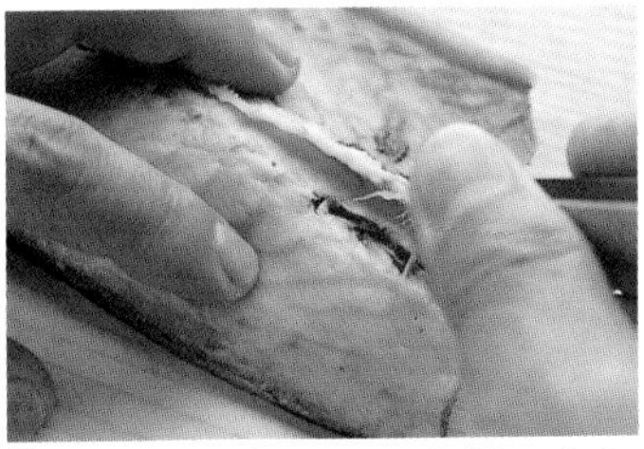

❶用夾子拔去殘留的魚刺，要留意不要損及魚身。

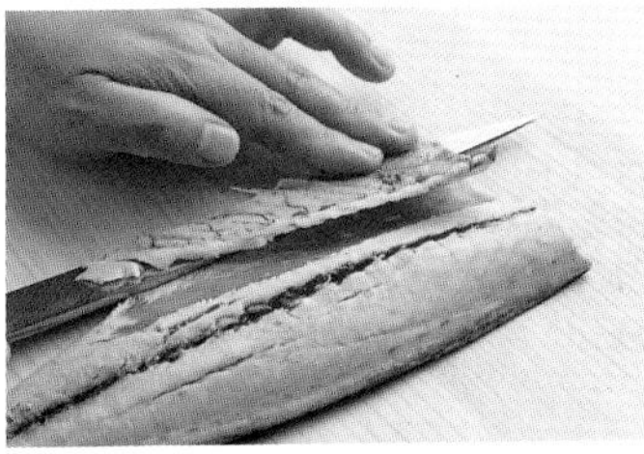

❷薄薄片去腹骨。

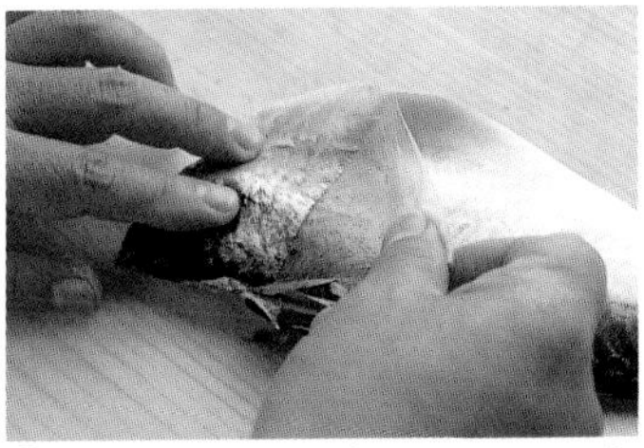

❸由頭向尾剝去薄表皮。要留意必須單手緊緊壓住魚身，不要讓魚身受損。

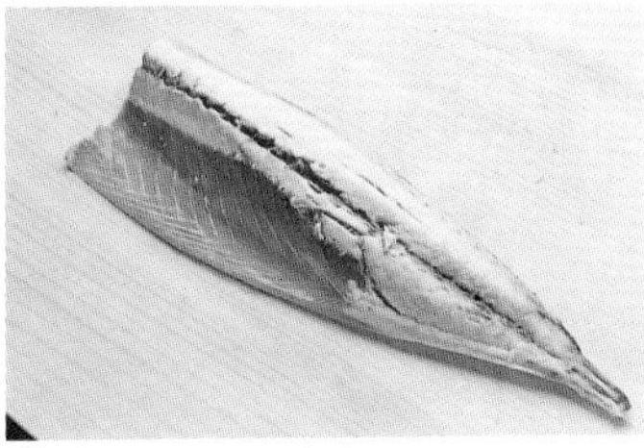

❹處理完成的魚身。

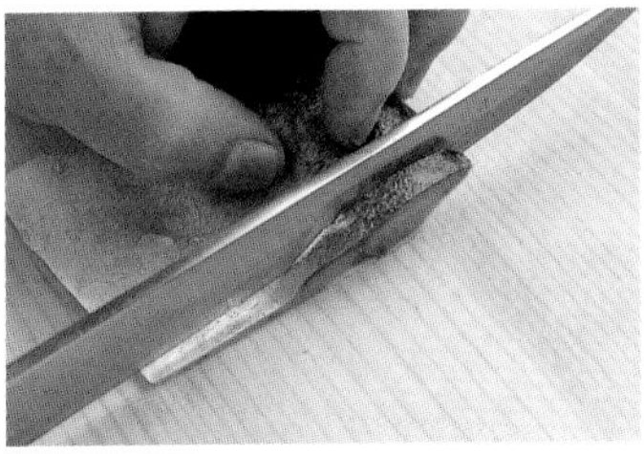

❶從魚背有厚度的地方直接切到一半。

❷第二次才切斷。配白蘿蔔、海帶、紫蘇葉、生薑醬油品嚐。

ネタ——握壽司食材

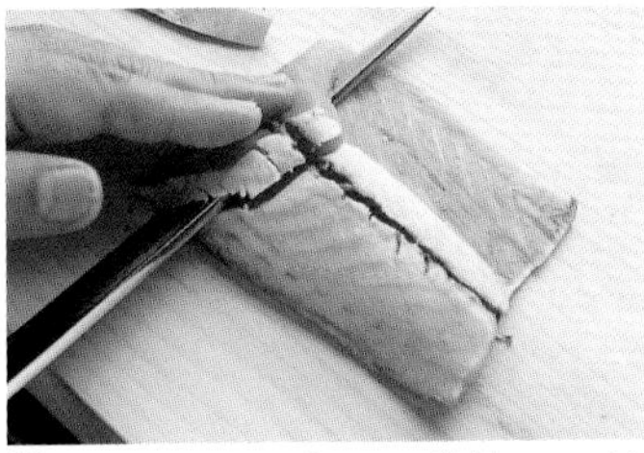

❶由尾部斜切片下。最後立刀做出角度，並搭配薑末與淺蔥花品嚐。

針魚（さより）

sa·yo·ri

中文名：**水針魚**

水針魚顧名思義有如針一般，與春子鯛並列為春天帶皮食材的代表。水針魚長得像針並呈銀色，魚嘴尖長，2~3月是盛產期。選購時以腹部銀色，背部藍色色澤清楚者為佳。5~6月進入產卵期，一到此時，腹部膨脹，魚身也會較鬆弛。另外太大的水針魚有魚肉不夠結實之虞，因此須多留意。

此處使用的是富津產的海釣水針魚。

・握り（にぎ）——握壽司

ni·gi·ri

搭配薑泥、淺蔥花。

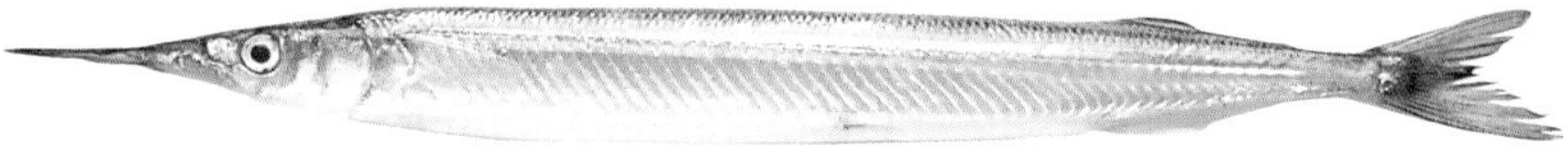

將魚肉捲曲用做握壽司食材。

刺身(さしみ sashimi)

——生魚片

開腹

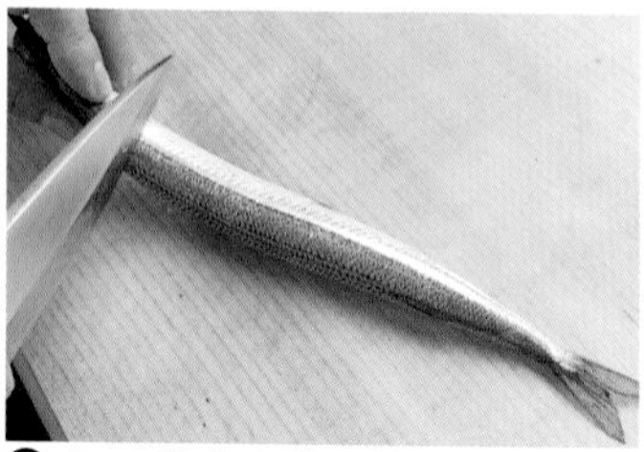

❶在不傷及魚身的情況下，以刀尖刮去魚鱗。

❷以刀壓住背鰭、尾鰭並拉除。

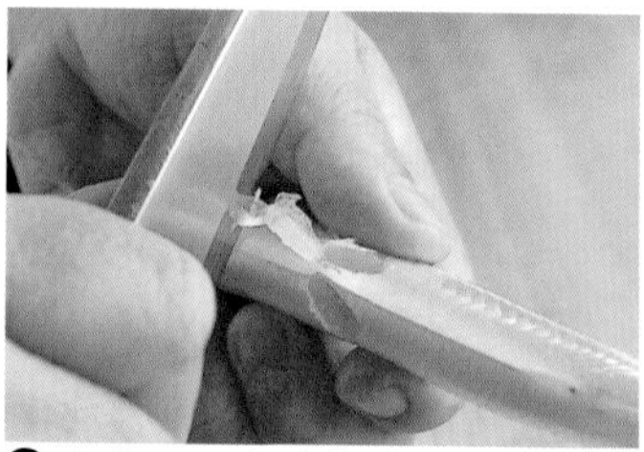

❸腹鰭以刀和手指夾住剝除。

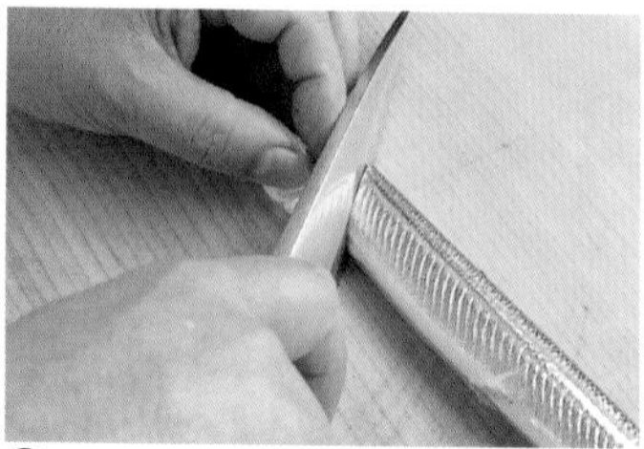

❹斜切掉魚頭。

❺由排泄口附近入刀開腹。

❻取出內臟。

❼由於水針魚腹部內膜漆黑，因此必須用布巾等搓洗腹內，並在水龍頭沖水洗淨。

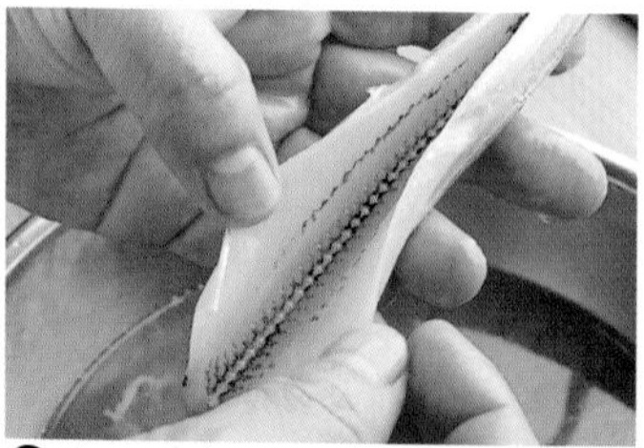

❽由於黑色內膜看起來不美觀又有腥味，因此務必清除乾淨。

❾由於水針魚的背骨呈三角狀，因此必須順著這個角度從魚頭朝魚尾的方向由背側入刀。

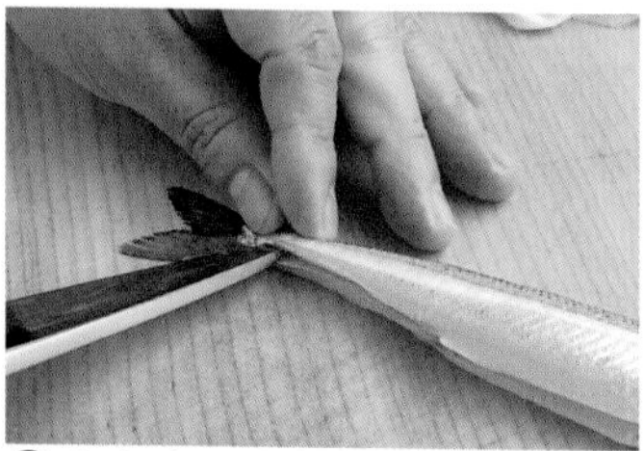

❿在支撐住魚身的左手似乎感覺到刀尖的情況下，絲毫不浪費的片下魚背皮，並切到魚尾。

⓫切除中骨。首先翻開魚身，從接近魚頭的中骨邊入刀。

⓬切到魚尾時，讓尾鰭依然連接中骨的切掉魚身。

⓭讓魚頭向下，刀鋒向外的薄薄片去腹骨。

⓮讓魚頭朝上，以同樣的方法片去另一邊的腹骨。用這種刀法比較能夠切得薄。

切法

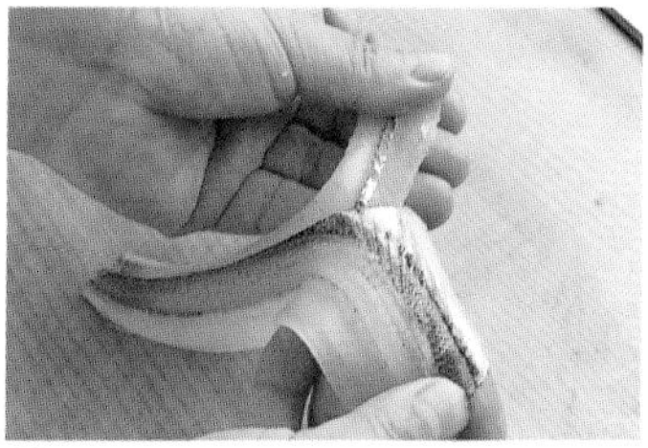

❶打開魚身，由魚頭方向從帶皮的魚身上剝下單邊魚肉。

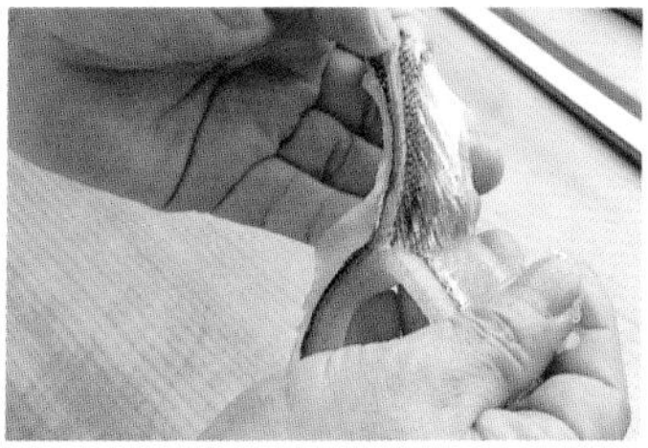

❷再由剩下的魚肉上剝下魚皮。從魚頭開始剝會比較容易。

ネタ——握壽司食材

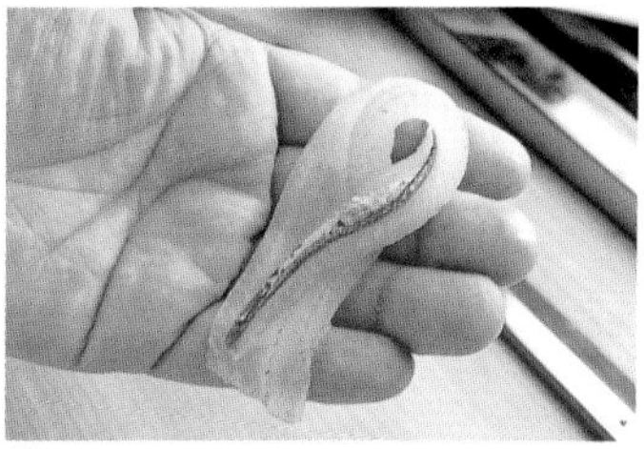

❶一邊魚肉可做一捲握壽司。切去兩端，並將魚肉捲曲之後加上芥末與醋飯捏握壽司。

刺身——生魚片

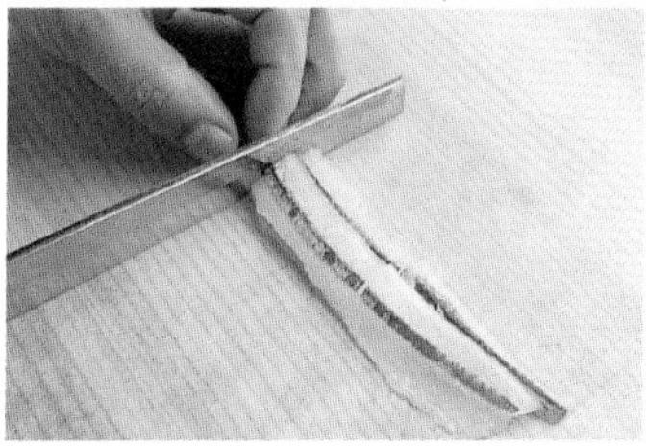

❶切成適度長條，並搭配薑末與淺蔥花品嚐。

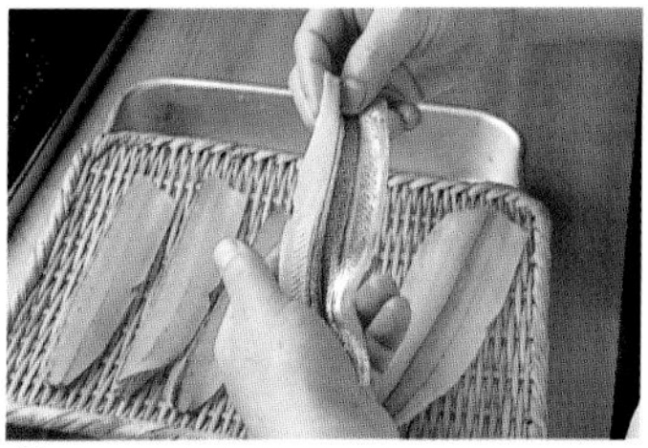

❺為保持銀色光澤，將魚皮向內折排放，並覆蓋乾布放冰箱約20～30分去除水分，使魚肉更為結實。

❻拔除小刺。為了不傷及魚身，要順著魚肉纖維拔除。

❼將魚皮向內折起，置入冰箱保存。

鹽漬

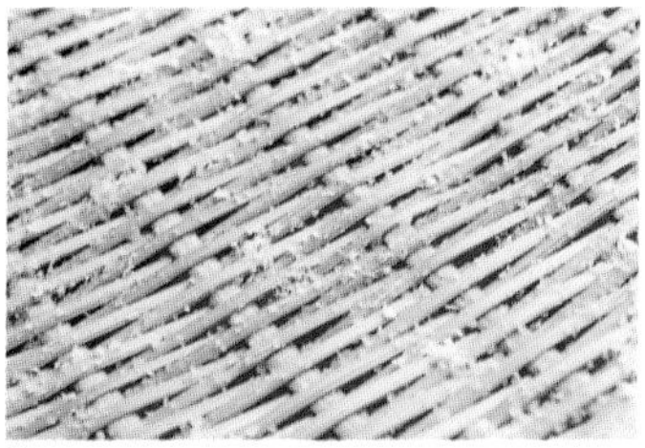

❶以濕布巾擦過竹篩，並從高處撒下等量的鹽巴。

❷將開腹過後的水針魚魚皮朝下的並列其上。

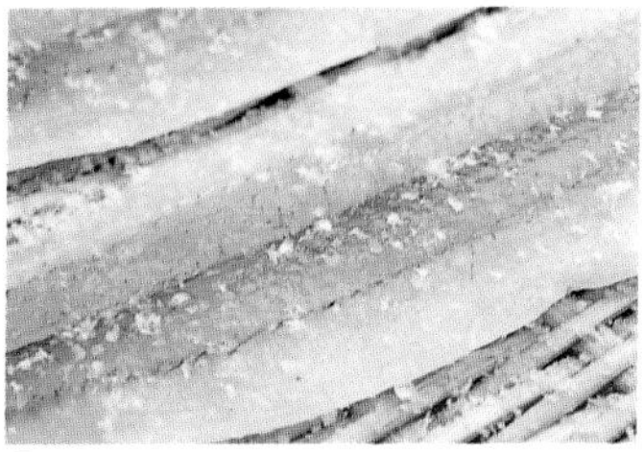

❸撒鹽在魚身上。鹽量的多寡如照片所示，就此擱置3分鐘。

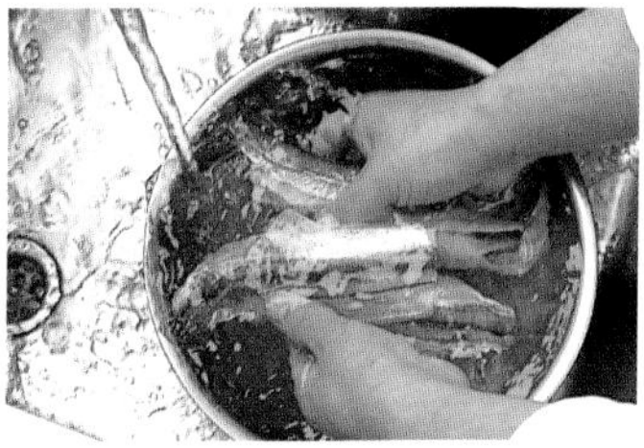

❹沖水清洗。

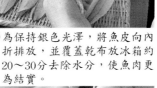

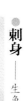

縞鰺

しま あじ

shima azi

中文名：縱帶鰺

握り

にぎ

nigi ri

——握壽司

使用魚背做成的握壽司。

最初開始廣泛使用縱帶鰺的，應該就是壽司店吧。由於這是全長近1公尺左右的大魚，而且漁獲量非常少，因此自古就是非常高貴的壽司食材。

近年天然的縱帶鰺越來越少，因此目前市場上所見約八成都是養殖（紀州最為有名）。就7月的價格而言，天然的活魚比養殖的要高上1.5～2倍。但若考量新鮮度，也許養殖的活魚比較好。這裡使用的便是養殖的活魚，但由於體型過大味道也較為粗糙，因此用重約2.5kg的魚。選購時以魚身肥厚、綠色深者為佳。

使用魚腹做成的握壽司。

•刺身（さしみ sashimi）——生魚片

三枚切法

刮魚鱗時，要留意不要用力，沿著魚身的幅度動刀刮鱗，以免傷及魚皮。據稱讓每片魚皮都保持完美無傷的狀態，便是專家所展現的過人之處。

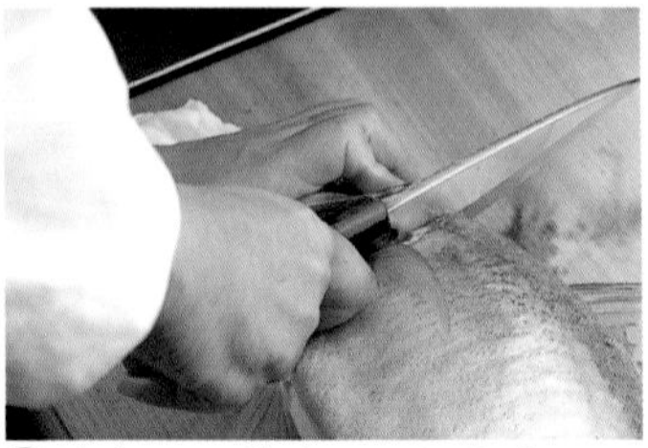

❶首先要活著放血。拉高魚鰓從胸鰭接點由刀根入刀。

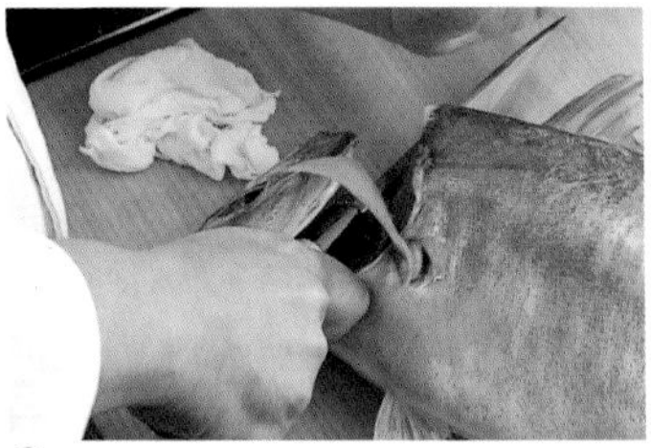

❷切斷延髓，用刀切到下面，切斷魚頭上部。

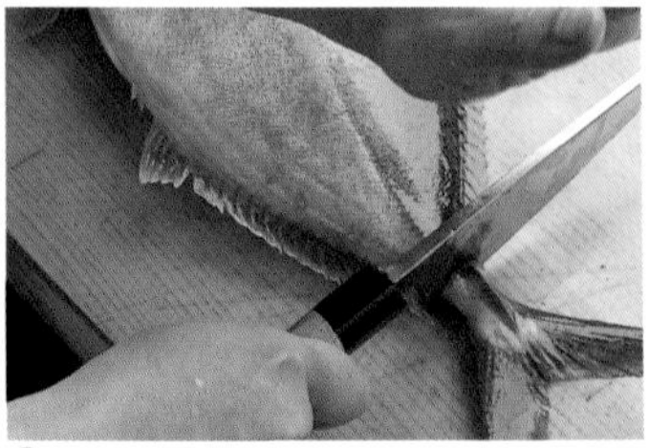

❸切斷尾鰭接點的背骨並沖水洗去血水，完成放血手續。

❹從尾鰭上下動刀割下堅硬的突起部分。

❺上下移動刀子，小心不要傷及魚皮的調整力道，削去表面細小的魚鱗。

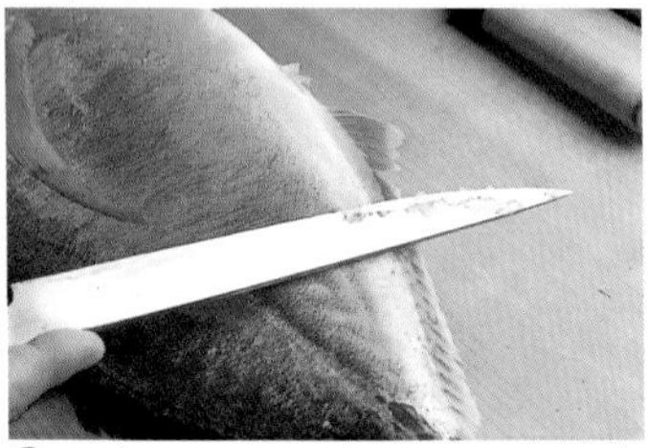

❻提高腹部，削去腹部下方的魚鱗。

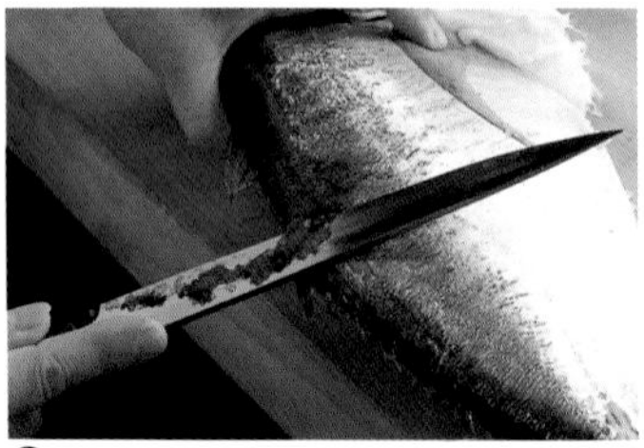

❼稍微提高魚背，削去背部的魚鱗。

❽將魚腹朝上，削去魚腹底的魚鱗。

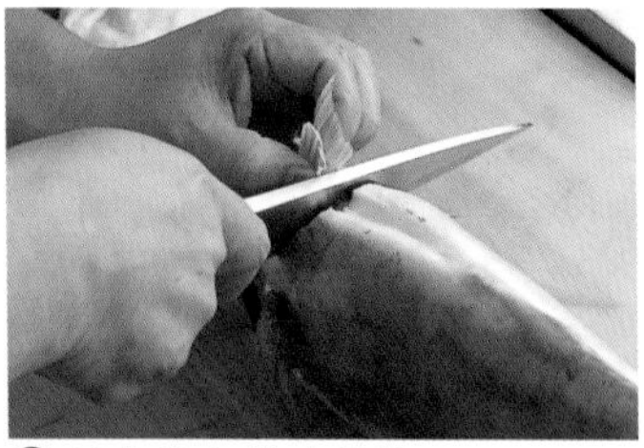

❾從腹鰭向著胸鰭接點入刀。

❿提高胸鰭，斜切入刀，由胸鰭邊切到碰到中骨的地方。

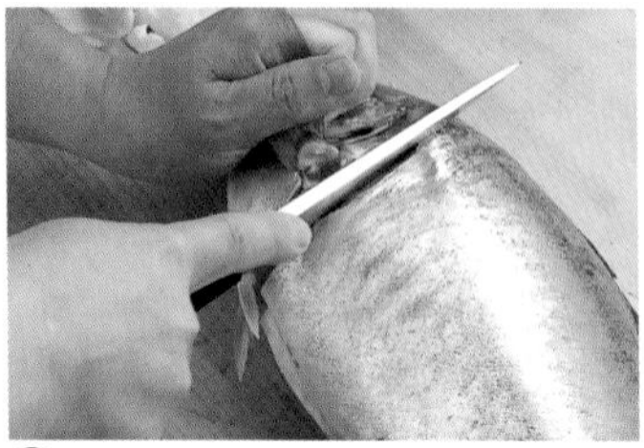

⓫另一面也由同❿的位置入刀。

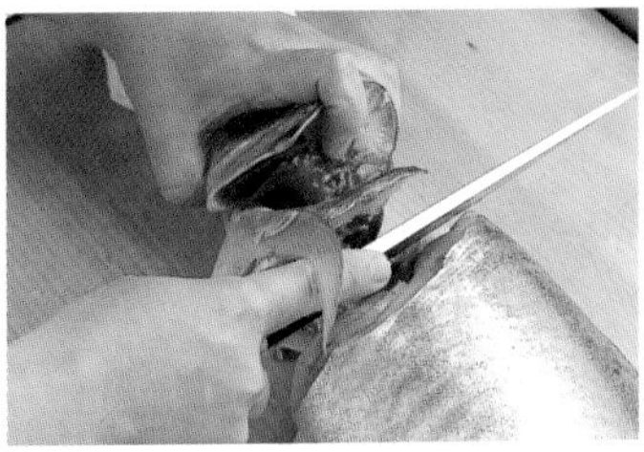

⑫切斷背骨，去頭。

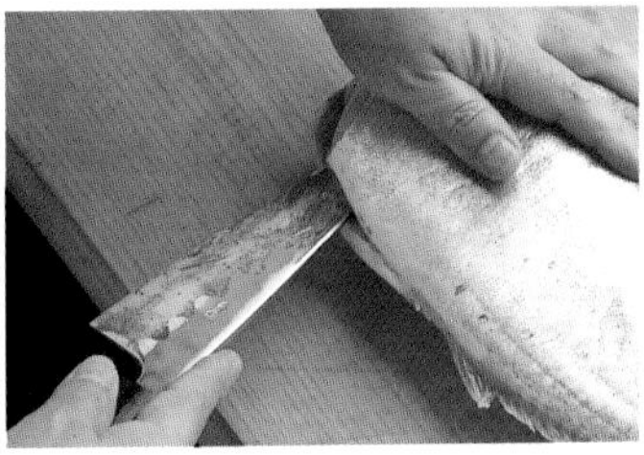

⑬用刀尖切入排泄口附近，逆刀切開魚腹。

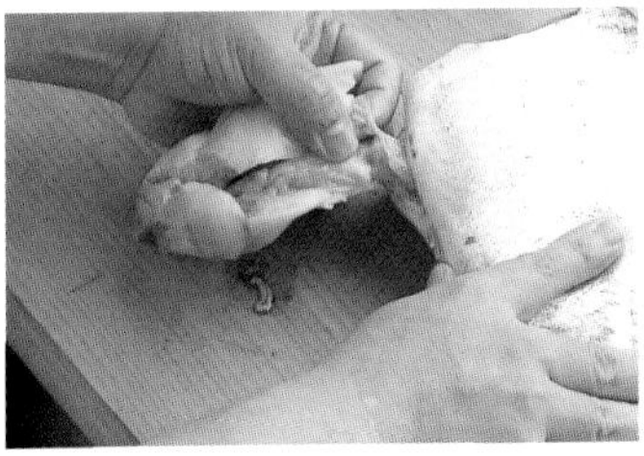

⑭取出內臟。

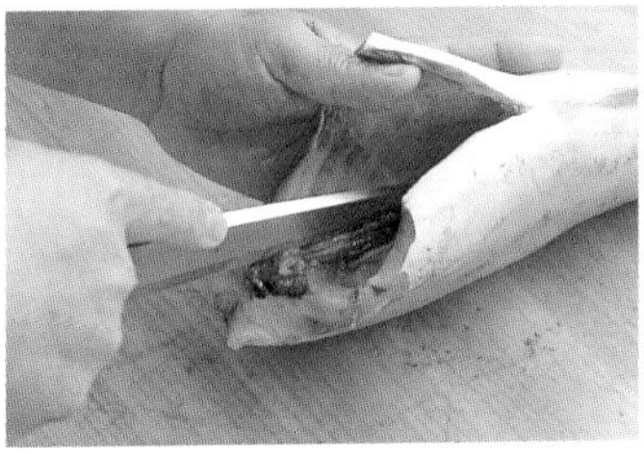

⑮沿著背骨血塊，以刀尖切去薄膜。

⑯在水龍頭下沖水，以竹刷刷去血塊，擦乾水分。

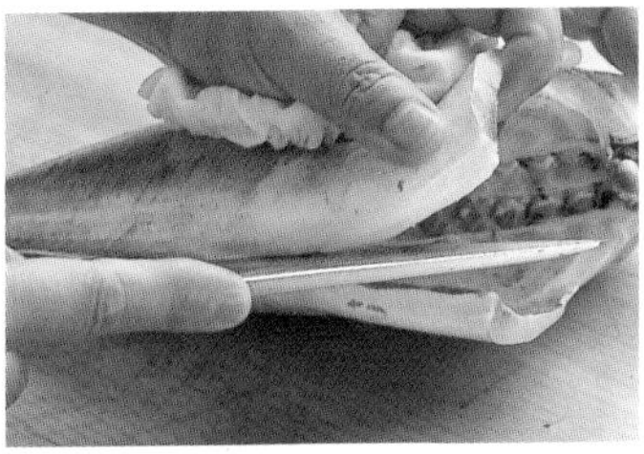

⑰切下魚腹。魚頭向右，提起魚身，從刀鋒一半處開始切入。

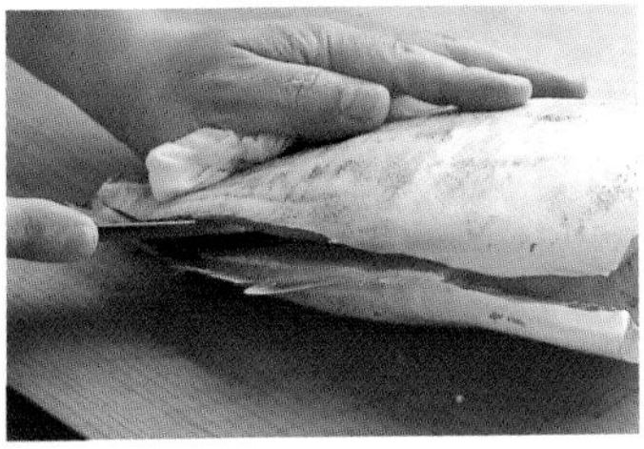

⑱直切入刀尖後，一刀切下腹部魚身，切到尾鰭上方。

⑲切下魚背。魚尾向右，沿著背鰭淺淺的切入刀痕。

⑳順著刀痕入刀，切下一半魚背之後，接著切到背骨，視情況分三次入刀。

㉑拉高魚尾，從背骨部分切下魚身。

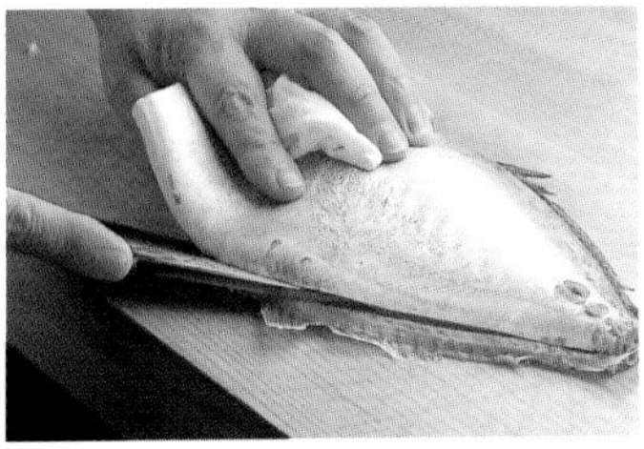

㉒切另一片魚身。魚尾向右，順著尾鰭輕劃刀痕。

㉓再順著刀痕深切至背骨，切下魚腹身。

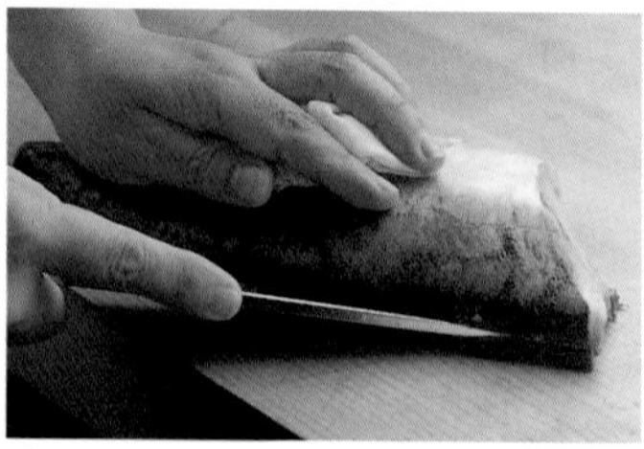

㉔魚頭向右，切下魚背。步驟要領與⑲～⑳同。

㉕在尾鰭接點下刀，切去中骨。

㉖一邊提高魚身，一邊從魚骨卸下魚身。

㉗切下魚腹之後，沿著骨形立刀切下魚身（參照91頁解說）。

㉘以布巾悉心擦去血塊。若留下血塊，不僅鮮度不易保存，也會成為腐敗的根源。

㉙為便於切塊，在腹骨連結處切入刀痕。

㉚分兩次切取。首先從魚身中間向魚尾垂直入刀。

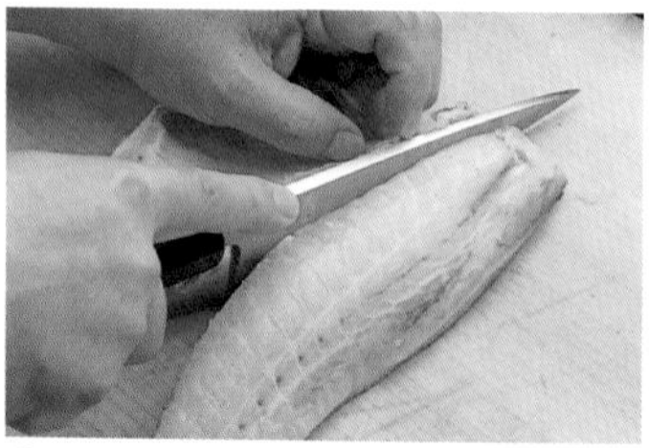

㉛提起腹骨接點，切開剩下的魚身。

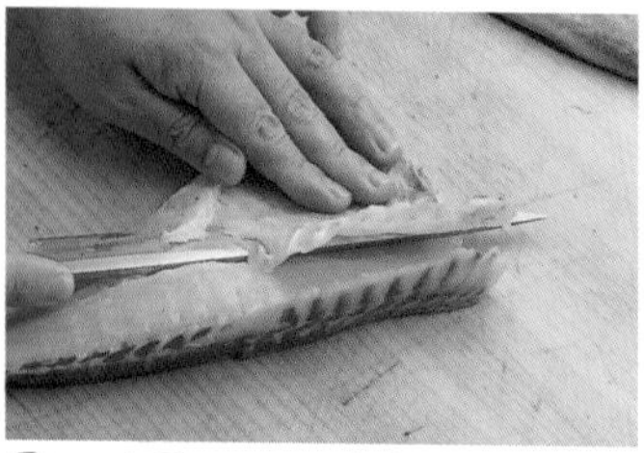

㉜沿腹骨入刀，薄薄片下。

㉝背骨處魚肉留有小刺，因此這部份記得要細長地切除。

㉞切好的縱帶鰺。

切法

切時要留下魚皮的銀色。

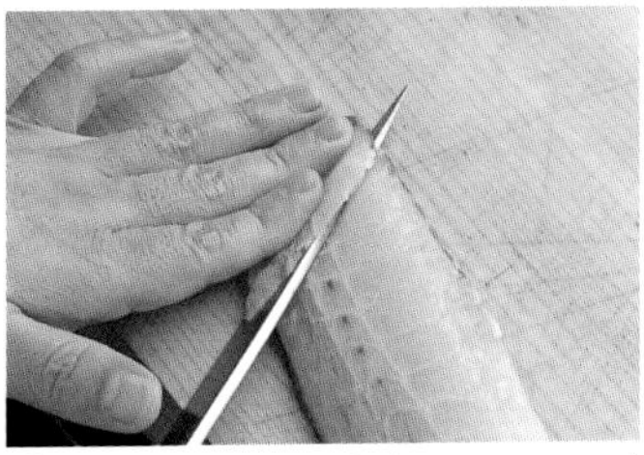

❶ 半拉半切的切魚身，但只切到魚皮上，不可以切斷。

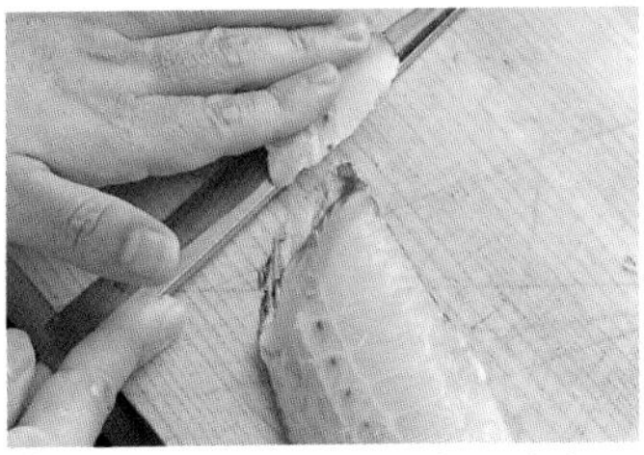

❷ 以壓切的方式將魚身從魚皮上削下，讓魚肉留有銀色魚皮。

順著背骨形狀立刀

背骨約前半部都較粗，且橫切面呈三角形。因此在切下魚身時，若切刀與砧板平行，背骨上就會留下魚肉（如圖Ⓐ）。諸如此類的魚，只要配合魚身形狀立刀切取，就能毫不浪費的切下魚身（如圖Ⓑ）。

Ⓐ

Ⓑ

蝦蛄（しゃこ / sha go）

中文名：蝦蛄

握り（にぎ り / ni gi ri）——握壽司

淋上沾醬上桌。

蝦蛄在一年之中的4～5月及10月分兩次大量出現在市場上。梅雨前因含有大量的卵，因此這時期的蝦蛄特別受到喜愛，其中東京灣以神奈川縣小芝產的蝦蛄最為有名。由於蝦蛄相當脆弱，因此通常在捕獲後便直接在產地汆燙。但此次特別買進活蝦蛄，以便從汆燙的過程進行說明。經過汆燙後，最好是在1～2天內就用掉。不過有些店為了延長食用時間，也會將蝦蛄浸泡在淡味高湯中。

另外螯肉部分因口感佳，因此通常做為小菜，只是因為採購時數量有某種程度的配額，因此不太可能大量買進。

軍艦巻（ぐんかんまき gun kan maki）——軍艦捲

因螯肉是細碎的食材，因此做成軍艦捲方便食用。

刺身（さしみ sashi mi）——生魚片

切成入口大小，淋上沾醬。

爪（つめ tsume）——螯

依喜好淋上少許醬油。搭配芥末亦可。

❸另一邊也剪成同樣的形狀。

❹腹部的殼從尾端開始剝。

❺背部的殼也從尾端開始剝。

❻處理成這個形狀之後置入冰箱保存。用做握壽司食材時並沒特別的切法，而是直接使用。

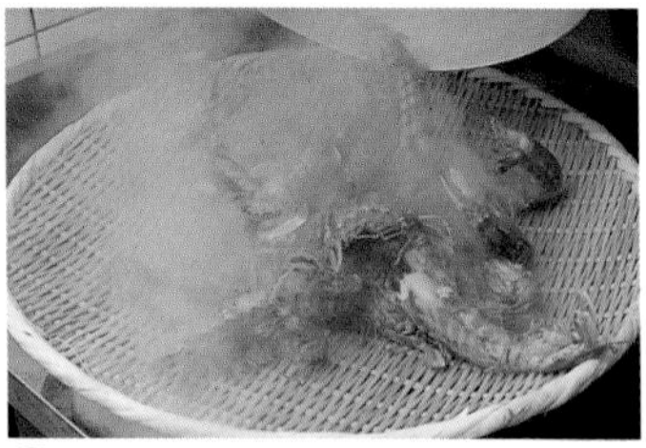

❺取出放在竹篩上瀝去水分。

❻不要重疊的排在竹篩上，使其自然冷卻。

剝殼

剝殼時使用料理用剪刀會比用刀還來得有效率。

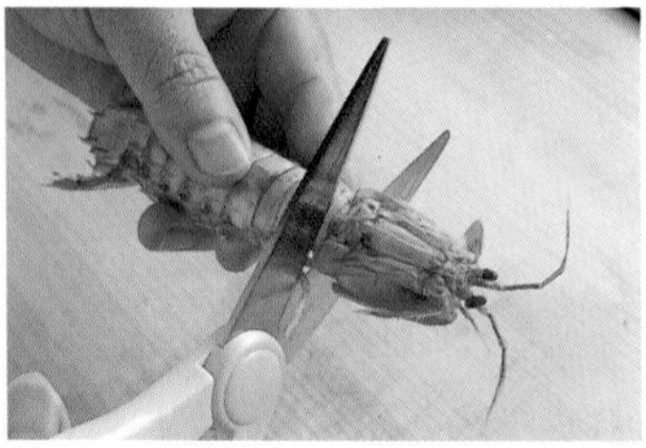

❶在接點剪掉頭。

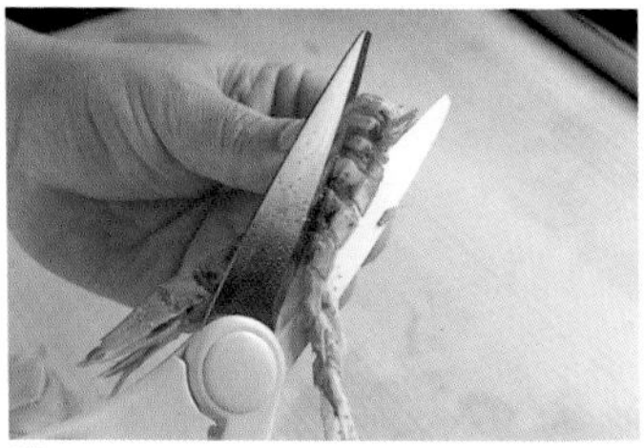

❷用剪刀剪去身體兩邊，並將尾巴末端剪成V字形。

蒸煮

基本上以蒸的感覺加熱，因此不需要加太多水。若水過多，甜味及美味便會流失。不要加太多鹽，鹽只用來提出甜味，而不是用來調味。

❶大鍋加水煮沸，再加鹽。熱水的份量大概是距鍋底約1公分高。

❷待水煮沸，便一口氣將蝦蛄都都放入，此時，會幾乎看不到水。

❸蓋上壓蓋以大火蒸煮10分鐘，讓蒸氣上揚。偶而搖動鍋子，確認有沒有燒焦。

❹蒸煮完成後顏色美麗的蝦蛄。

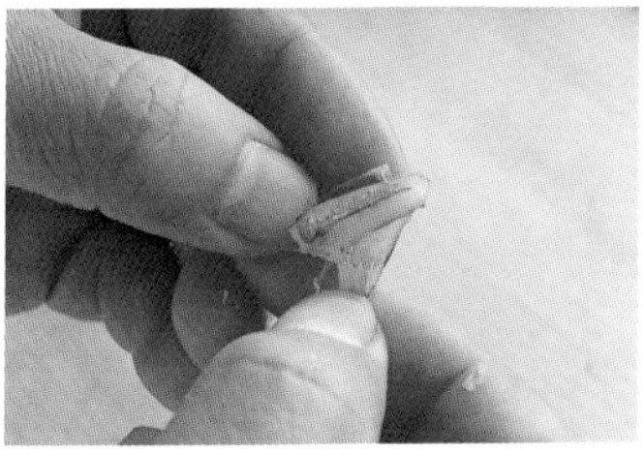

❺剝殼取出。

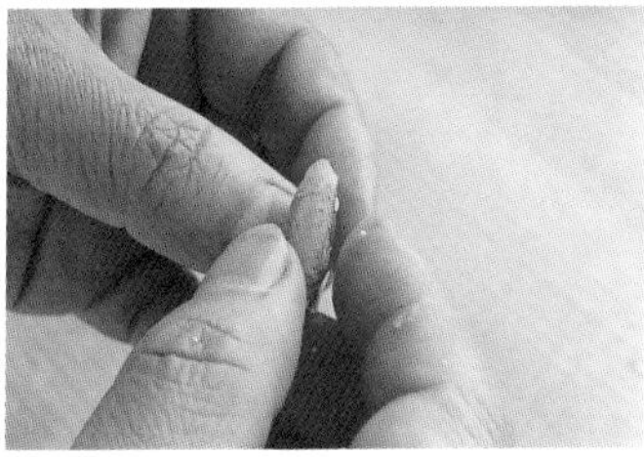

❻去殼後的螯。

切法

❶切成一半以便入口，另將尾部切齊。

❷切去尾部，統整形狀。

螯

❶從頭部剪下兩側的腳，一隻腳可取兩個螯。

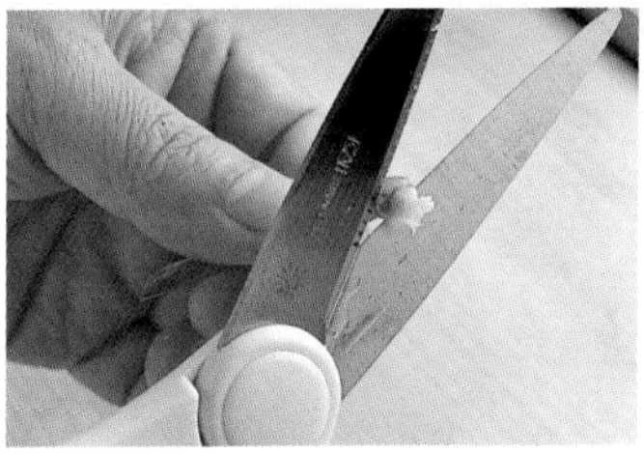

❷剪去連結處。

❸在關節前剪下。另一支螯也要剪去兩端。

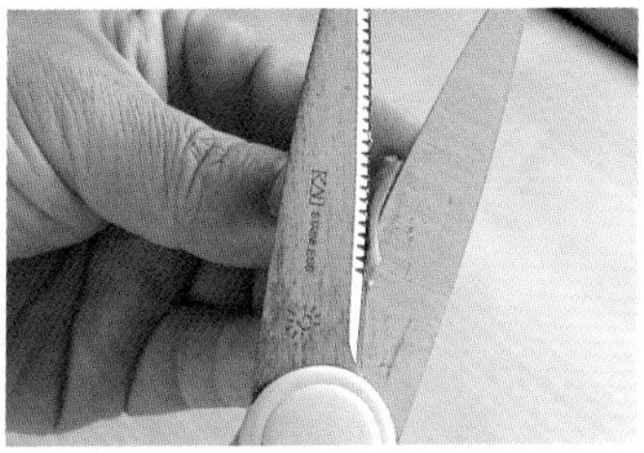

❹用剪刀剪去螯的兩側。

白魚（しらうお）shi ra uo

中文名：銀魚

・軍艦巻（ぐんかんまき）gun kan maki

——軍艦捲

銀魚是昭告早春到來的食材之一。棲居於日本各地內灣，並會溯溪上行產卵的銀魚，一般都在2～5月上市。據說之所以名之為銀魚是因其死後會變成白色，但有人卻因銀魚活著的時候透明美麗，而喜歡生吃活魚。流貫九州福岡的室見川便以生吃銀魚而知名。

江戶時代在隅田川河口的佃島附近也可以捕獲銀魚，在江戶前壽司之中算是珍貴食材而備受重視。不過現在漁獲量減少，關東附近各縣以霞浦產較多。由於不加熱而直接使用，因此建議採購新鮮（仍留有透明感）的魚，並盡早用完。

軍艦捲

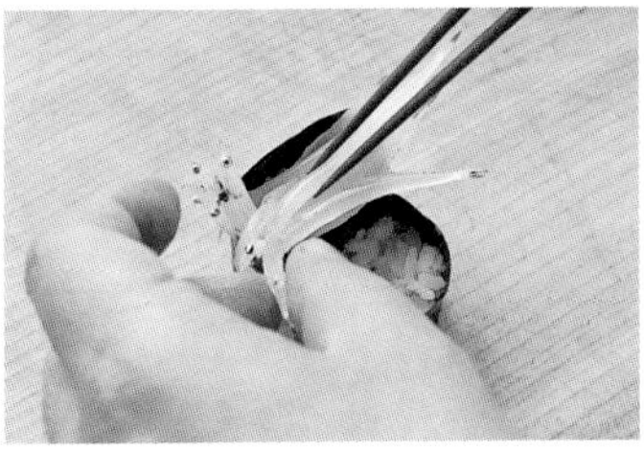

將銀魚頭擺整齊之後放到軍艦捲上，再加上辣椒蘿蔔泥和切得細小的淺蔥花。

握壽司

❶將銀魚頭擺整齊並握在左手當作食材。

❷右手沾上芥末捏成壽司，並放上辣椒蘿蔔泥和淺蔥花。

沒有特別的處理法，唯須將銀魚置於鹽水中繞圈圈般的洗淨銀魚。

握り（にぎ nigiri）

——握壽司

搭配辣椒蘿蔔泥和淺蔥花。

白子（鱈）

shira ko

しら こ

中文名：白子（鱈魚精巢）

握り

nigiri

にぎ

握壽司

配上辣椒蘿蔔泥與淺蔥花。軍艦捲也相同。

所謂的白子指的是雄魚的精巢，特徵在於濃厚的味道，但需注意若鮮度不夠，便容易產生腥味。鯛魚和河豚的白子都很美味，但這裡使用的是11～12月上市的北海道鱈魚精巢。

三陸產的白子時而會有寄生蟲，因此必須留意。在分成小塊前迅速汆燙可去污除蟲，並透過加熱使表面產生彈性的口感。

❶白子以鹽水洗淨後瀝乾水分。在熱水中加入一小撮食鹽，迅速汆燙。

❷馬上取出並放入冰水冷卻，之後放在竹篩上瀝去水分。

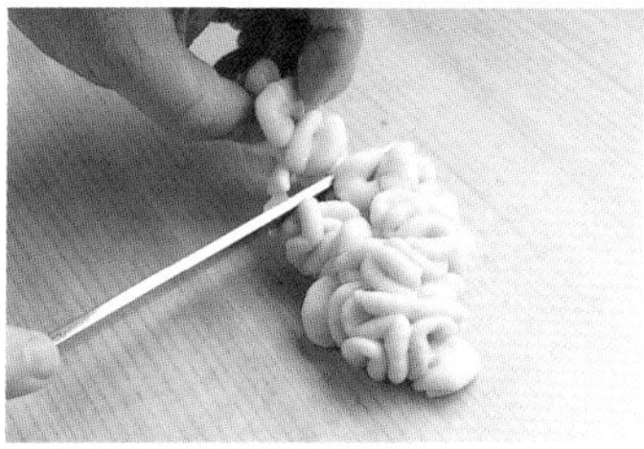

❸切成一口大小。

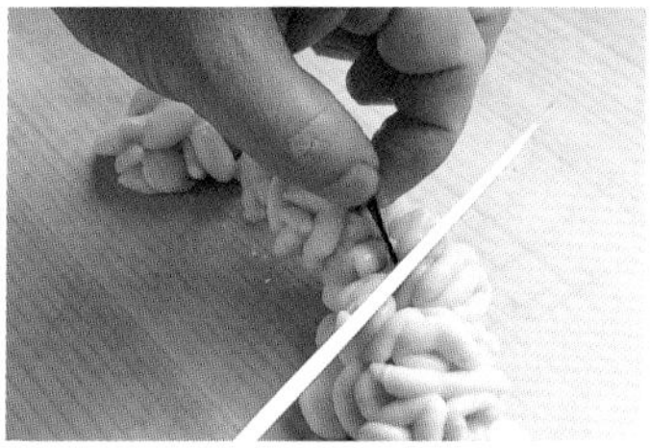

❹邊切邊去除殘留的筋和血塊。然後裝盤淋上橘醋醬油，並加上細切淺蔥花和辣椒蘿蔔泥。

うまみ

tsu ma mi

——小菜

淋上橘醋醬油，並配上辣椒蘿蔔泥與淺蔥花。

軍艦巻（ぐんかんまき）

gun kan maki

——軍艦捲

新子・小鰭

しんこ こはだ
shin ko ko hada

中文名：鰶魚

握り（にぎ り / nigi ri）——握壽司

使用兩條新子做成的握壽司。

鰶魚是隨著成長，名稱也會有所變化的魚類。正式名稱為鰶魚，但隨著成長變化卻有新子、小鰭、ナカズミ（nakazu-mi）、鰶（コノシロ konoshi-ro）等名稱。鰶魚屬鯡魚科，棲息在廣闊的海域。小刺多，且魚身軟，因此多於醋漬之後用做壽司食材。

用做壽司食材最為美味的只限於新子與小鰭，魚身結實有彈性，細小的魚鱗綿密覆蓋未脫落者鮮度較佳。另外在經過醋漬之後，為避免表皮乾化，因此要向內對折保存，維持銀色水亮光澤的美感相當重要。

小鰭因各地都有進貨，因此是全年都可見的食材，但孵化量最多的還是屬四月中旬。

其中新子成長後約在7月20日到8月10日左右初上市最受歡迎，價格也最高。這時期小澤壽司會將3cm左右的魚做成一捲壽司，但若魚較小時，則會以兩尾重疊做成一捲。

當長到ナカズミ或是鰶的程度時，因小刺變硬，因此醋漬必須非常徹底才行。但這卻會使其美味流失，因此不太適合用做壽司食材，不過卻可用於年菜的醋漬栗子。

使用整條新子做成的握壽司。

小鰭握壽司。

從上至下：
新子（四國產）
小鰭（日本海產）
ナカズミ（九州產）
鰶（愛知產）
以上皆為6月上旬捕獲。

鰶魚（コノシロ）。
一般壽司店的握壽司不太使用。

開腹

這裡以新子的開腹為示範（從腹部下刀的方法）。為了開得漂亮，入刀會貼緊魚皮，此時撐住魚身的手必須隨時確認刀尖位置，避免弄破魚皮的調整力道。能否在下刀時就精準的讓魚身成對等的左右對稱，正是行家展現技巧之處。至於處理步驟，小鰭與新子都一樣。

❶抓住頭，以出刃刀（小出刃刀較好）切去背鰭。

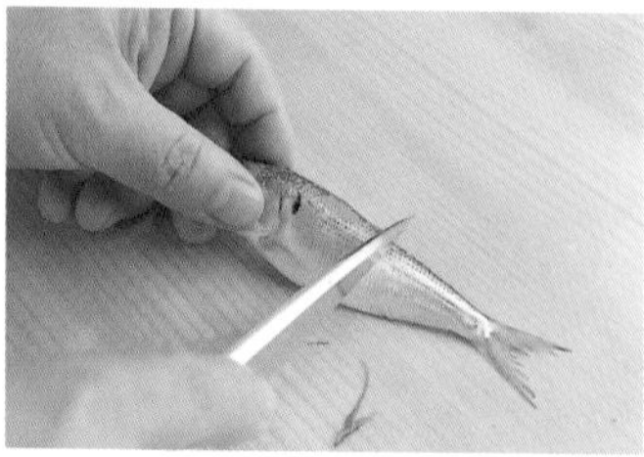

❷以刀尖輕輕刮去魚鱗。由於新子較小，因此必須小心處理。

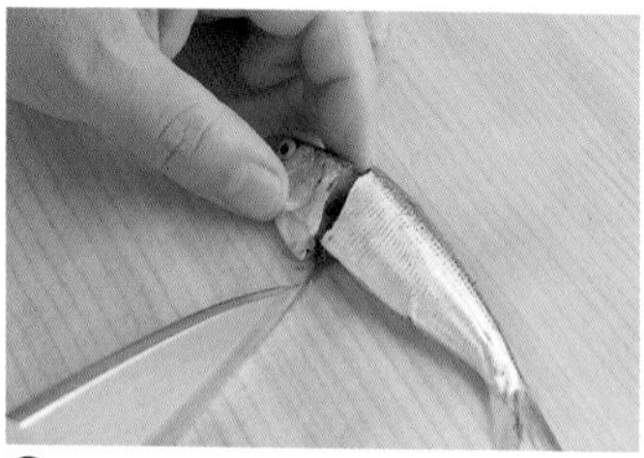

❸斜切下魚頭。

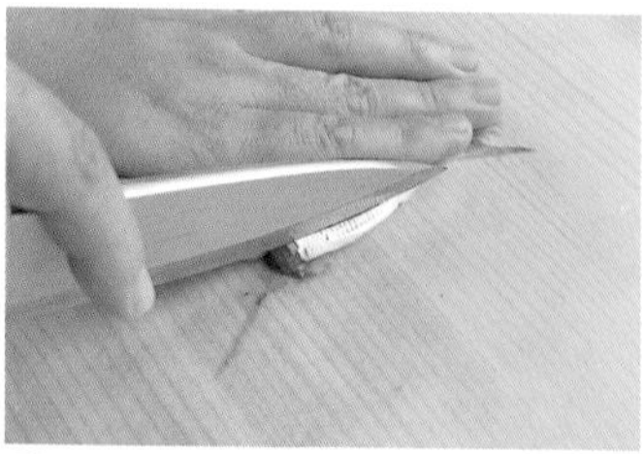

❹由排泄口附近切下魚腹。

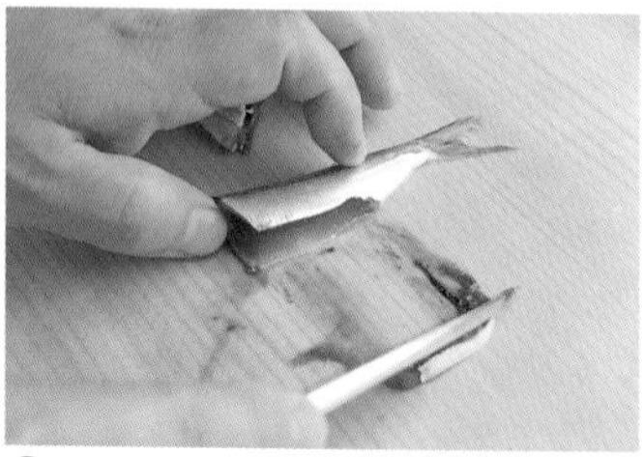

❺從切口取出內臟。

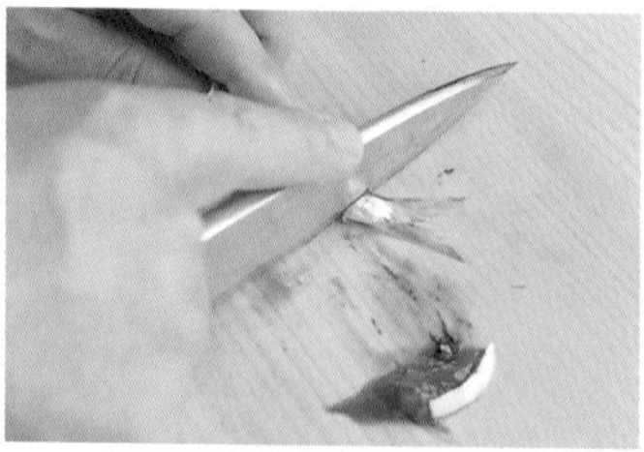

❻切斷魚尾。

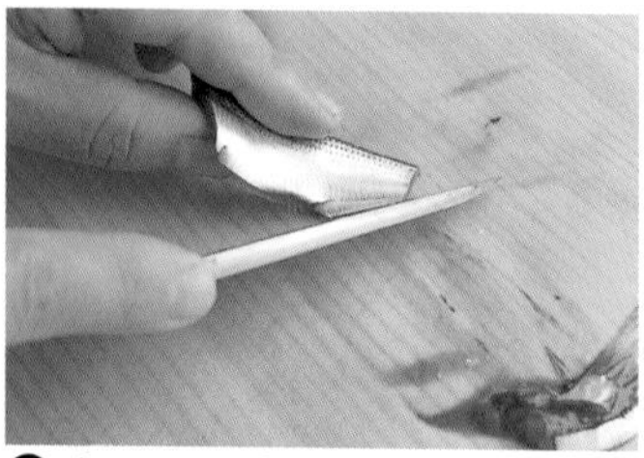

❼為了開腹時易入刀，因此切掉從魚尾到排泄口的腹部魚皮。

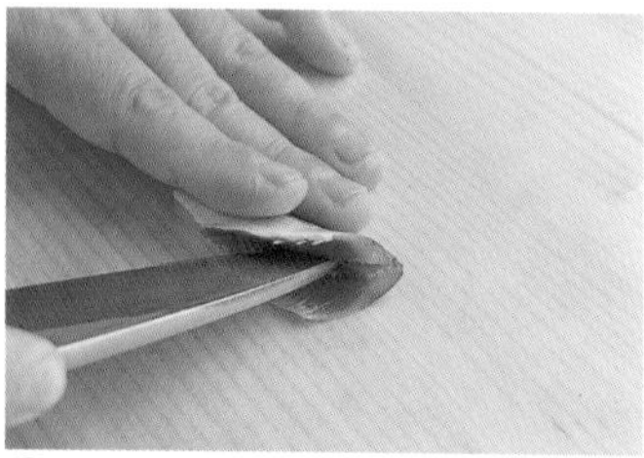

❽入刀切到中骨上，切到緊貼背部魚皮處。

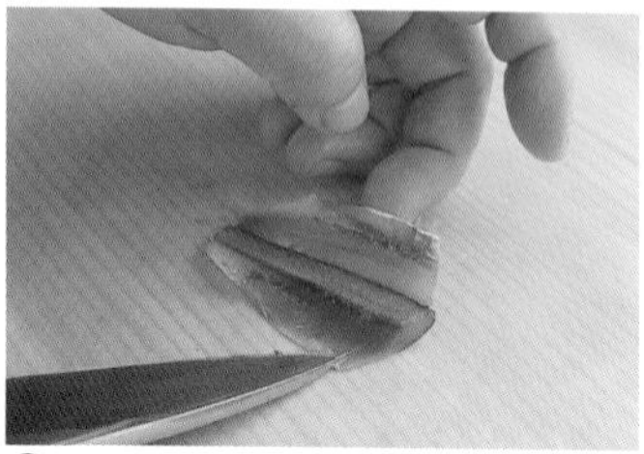

❾開腹之後的新子。

❿魚皮向上，從中骨上方入刀。

⓫沿著中骨注意不要留下魚肉的切下中骨。

⓬薄薄片下腹骨，整形。

⓭另一邊的腹骨也以同樣手法去除。

鹽醃

透過照片比較便可得知新子、小鰭、鰶隨著魚身的成長，不僅鹽的份量加多，時間也需延長。鹽量的多寡是決定醋漬美味與否非常重要的要素，因此依油脂分佈狀況或大小等魚貨當時的狀況，會調整時間的長短，而掌握時間點便非常重要。撒鹽時，為了讓溶解的鹽分可由魚頭流至魚尾（不要溶解到魚身整體），排放時魚尾位置要較低。

● 撒鹽的方法

撒有濕度的鹽時，要如照片般單手握住食鹽，並以另一隻手掌拖住，搓著讓食鹽可以均勻散落。鹽量撒落的多寡由握住食鹽那隻手小指開合的大小情況控制。

シンコ——新子

❶在以濕布巾擦拭過的微濕竹篩上，如照片般撒鹽。

❷不重疊的將新子並排其上，再撒鹽。

❸撒過鹽的狀態。就此擱置10分鐘。

コハダ——小鰭

❶在微濕的竹篩上撒鹽，份量要較新子多。

❷與新子同樣排列之後，再由其上撒鹽。此時鹽的份量也要比新子多。

❸撒過鹽的狀態。就此擱置30分鐘。

要在鰶魚撒上幾乎覆蓋魚肉的食鹽，並擱置1小時。

醋漬

很快用水洗過，再用醋洗後瀝乾水醋漬。新子用加水的醋醃漬10分鐘以內；小鰭用生醋（未經調和的醋）醃漬15分鐘；鰶魚用生醋醃漬40分鐘。夏季在醋中放冰塊可保魚的鮮度。接下來用新子說明醋漬步驟。

❶待鹽漬後，再以清水沖洗掉鹽份。

❷置於竹篩上瀝去水分。

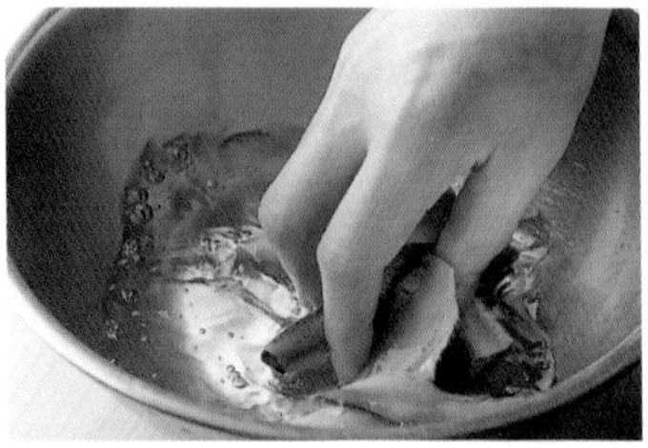

❸在鐵盆中放進生醋，輕輕用醋洗過，去除水分。

❹置於竹篩上瀝去醋汁。

❺新子使用醋與水3：7的比例調和醋。夏天要在鐵盆中加入冰塊冷卻。

❻放進新子醃漬不超過10分鐘。

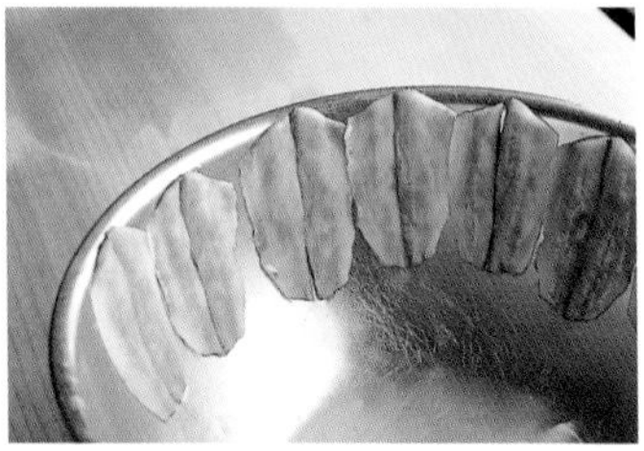

❼完成醋漬之後，魚皮向內的貼在鐵盆邊，自然瀝去醋汁。

❽向內對折避免魚皮乾化，並排在竹篩上，放進冰箱保存。

切法

新子使用全魚，故無須切法。小鰭則是一捲使用半片魚身。在魚皮加入切法，突顯皮與肉之間美麗的顏色對比。使用鰶魚時，因魚身較大，因此半邊魚身做成兩捲握壽司。

❶魚皮上斜切入裝飾用的刀痕。

❷將背鰭部份細長地切下。

❸另一邊也斜切入與❶同樣的裝飾刀痕。

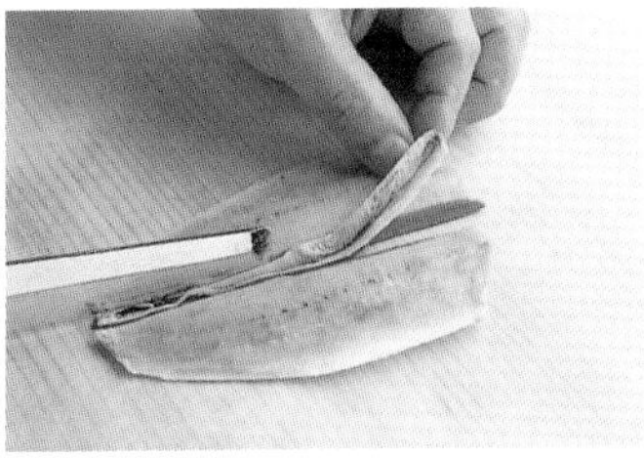

❶細長地切下背鰭部分。

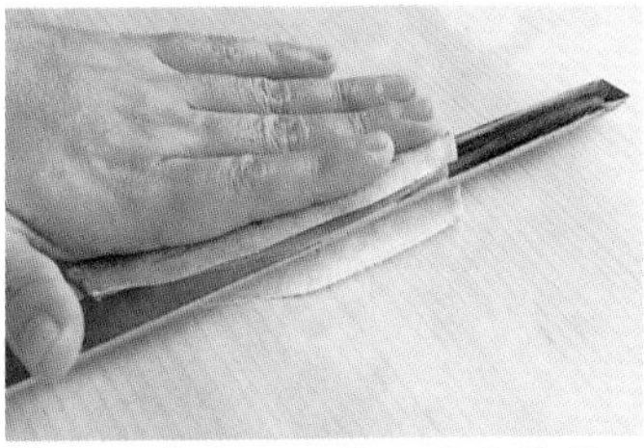

❷由於魚身較肥厚，因此薄薄切開單邊魚身。

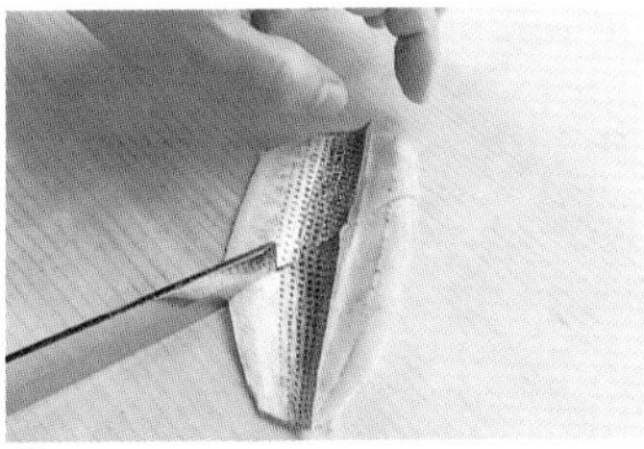

❸再斜切為二。

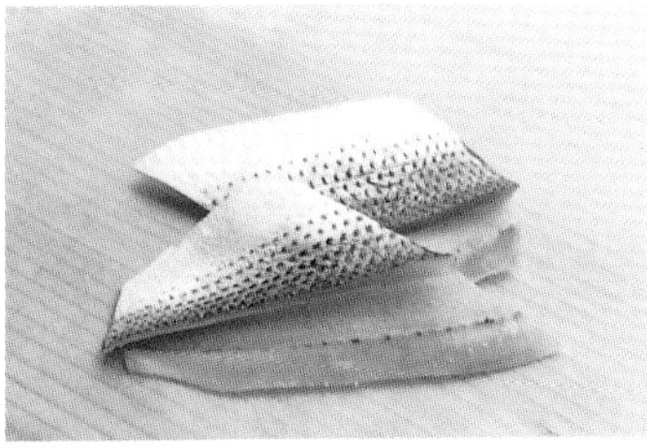

❹切好的鰶魚。

握壽司

在此以重疊兩片新子的握壽司為示範說明。所謂重疊兩片，指的是使用兩條小型新子做成一捲握壽司。

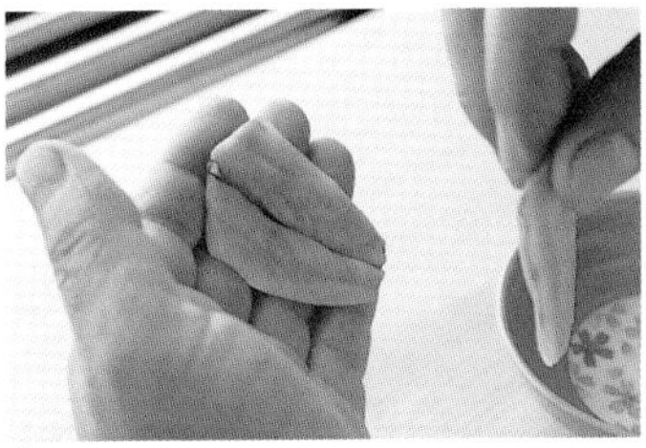

❶魚頭向上的置於掌上。

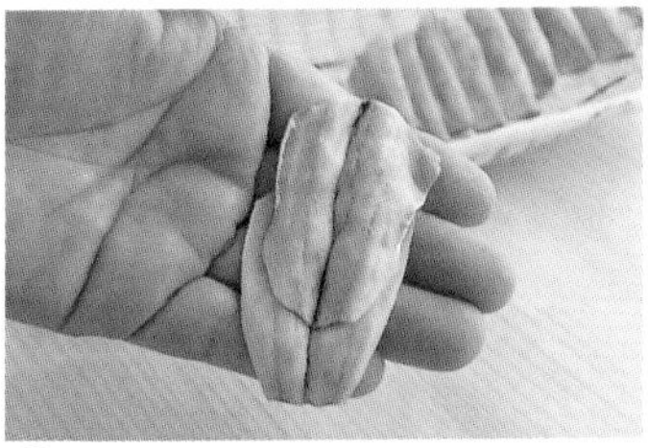

❷另一條也以同樣方向但稍微往上的重疊在一起。

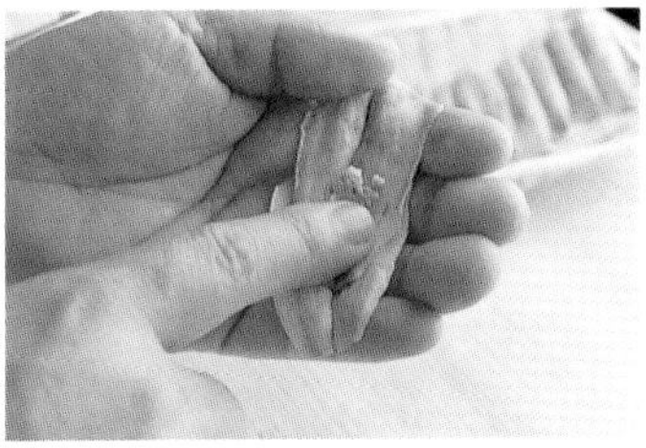

❸在中間塗抹芥末。

❹捏好握壽司飯置於其上。

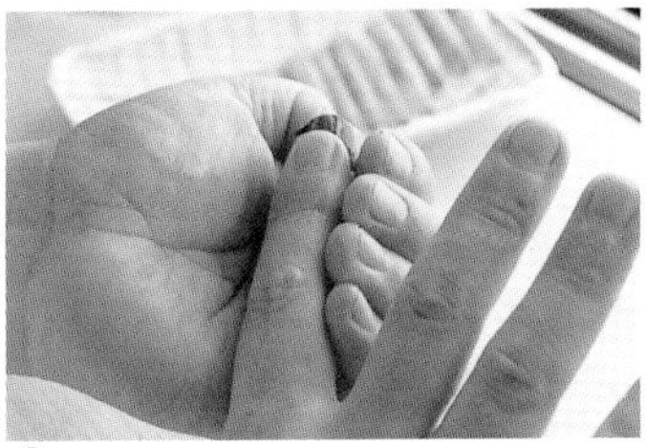

❺捏壽司。

鱸 すずき suzuki

中文名：鱸魚

握り にぎ nigi ri

握壽司

使用魚腹做成的握壽司。

鱸魚魚骨較粗，在白肉魚之中被稱之為較為男性化的魚。鱸魚也是隨著成長名稱會轉變成コッパ（koppa）、セイゴ（seigo）、フッコ（fukko）、スズキ（suzuki）的「出世魚」。隨著魚齡的增長，油脂更多也更美味。

5~9月之間不僅油脂豐富味道也絕佳，是鱸魚最美味的時期。但過了這段期間，秋冬進入產卵期之後，味道便有如天壤之別。

選購時要挑黑褐色的背部和銀色的腹部形成鮮明對比色的鮮魚。這裡選購活鱸魚，從放血的步驟開始說明。

刺身（さしみ sashimi）——生魚片

使用活魚時，佐以新鮮的肝和著芥末泥剁碎加醬油做成的肝醬油更加美味。

使用魚背做成的握壽司。

活魚可見其魚鰓呈鮮紅色。選購時盡量選顏色鮮豔的為佳。

三枚切法

活鱸魚要放血之後使用。活魚雖然價格較高，但既可使用新鮮的魚肝做成肝醬油，魚骨又可以做成紅燒，可以說是物盡其用。

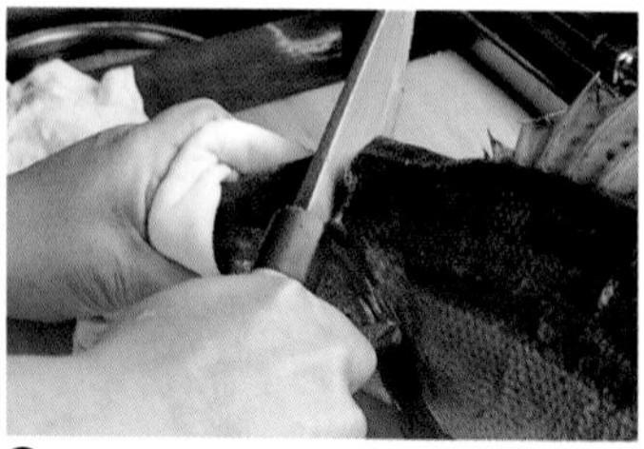

❶活著放血。首先用布巾緊緊抓住魚頭使其動彈不得，之後以菜刀切斷魚頭上的延髓。

❷接下來切斷魚尾附近的背骨。之後移到水龍頭下去血水。

❸刮魚鱗的時候，手指若刺到堅硬的背鰭會腫起，因此可先用刀切下背鰭。若不小心刺到，只要將血擠出，再用醋浸一下即可。

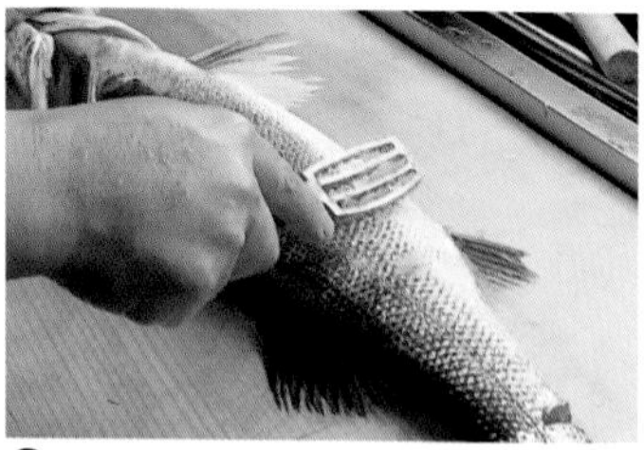

❹從魚尾朝魚頭方向使用刮具刮去魚鱗。

❺腹部朝上，抓住腹鰭從緊接胸鰭的地方斜切入刀。

❻魚横擺提起胸鰭，在胸鰭邊入刀。為免傷及內臟淺切入刀即可。尤其要小心別切破膽囊。

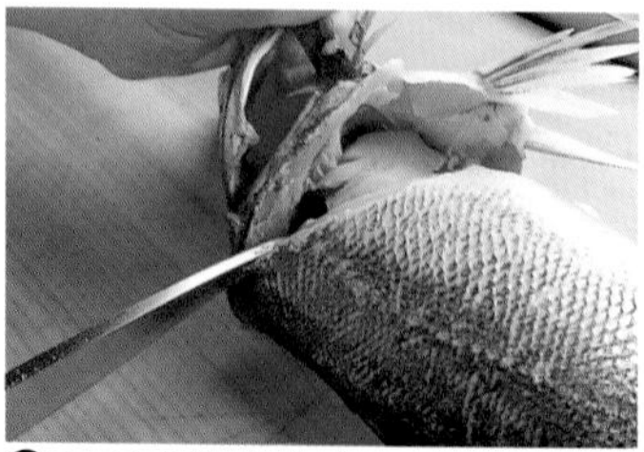

❼切到連接❶在魚頭上的刀痕。

❽轉過另一邊，與❻～❼同樣在胸鰭邊向著魚頭切下。

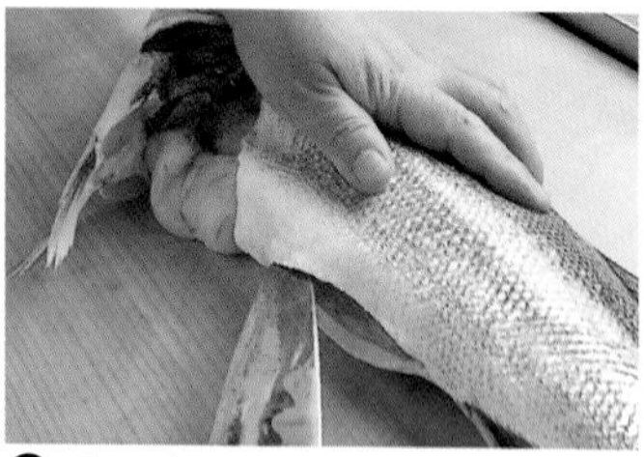

❾用刀尖切進排泄口，並由此切開魚腹。

❿一邊抓住魚頭，再一邊拉出內臟。

⓫切斷腸子的接點。

⑫在內臟裡面白色的浮袋兩側切入刀痕。

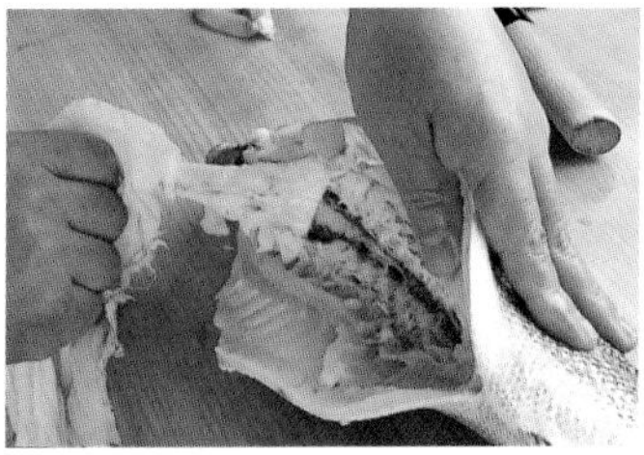

⑬以布巾緊抓住浮袋並拉出。

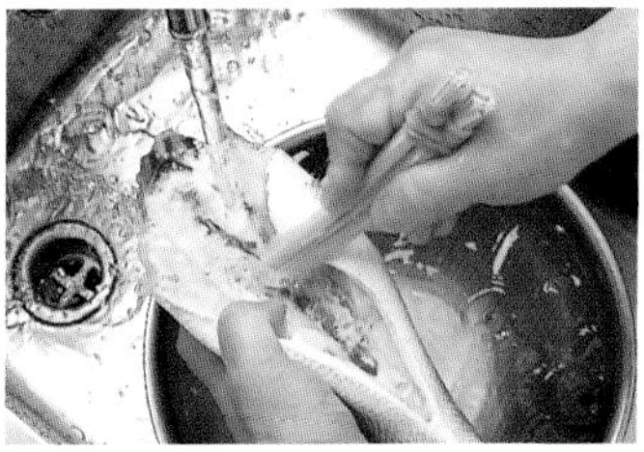

⑭一邊以清水沖洗，一邊使用竹刷清除血塊。

⑮切開腹骨連結處，切下腹身。讓魚頭向右，大魚可分幾次滑刀切下即可。

⑯魚尾向右，魚背朝自己切下背身。首先在背鰭接點淺淺的劃一刀。

⑰接著將背身切到背骨前。

⑱由於背骨較粗，因此可分幾次切。首先先切到背骨上半邊。

⑲最後讓刀滑到背骨頂點切下魚身。

⑳切掉魚尾。

㉑拉起魚身，從背骨切離一邊魚身。

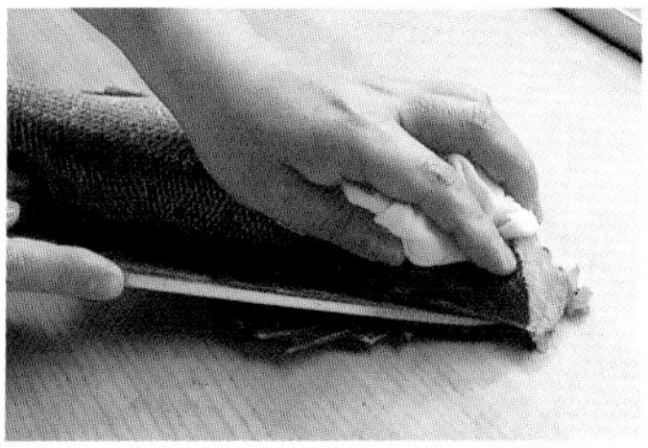

㉒另一邊的魚身也以同樣手法切下。首先在背鰭接點切一刀。

㉓分3~4次切到背骨上，切下魚背。（步驟同⑯~⑲）

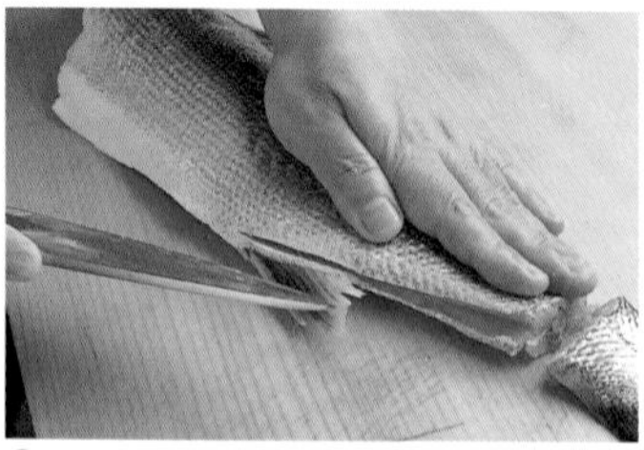

㉔在緊接著尾鰭的地方入刀。

㉕從這個刀痕處入刀切到背骨，並切下魚腹。

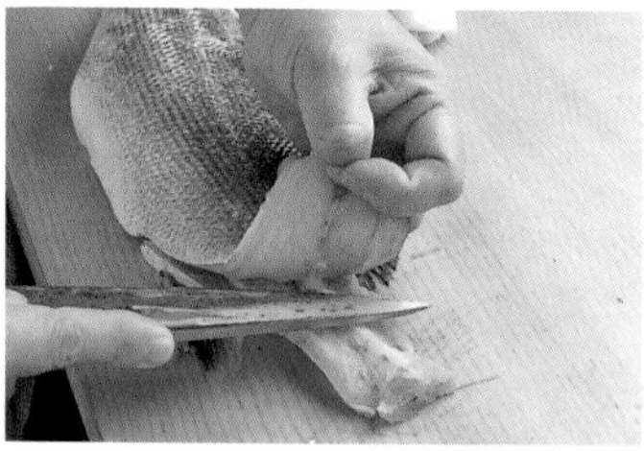

㉖拉起魚身，從背骨切下魚身。

㉗最後切斷腹骨接點。

㉘為便於分切取用，沿著腹骨痕跡，淺淺切入一刀。

㉙分切。由於魚身大，因此要分兩次切。沿著背骨痕跡，從魚身中間部分向著魚尾下刀。

㉚撐開㉘切的刀痕，從魚頭順著背骨痕跡入刀分切。

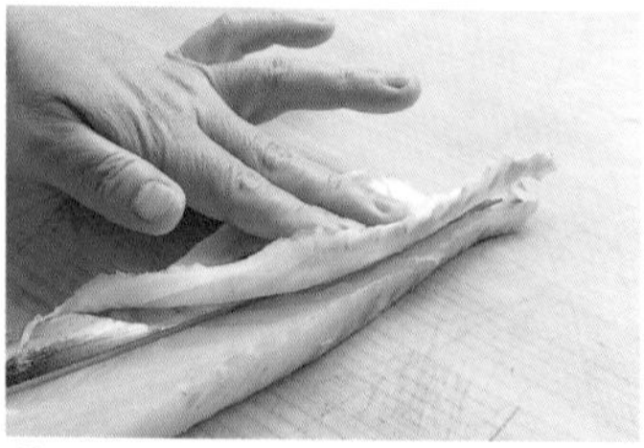

㉛順著㉘的刀痕削切般的薄薄片去腹骨。

㉜魚身朝上在魚尾連結處入刀，需留意不要切到魚皮。

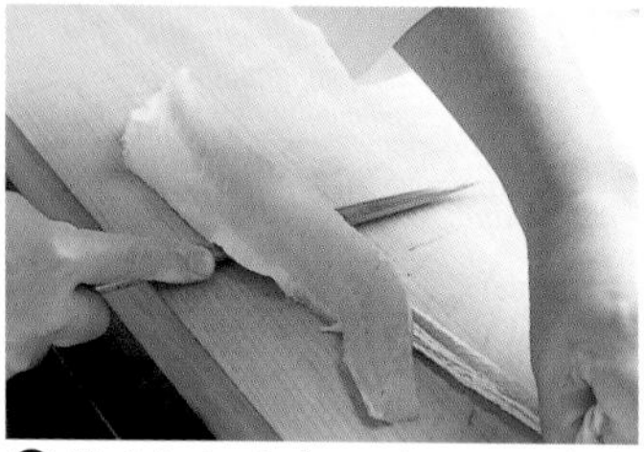

㉝單手拉住魚皮，並用刀切去魚皮。

㉞細長的切去留在背骨痕跡上的小刺。魚背也以同樣的手法去皮。

切法

不管是生魚片或壽司食材都同樣使用削切法。由於活魚彈性極佳，因此用做生魚片時要切薄片（約2mm）上桌。

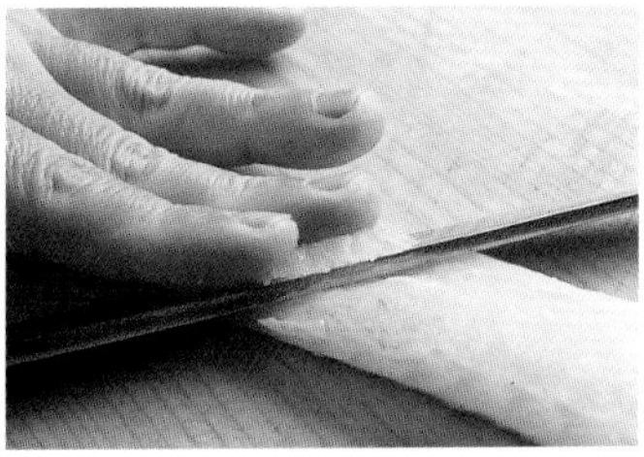

❶ 背身沒有幅度的部分，以斜切的角度製造出魚身幅度。

❷ 魚腹較寬的部分，刀的角度需稍垂直削切。

すみいか

s u mi i ka

中文名：墨魚
真烏賊
花枝

墨魚在日本又稱為甲烏賊，正如其名，這種烏賊背上有以石灰質為主要成分的甲殼。最具魅力之處在於肥厚而入口即化的肉質，選購時以全身略帶茶色者為佳。

一般使用80g的墨魚，但7月下旬到8月中旬短期上市約30g的新花枝，入口即化般甘甜柔軟的肉質，最受歡迎，也因此價格特別高。

握り（にぎり nigiri）——握壽司

輕拍表面之後切入裝飾刀痕。

處理方法

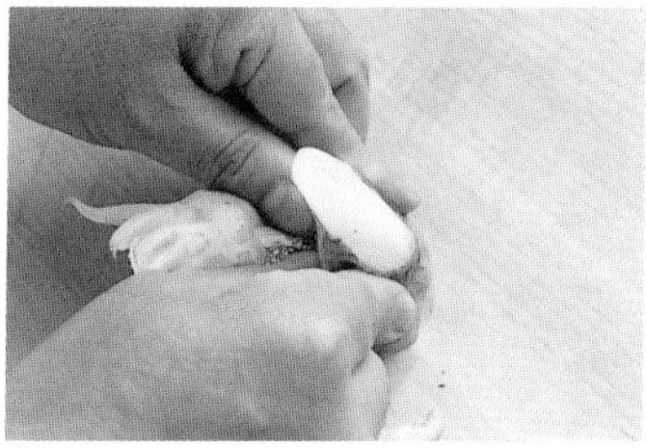

❶以手指推擠出甲殼。

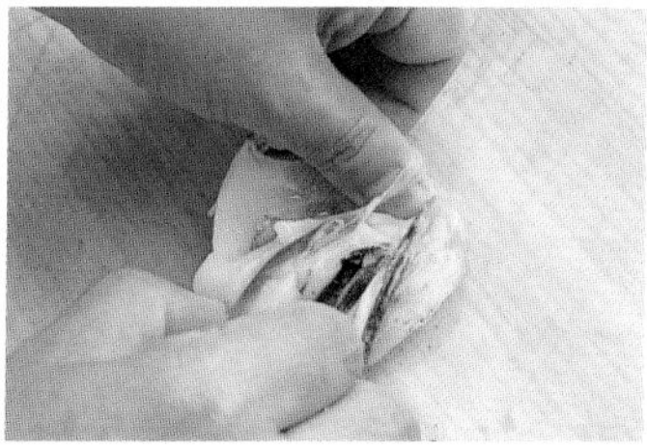

❷手指伸進甲殼背旁，撕下兩側薄膜。

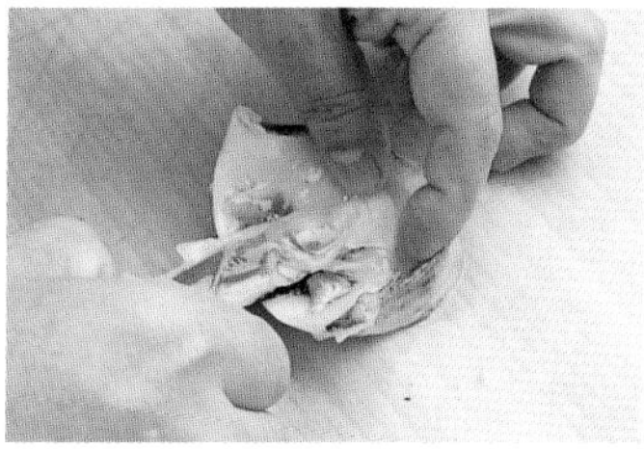

❸拉腳，同時取出內臟。

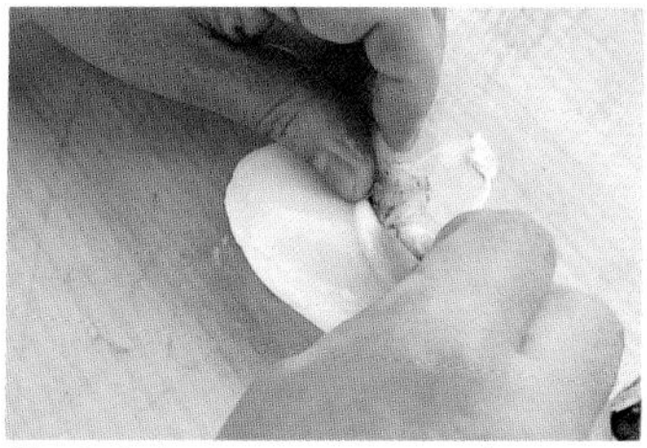

❹讓魚身表面向上的從邊緣以拇指撕下表皮。

•刺身（さしみ）sashimi ——生魚片

使用花枝腳做成的握壽司。

汆燙

❶煮沸熱水，很快的燙過。

❷馬上放到冰水中。

❸切下花枝身兩側，以便拿掉薄皮。

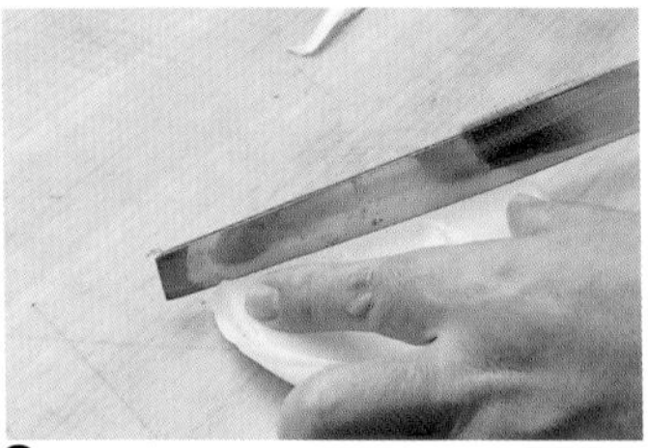

❹內面朝上，在下端切入刀痕，但注意不要切到表皮。接著讓表面朝上，在上端切入同樣的切痕。

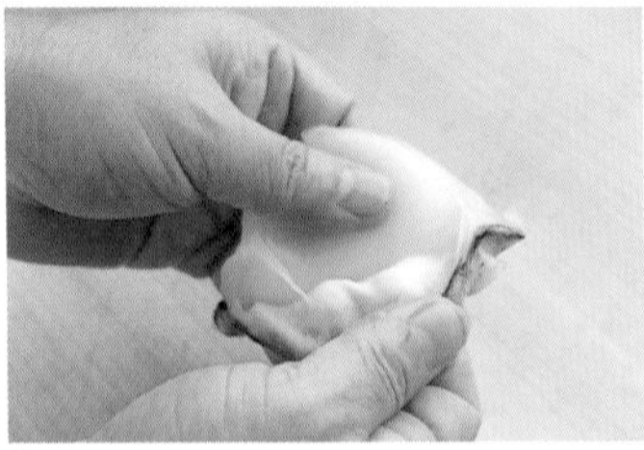

❺小心不要損及表面的調整力道撕下表皮。

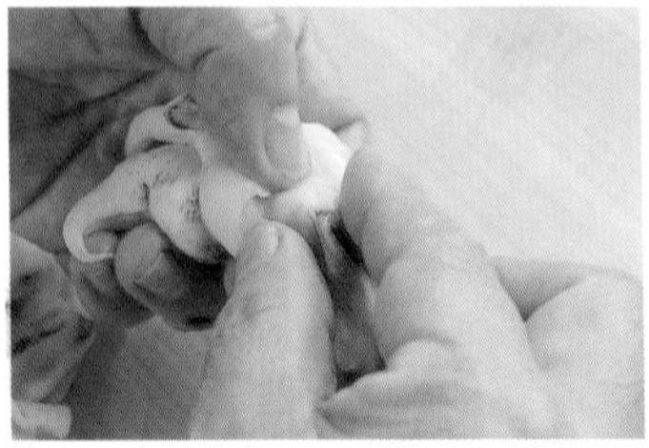

❻抓住附著在腳上的墨囊，留意不要弄破。

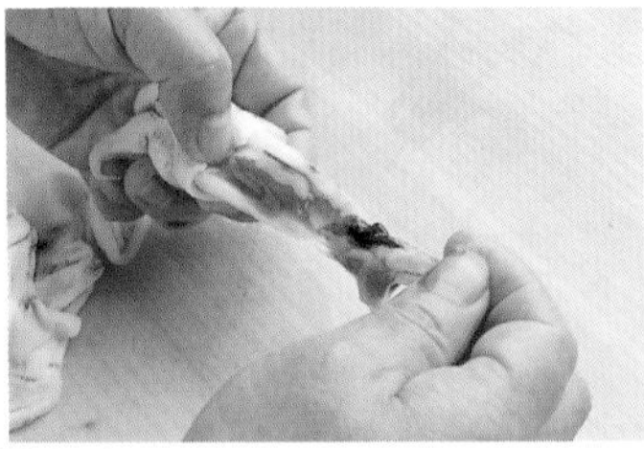

❼輕輕的以手指拉下。

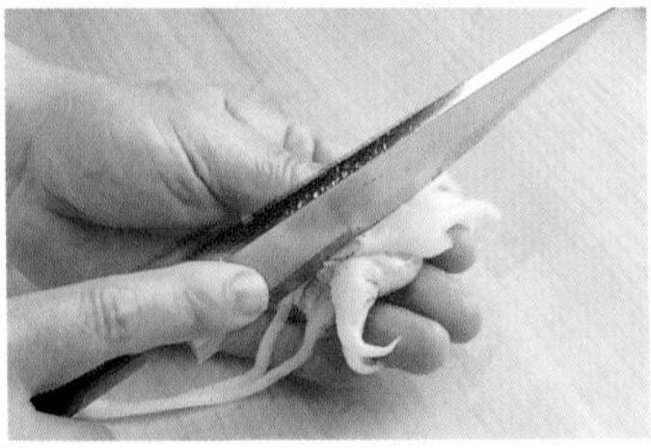

❽處理花枝腳。首先在嘴部正上方下一刀。

❾從此切痕再向左右下刀切開，以便取下眼睛。

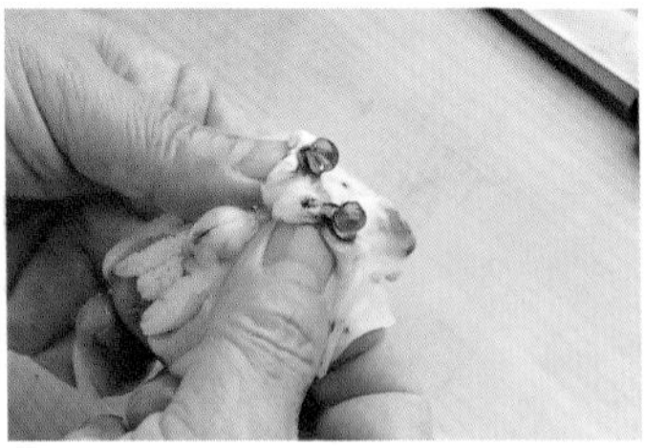

❿擠出眼睛並摘除。

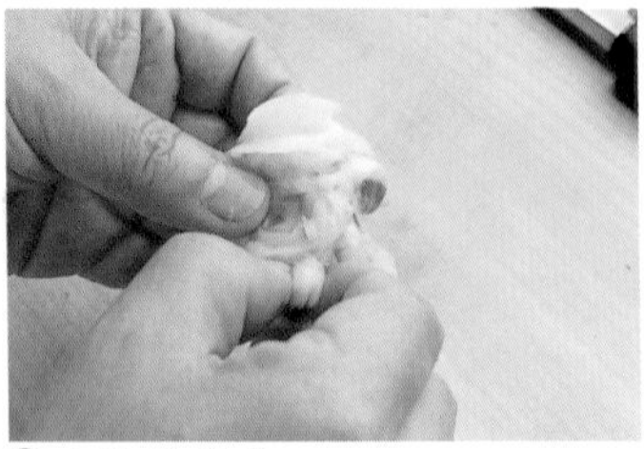

⓫拿掉花枝嘴。

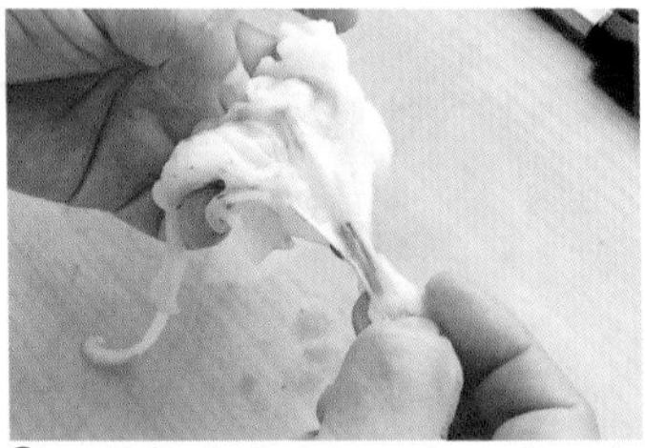

⓬從花枝嘴周邊抓住與內臟的連結處之後拉掉。

⓭將花枝腳放進鐵盆中輕輕以食鹽搓揉後，以清水沖洗。

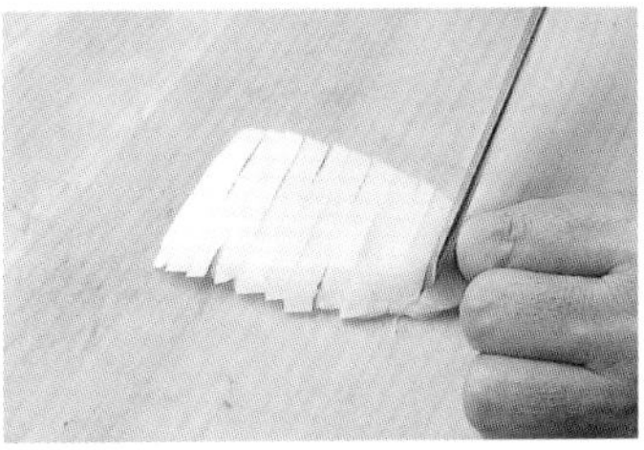

❷橫擺細切。

❸使用筷子折疊般將魚身裝盤。

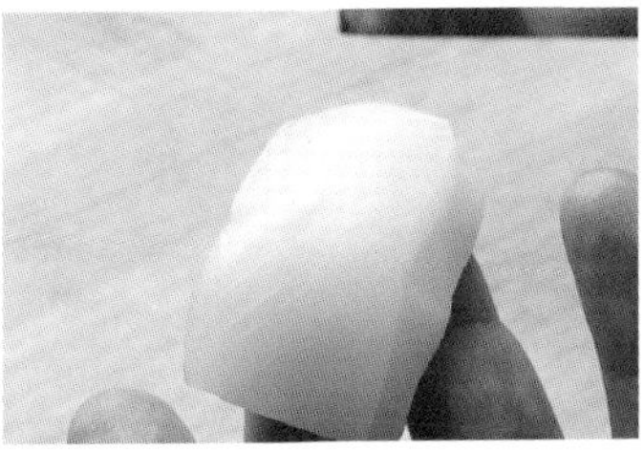

❷用刀在表面以輕敲的方式加入裝飾切痕。深度請參考照片。

❸握壽司用食材。

❹切花枝腳。首先切下觸角，然後從腳的連結處削下表面的硬皮，切下腳尖。

❺握壽司用食材（花枝腳）。

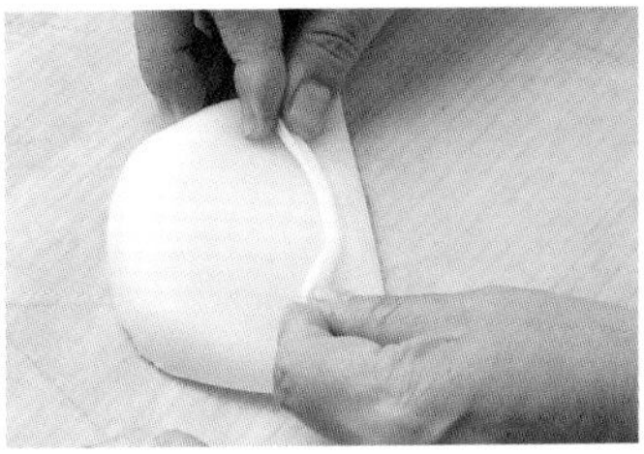

❺表面朝上，從下面有切痕的地方撕下表皮。

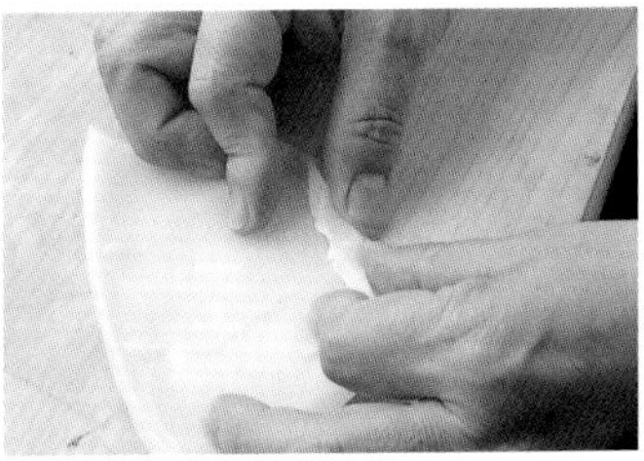

❻內面朝上，從上面有切痕的地方撕去表皮。

❼將步驟⓭處理完成的花枝腳放到熱水中確實煮熟，待成照片所示的狀態時，取出冷卻。

切法

刺身——生魚片

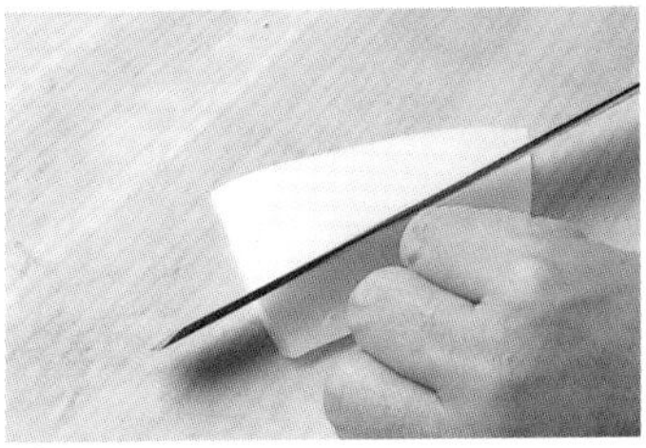

❶縱向細切裝飾刀痕。

ネタ——握壽司食材

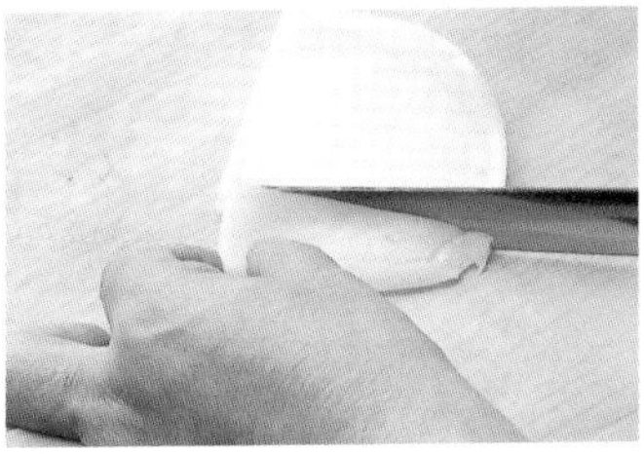

❶先以削切的方式斜切入刀。最後再立刀切出角度。

平貝

たいらがい

taira gai

中文名：**江珧蛤**

這是由兩片大貝殼構成的三角蛤，日文又稱為「タイラギ」。壽司使用的部分和扇貝一樣，都是干貝部分。選購時要選肉大而厚，而且顏色接近膚色，帶琥珀色者為佳。照片是大分產的江珧蛤。

・握り

にぎり

nigi ri

握壽司

切法

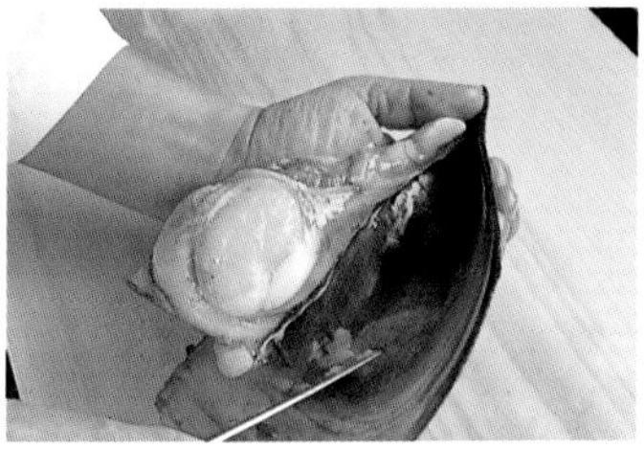

❶打開殼先拿掉一片。用刮棒將薄膜和干貝取出。

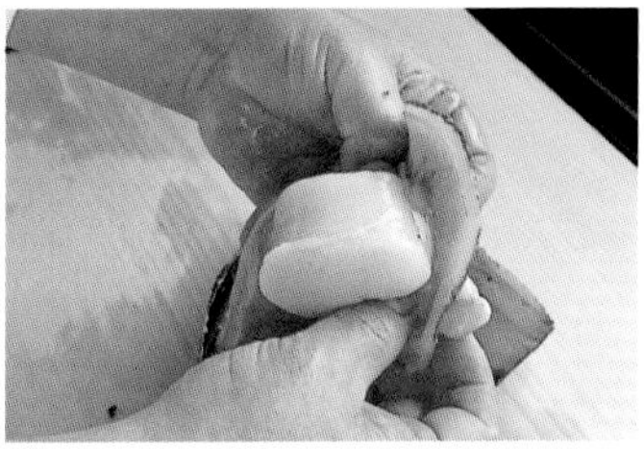

❷取下附著在干貝上的貝唇。

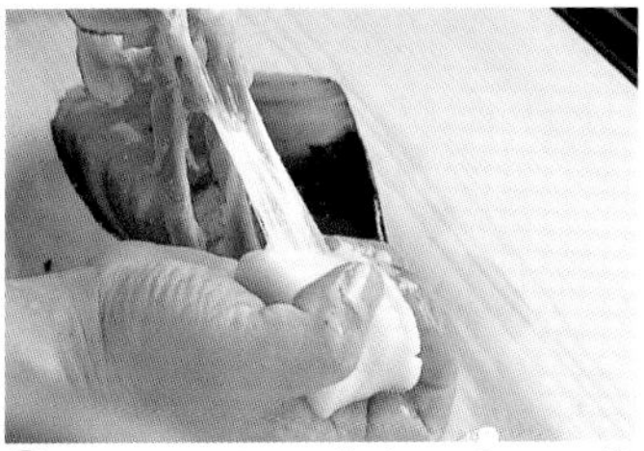

❸從蛤肉上把附著在干貝上的薄膜一起跟內臟拿掉。

❹以清水沖洗乾淨並拭去水分。

❺在約5mm厚度的地方下刀。

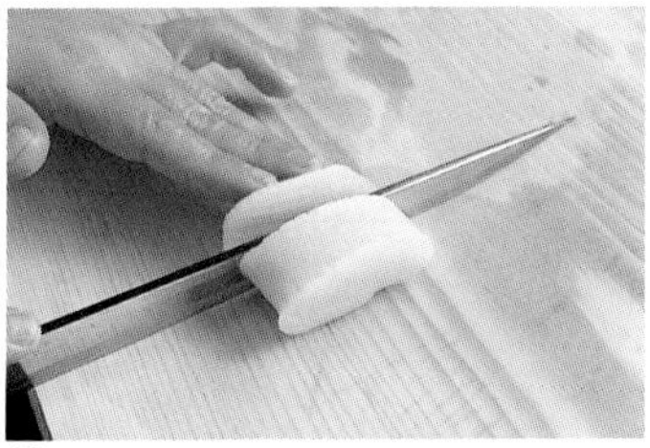

❻上下移動刀面切出波紋。

❼用於握壽司的江珧蛤。

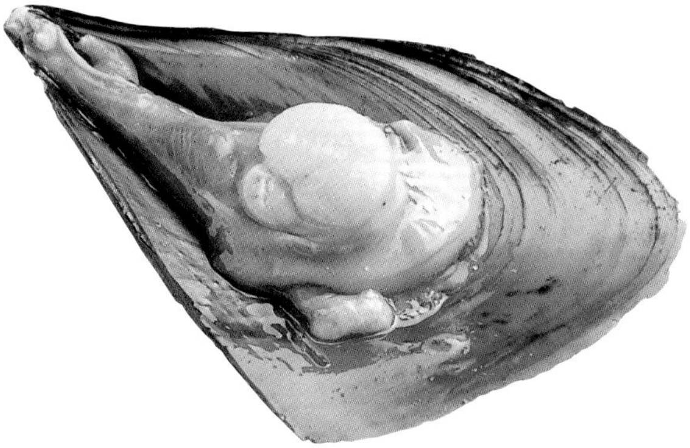

蛸 たこ tako

中文名：章魚

握り にぎ nigiri —握壽司

熟章魚握壽司。切成波紋狀薄片以便食用。

提到章魚的產地，當然以明石最為知名，但關東附近則有佐島。食用章魚有真章魚、水章魚和飯章魚數種，但用於壽司食材的多以真章魚為主。產季在1～2月，雖然市面上流通的以煮熟的章魚較多，但這裡要從活章魚的處理法開始介紹。

活章魚以表面黏性強，生猛者最為新鮮。小澤壽司店通常選用的是2～2.5kg，八爪粗壯的章魚。這裡使用富津產的真章魚，雖然要用鹽巴先洗淨表面黏稠，但尤其要注意吸盤或腳常帶有許多細菌或髒污，因此要在洗淨黏稠時一併悉心清洗。

握壽司食材一般多使用煮過的章魚，但在這裡要介紹沒有煮過的生食材。建議您試試看搭配鹽巴與酸桔就著薄生切片清爽入口。另外，由於吸盤的爽脆口感相當特殊，亦可善加利用的做成小菜。

生章魚薄削成片搭配食鹽與酸橘。

刺身 さしみ sashimi ——生魚片

剁章魚塊。將煮熟的章魚切成一口大小的波紋狀。

生章魚薄片。

生章魚處理方法

❶將章魚爪兩側的表皮用刀切到根部。

❷當手抓起一隻腳，從❶兩側的切痕入刀切斷章魚腳。

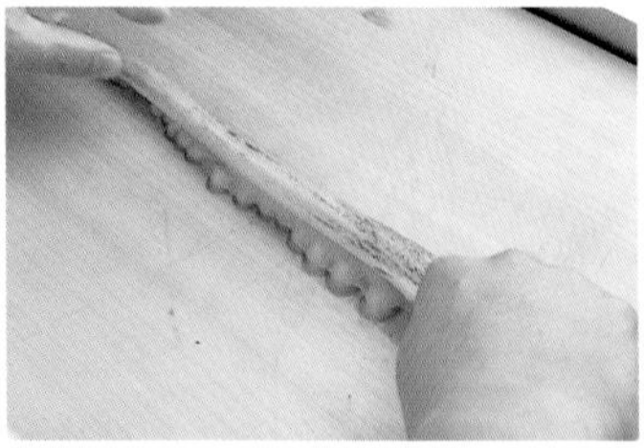

❸讓吸盤吸住砧板，固定住章魚腳，這樣比較容易處理。

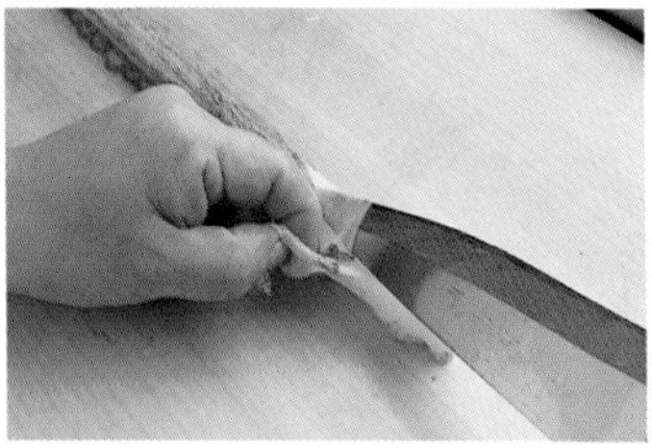

❹從腳的根部逆刀切開表皮（沒有吸盤的一面）。

❺筆直切到爪尖。

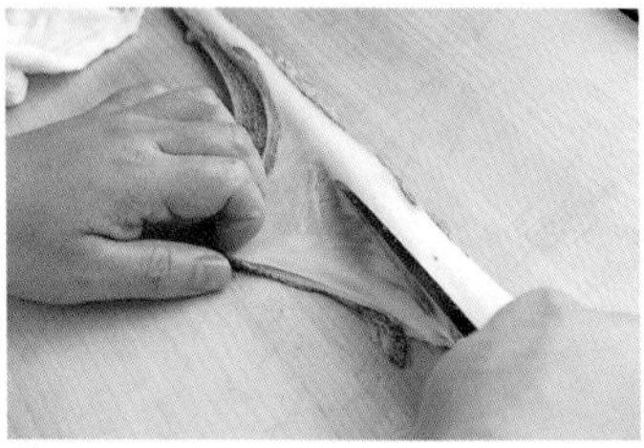

❻從切痕處拉開皮，用刀尖邊剝邊拉開表皮。

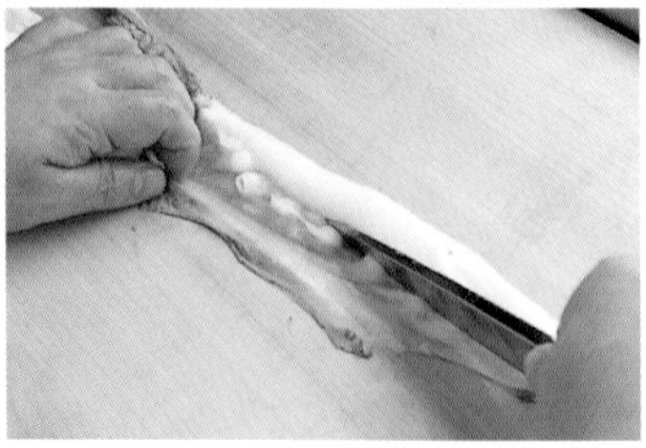

❼吸盤部分也同樣邊切邊剝。

❽待全部的皮都剝得差不多了便切斷。

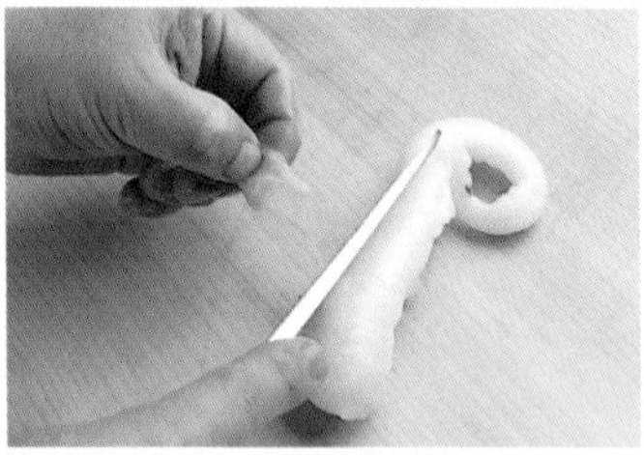

❾更進一步清除附著於內側的薄膜。

●不用刀的剝皮法

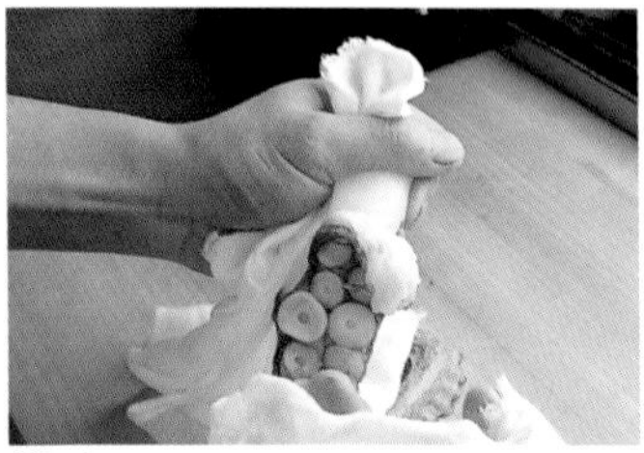

❶先剝掉一點根部的表皮，用乾布巾抓住以免滑手。

❷緊抓住一端，看狀況用另一隻手用力拉下表皮。

切法

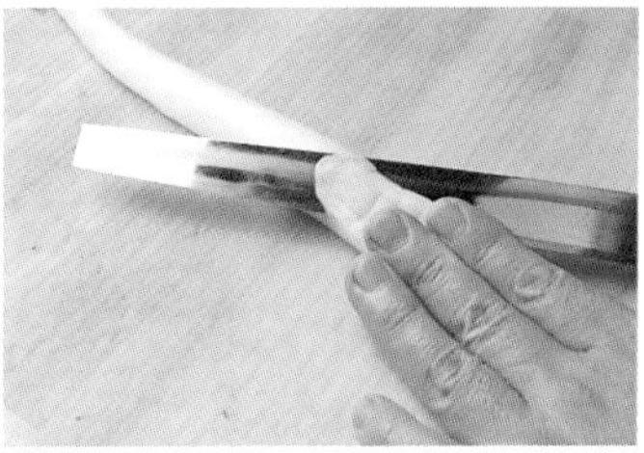

❶將生章魚削切成薄片。

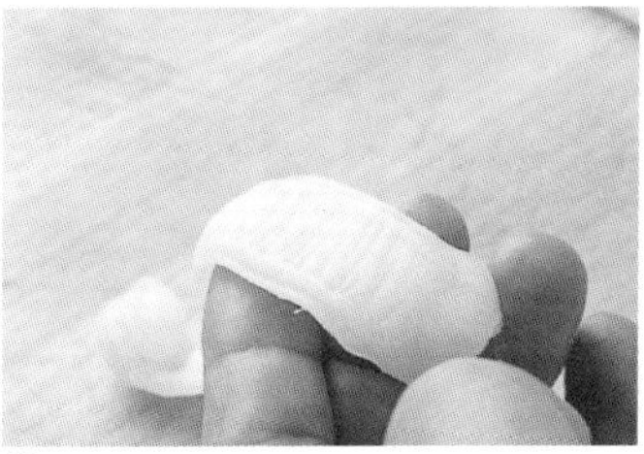

❷切太厚就不方便吃。

❸用於握壽司的生章魚。搭配食鹽與酸橘品嚐。

❹用於生魚片則要薄切，同樣搭配食鹽與酸橘品嚐。

熟章魚處理方法

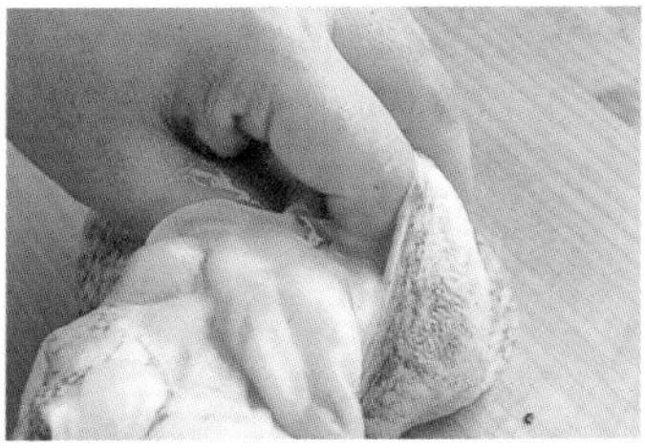

❶切去連接墨汁噴出口的地方。

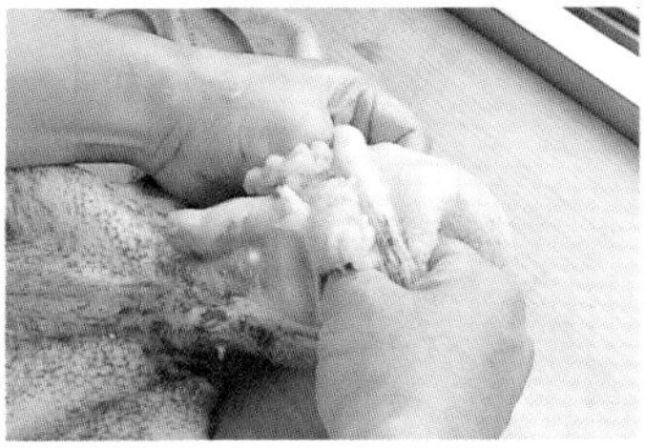

❷用雙手將章魚頭翻面。

❸單手伸進章魚頭中，用刀切去內臟周圍的薄膜，但要留意不要切到內臟。

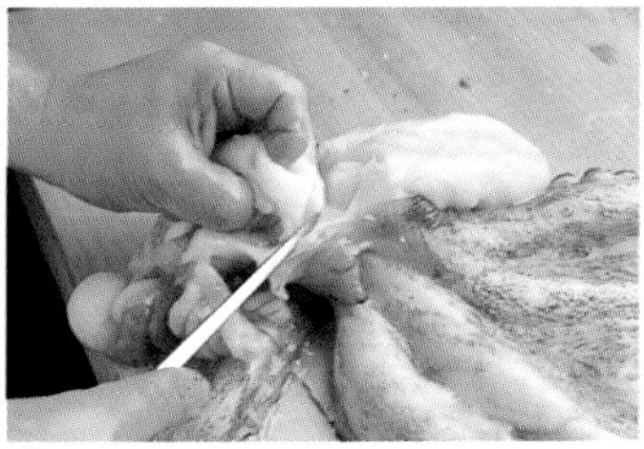

❹切下卸好的內臟。

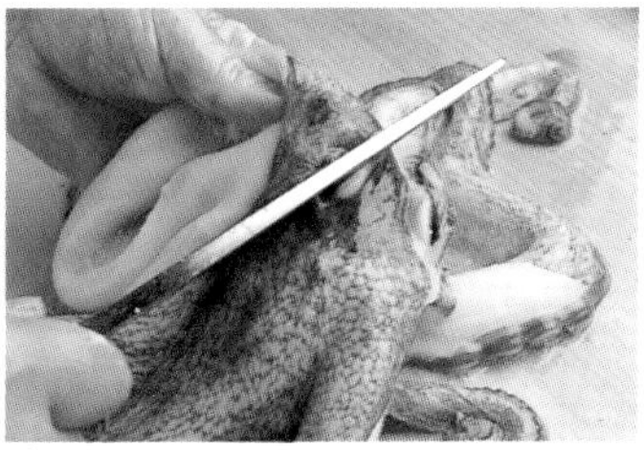

❺各在兩眼接點下刀切下眼睛。

❻加入切痕以便取出章魚嘴。

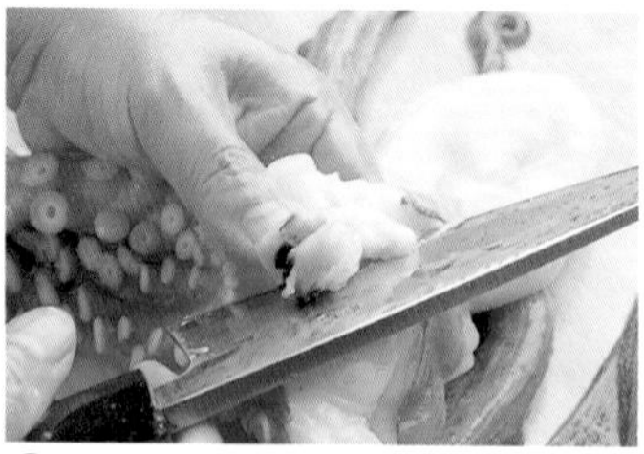

⑦切下章魚嘴。

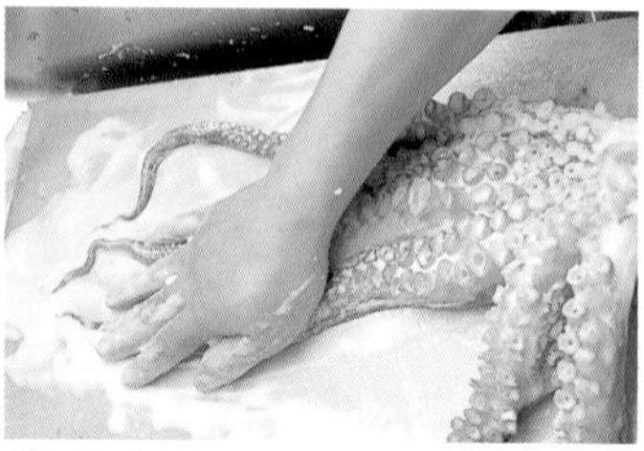

⑧斜放砧板，以大量鹽將黏液與吸盤髒污搓洗乾淨。細心搓到黏液跟鹽出現肥皂般細緻泡沫。

⑨以清水沖洗乾淨，連吸盤內也要洗淨。之後置於篩子上瀝乾水分。

⑩取一把粗茶葉，用布巾包成包袱狀。

⑪大鍋中熱水煮沸，放進⑩的茶葉，煮到如照片的狀態。

⑫加醋（大鍋加1.8 l左右），抓住章魚頭上下提動的由章魚爪開始慢慢放進熱水中。

⑬放入時要讓腳呈捲曲狀。

⑭等腳的形狀固定了就放進頭，煮12～13分鐘。

⑮待章魚變成如照片所示的紅豆色，同時肉也變得結實了就撈起來。

⑯放在竹篩上冷卻。至此處理完畢。

汆燙

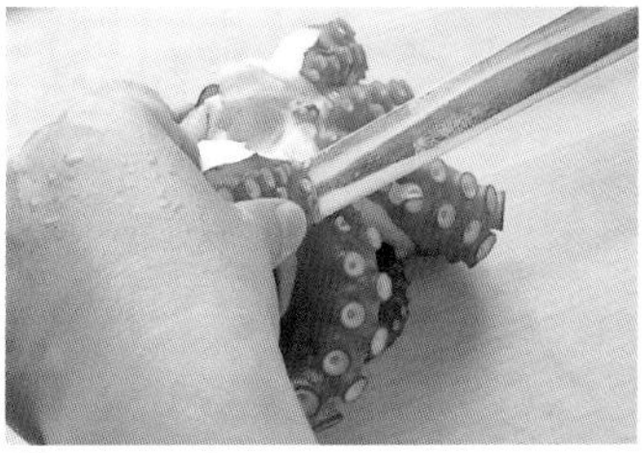

❶切開一隻腳。

❷配合握壽司食材所需大小，一邊移動拇指與中指一邊切入波浪紋路。

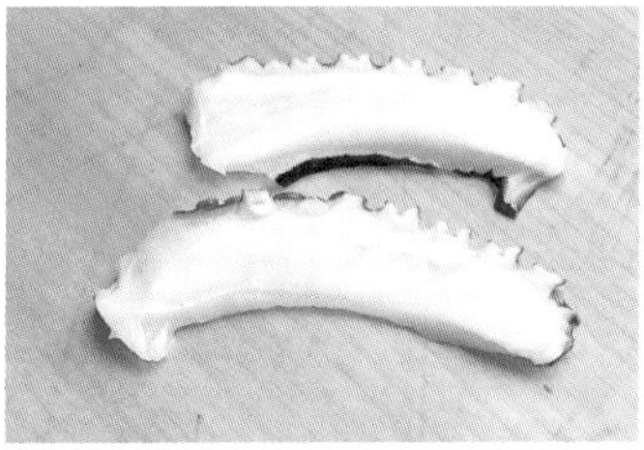

❸握壽司的食材。不要太厚。

❹同樣以波浪切法（便於用筷子挾取）將章魚切成一口大小。用作小菜，搭配食鹽與酸橘品嚐。

鳥貝（とりがい／tori gai）

中文名：鳥蛤

鳥蛤的旺季在4～6月。鳥蛤甘甜而獨特的口感最受喜愛，是壽司食材中相當受歡迎的貝類。

殼的顏色比赤貝稍淺，選購時以重量沈者為佳。握壽司用腳來作材料，市面上也有剝殼之後的蛤肉，肉質通常是越厚越高價。

在這裡使用的鳥貝產自於香川的觀音寺。

握り（にぎり／nigiri）

握壽司

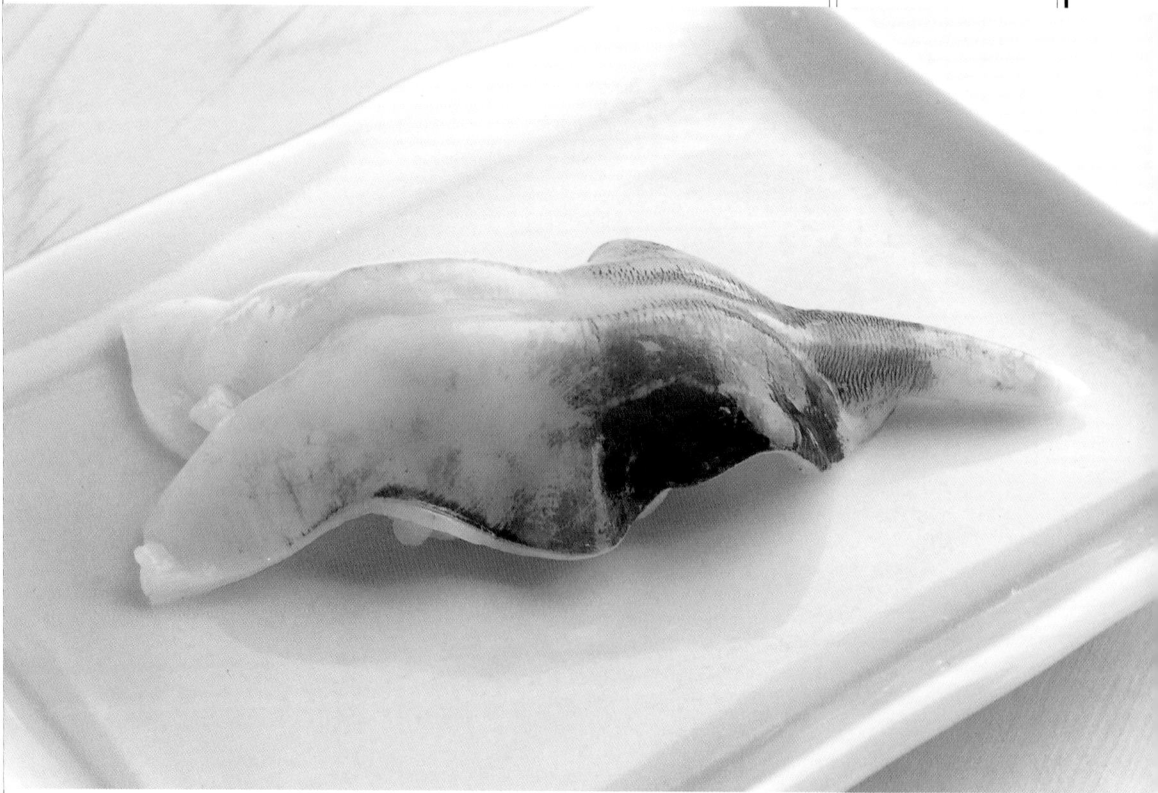

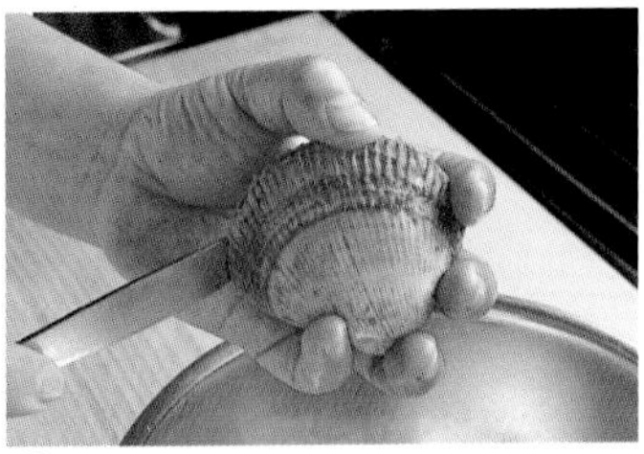

❶將兩片貝殼中圓形幅度較深那面朝下拿取，並以刀具插進兩片貝殼之中。

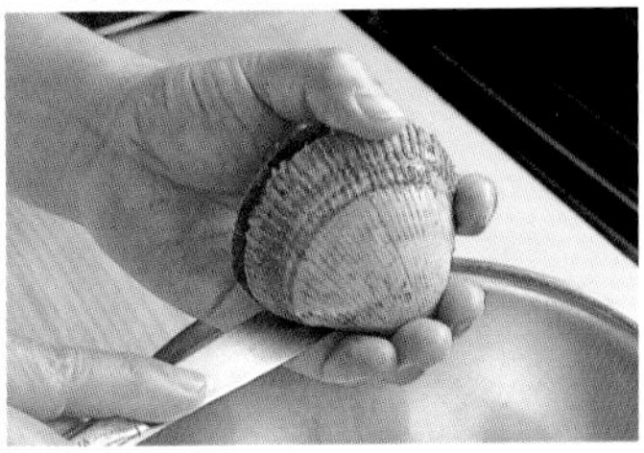

❷轉動刀具稍微打開貝殼，用左手拇指撐開貝殼。

❸刀具從右邊沿下方貝殼切去右側的貝柱。

❹用同樣的方法切去左邊貝柱。

❺抓住貝殼上下方打開貝殼，並以刀具切斷另一個殼右邊的干貝。

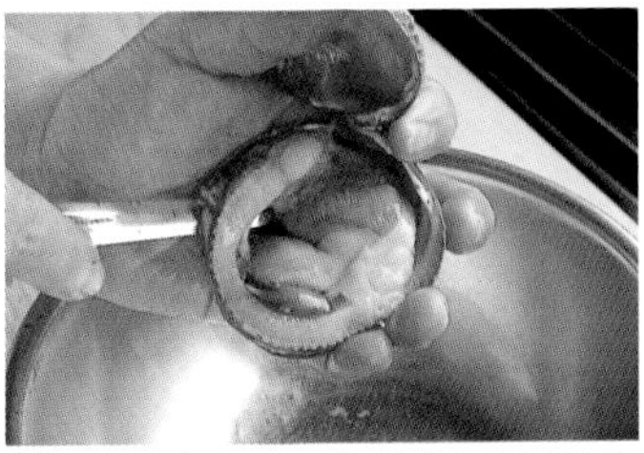

❻用同樣方法切斷左側干貝並取出蛤肉。

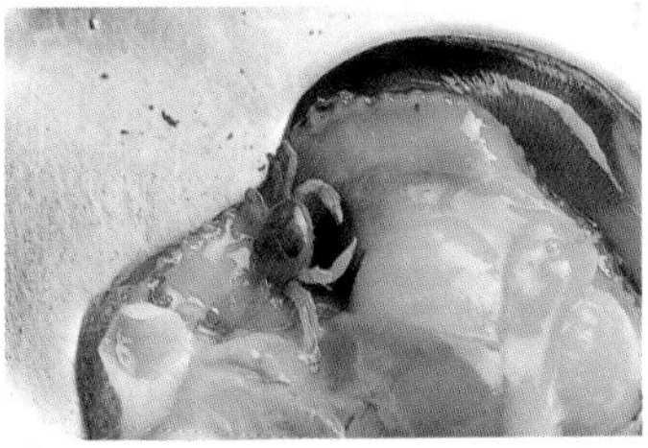

❼偶而蛤肉裡會有小螃蟹。據說這只有在肥美而營養狀態良好的鳥蛤才看得到。

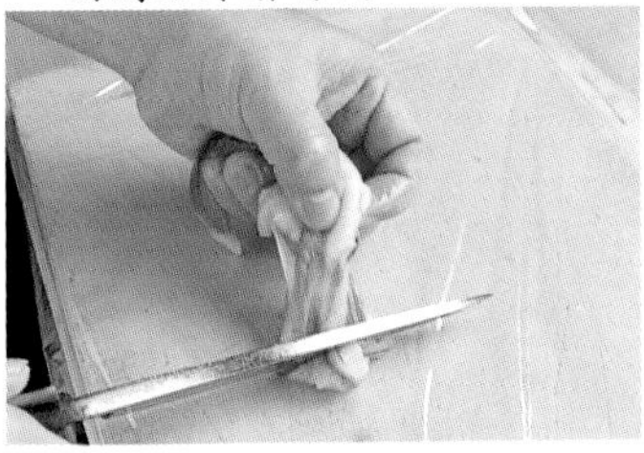

❽由於鳥蛤的顏色只要沾上砧板便不易洗淨，因此在取內臟前要鋪上一層保鮮膜。

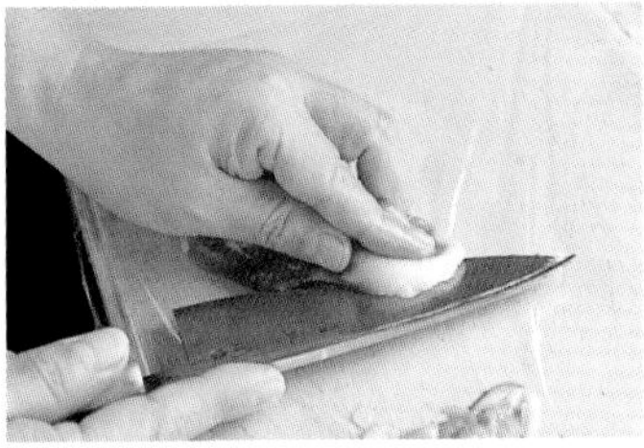

❾將其足部切半。

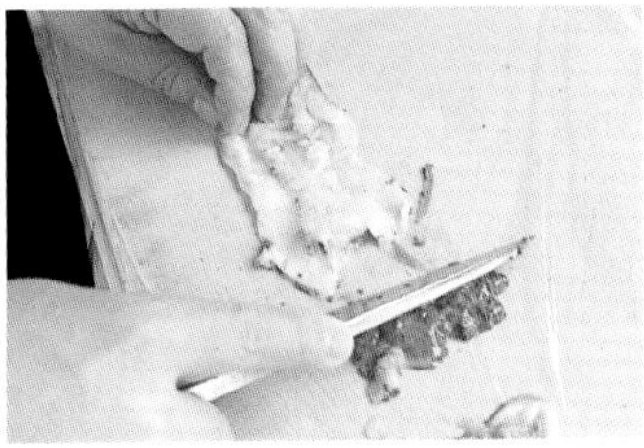

❿用刀子刮出腹內腸肚。

⓫在沸水中加醋以防褪色。

⓬將鳥蛤放在篩子上以熱水迅速汆燙。

⓭待顏色改變，便馬上放入冰水中冷卻。

蛤

はまぐり

hamaguri

中文名：文蛤

文蛤殼因產地不同顏色也有所差異。最近日本市場上常見的有本土產的茶色文蛤和韓國產顏色較白的文蛤。不論哪一種，殼的顏色越鮮豔就越新鮮。照片上是九十九里產的文蛤。

煮文蛤備用時，可視內臟的狀態判斷是否可以起鍋。煮得不夠熟，內臟便會鬆軟不易取淨；但煮得過熟，內臟又會過硬而無法從蛤肉取淨。最好是輕易的便能剝除的狀態。

・握り

にぎ

nigiri

——握壽司

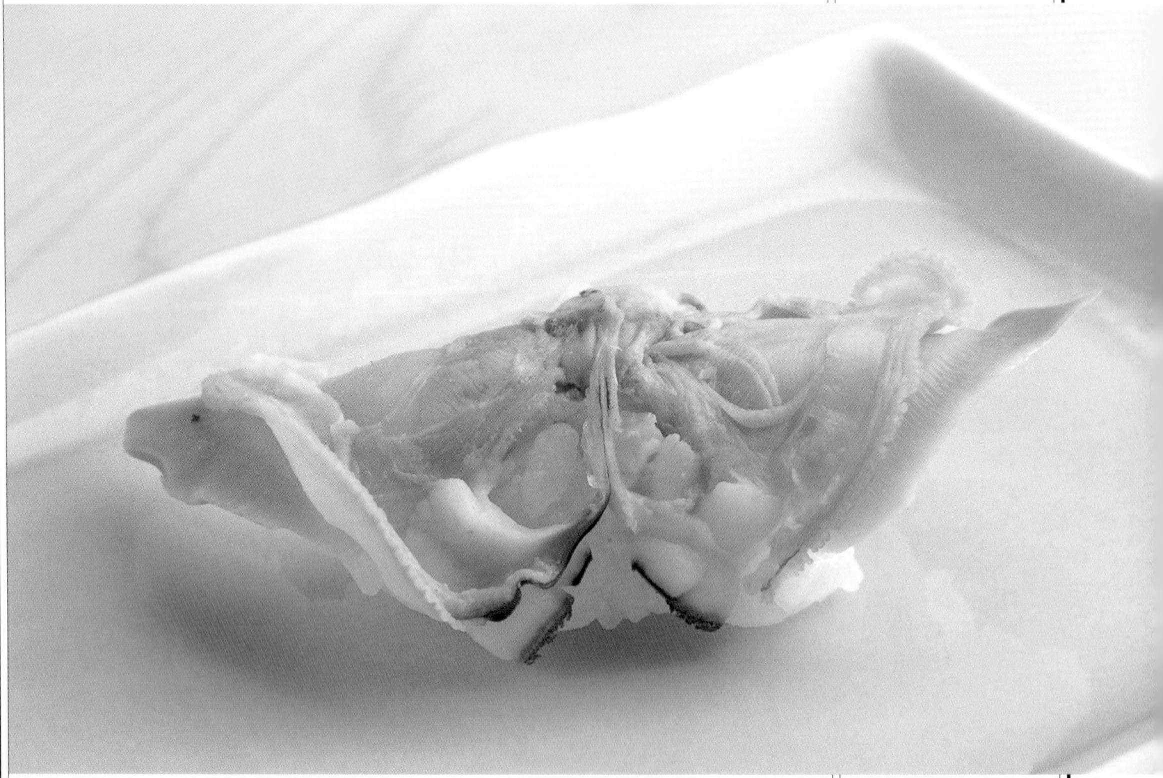

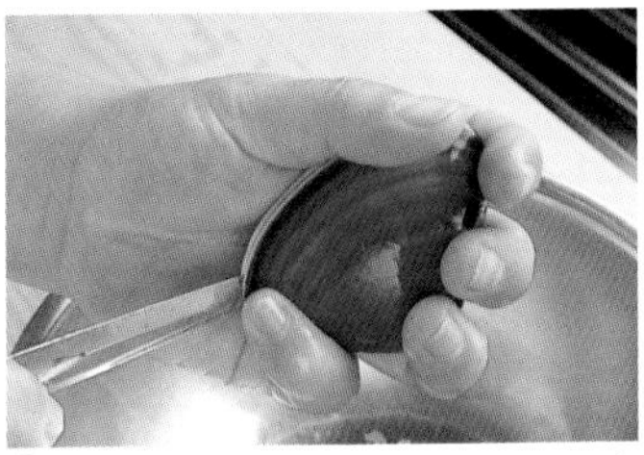

❶將兩片貝殼中圓幅較深的一片朝下握住，插進刀具。

❷轉動刀具撐開貝殼。

❸沿著下面的貝殼由右往左移動刀具切斷干貝，接下來從左到右切斷另一邊干貝。

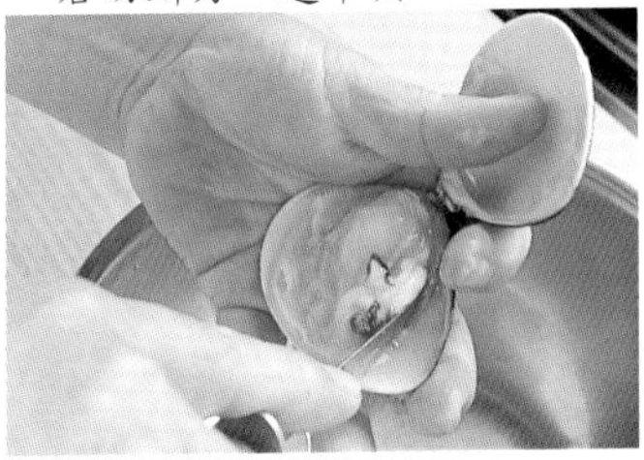

❹抓住蛤殼的上下，打開並沿著殼插入刀具，並用與❸同樣的要領移動刀具切下干貝。

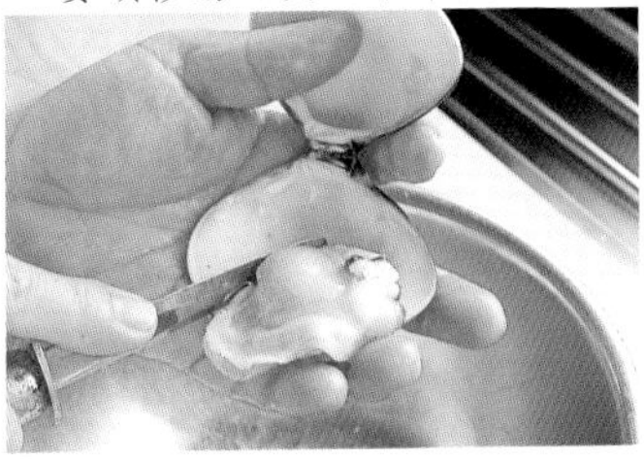

❺取下蛤肉放進鐵盆。

❻使用衛生筷穿過「水管」（蛤嘴）。

❼接下來穿過蛤肉。

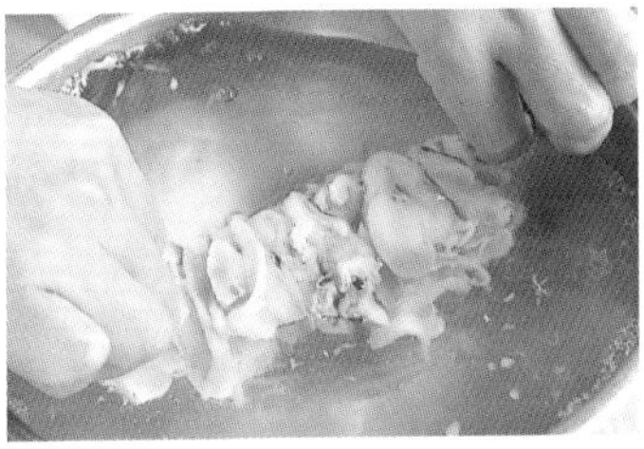

❽在水龍頭下轉動衛生筷洗淨蛤嘴的沙。

❾拿掉衛生筷，放熱水中加熱。偶而攪動等待熱透。

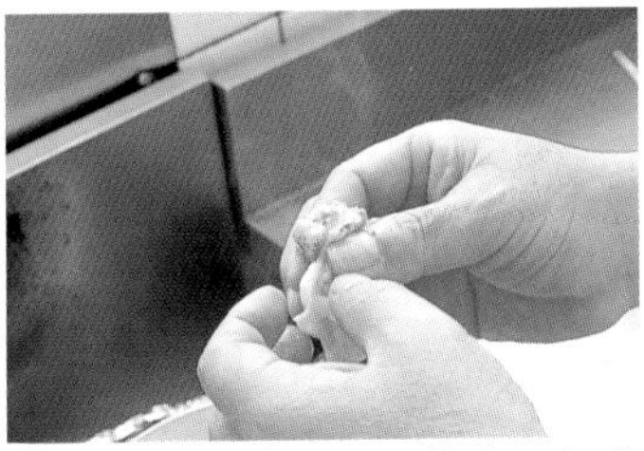

❿加熱完成最好的狀態是可輕易將內臟以手指清除。

⓫不要重疊的並排在竹篩上瀝乾水分，並取出內臟。

切法

❶在一半厚度的地方入刀。

❷不要完全切斷的切開蛤肉。

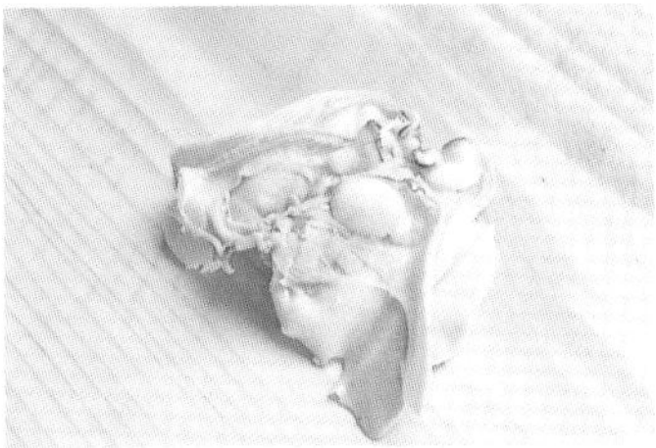

❸然後便在❾的熱水中加砂糖、食鹽、味淋、濃醬油煮沸後冷卻，再放進蛤肉浸泡一晚。

平目

ひらめ

hira me

中文名：**比目魚**

握り

にぎり

nigi ri

握壽司

搭配辣蘿蔔泥和淺蔥花，沾酸橘醋醬油品嚐。

新鮮而有厚度的比目魚。只要抓住魚尾，魚頭便會向上。

正如一般都說冬比目一般，10月~翌年3月這段寒冷的季節正是天然比目魚最美味的時期。

活比目魚要選生猛有勁，抓住魚尾，魚頭便會猛的向上，而且魚身肥厚的較好。小澤壽司店重視鮮度與口感，因此一般都使用2.5~3kg較大型且肥厚的天然活比目魚。

以前，據說因為食材口感太好會跟飯不合之虞，因此一般即便是採購活魚也會放在冰箱中1~2天讓魚變得比較軟了才用。但是近年來因認定新鮮就是無與倫比的美味，追求比目魚爽脆的口感也使得價格節節高昇，遠比捕獲後即處理的比目魚高三倍。

另一方面，由於養殖興盛，使得屬於高級魚種的比目魚也得以平價供應。然而由於養殖比天然比目魚不耐久，因此必須留意早上採購只能撐到白天的營業時間，一到晚上魚肉彈性便會鬆弛變軟。

使用魚骨邊緣做成的握壽司。

檸檬鹽。

刺身（さしみ / sashi mi）——生魚片

比目魚薄切，邊緣肉切成一口大小。魚肝用熱水汆燙過，搭配辣椒蘿蔔泥和淺蔥花沾酸橘醋醬油品嚐。

五枚切法

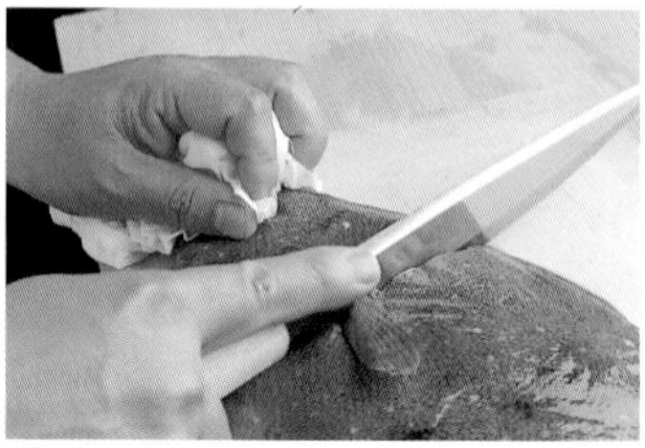

❶先將活魚放血。用布巾壓住魚身避免魚扭動，然後在魚鰓連結處以刀根入刀，切斷延髓。

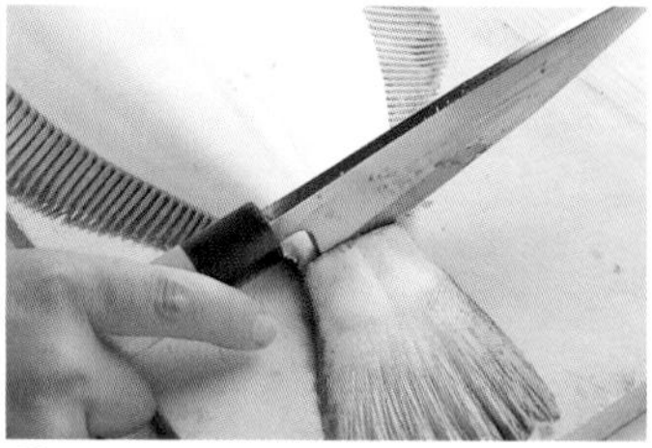

❷翻面在魚尾接點用刀根切斷，並在水龍頭下沖淨血水。

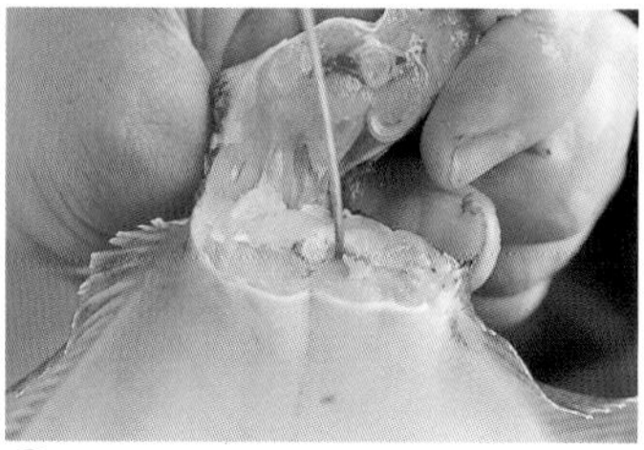

❸在緊連背骨邊用鐵串插入5～6公分，可麻痺神經方便作業也能使魚身硬直維持彈性口感。

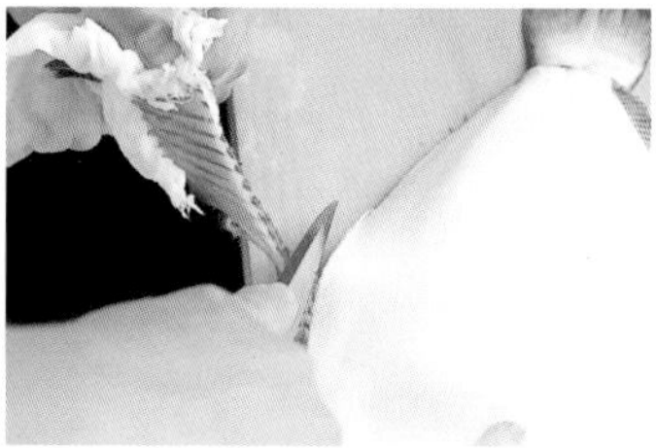

❹切掉周圍的魚鰭。

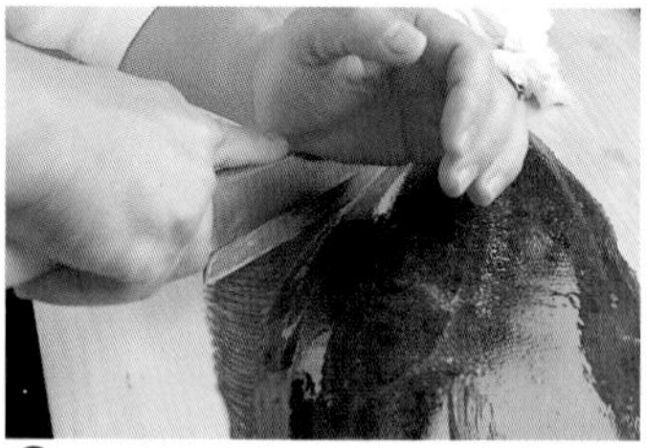

❺以同樣方法切掉另一邊魚鰭。

❻從白皮削切。換成柳刃刀，平放並上下移動刀鋒。首先要從魚肉最高的地方開始切。

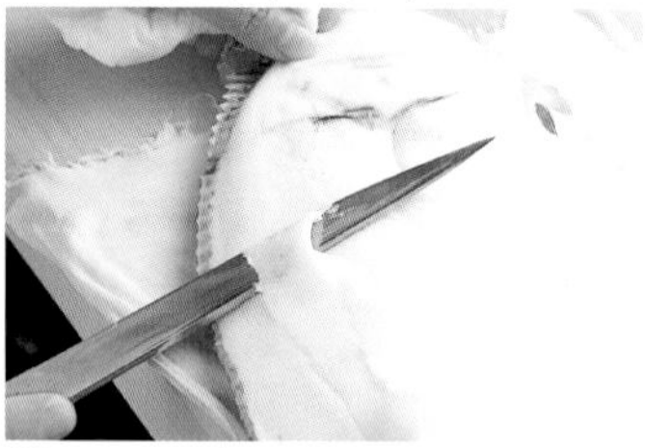

❼腹部魚身較低的地方，用布巾墊著抬高便會較好切。

❽背部魚身較低的地方，只要抬高魚頭便會好處理。

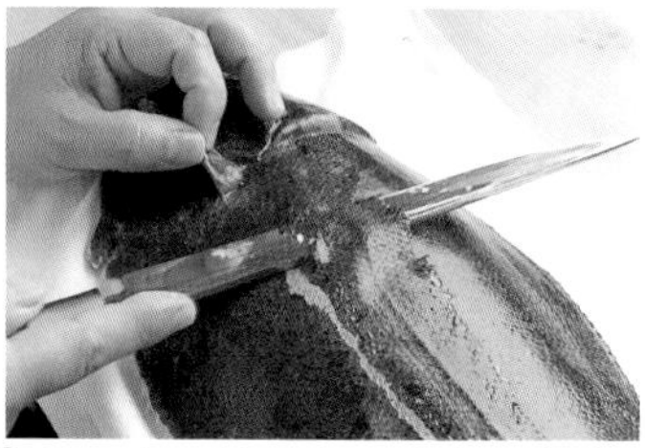

❾接下來切掉黑皮。首先從魚身最高處下刀削切。

❿背部較低的部分，就抬高魚身處理。

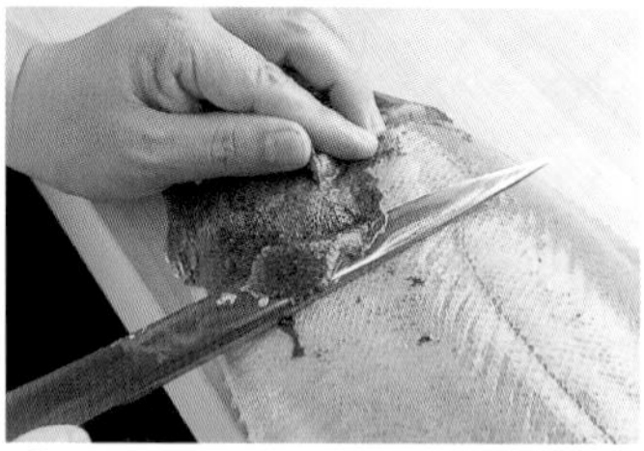

⓫魚鰭也要悉心切除。

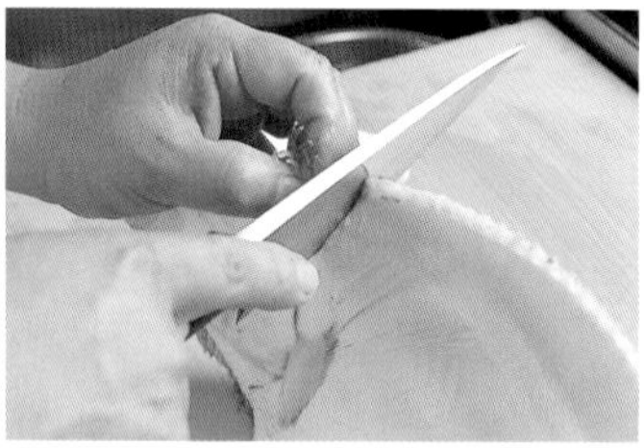

⓬換出刃刀在腹鰭的地方劃入切痕。

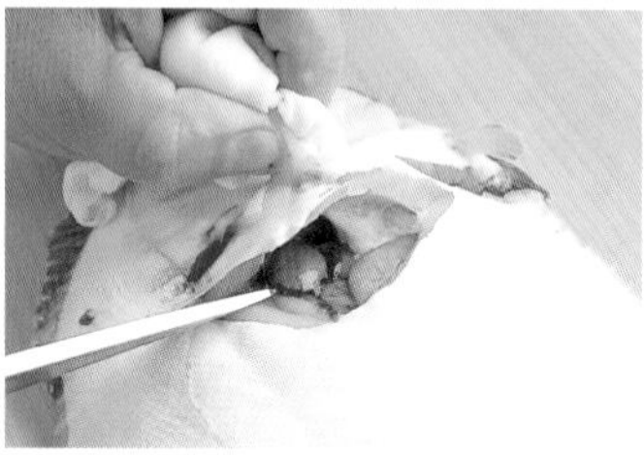

⓭讓白皮朝上，拉起胸鰭從連結處入刀。要小心不要切到照片中央所示的膽囊。

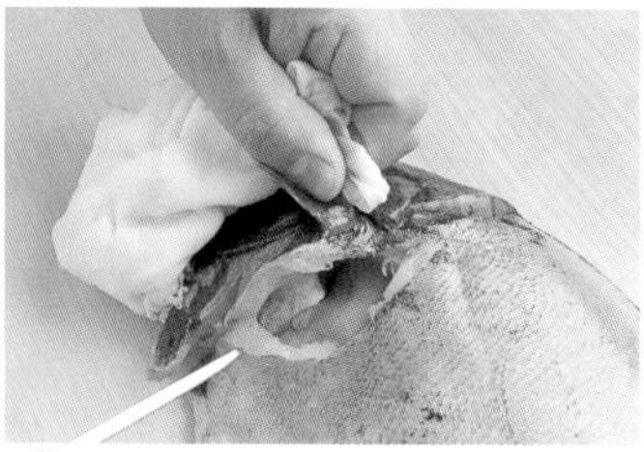

⓮讓黑皮向上，以同於⓭的要領入刀。

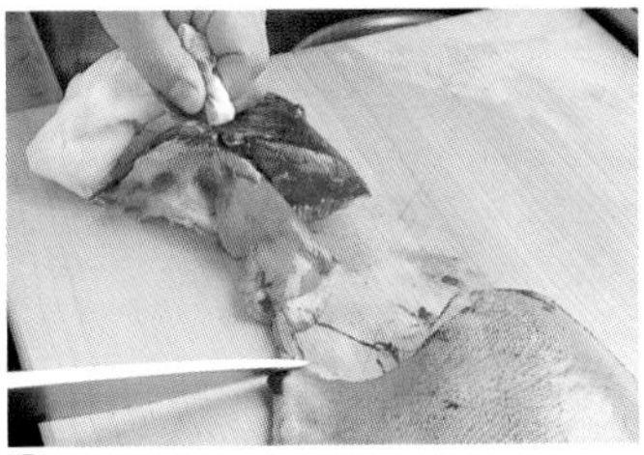
⑮將頭與內臟一起拔除。

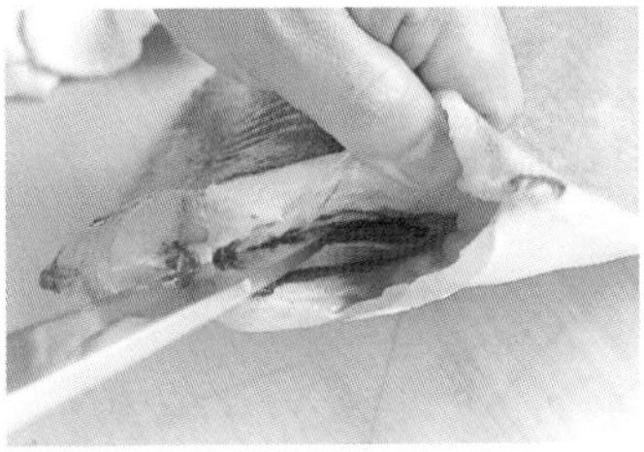
⑯用刀尖刮除血塊。

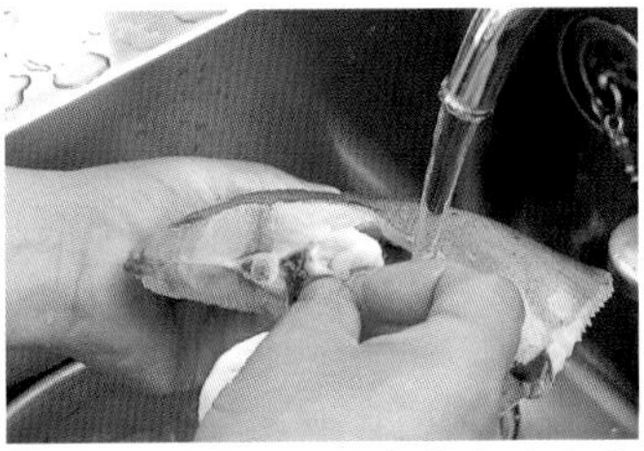
⑰悉心沖洗，並用布巾洗淨魚腹與血塊之後，擦乾水分。

⑱白皮朝上，逆刀在兩側魚鰭連結處劃入淺淺切痕。這樣可使接下來取魚骨邊時容易許多。

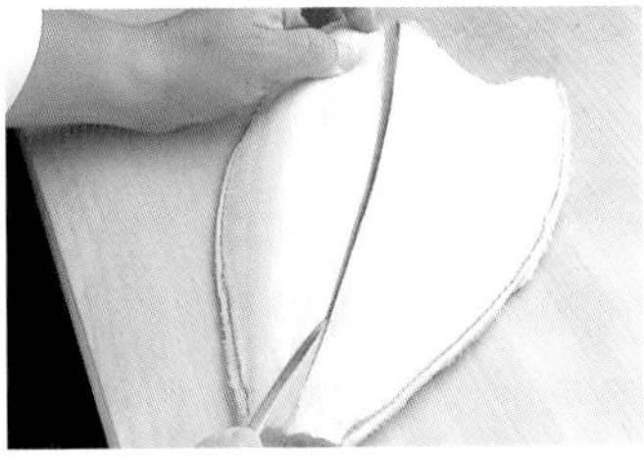
⑲在背骨上入刀。

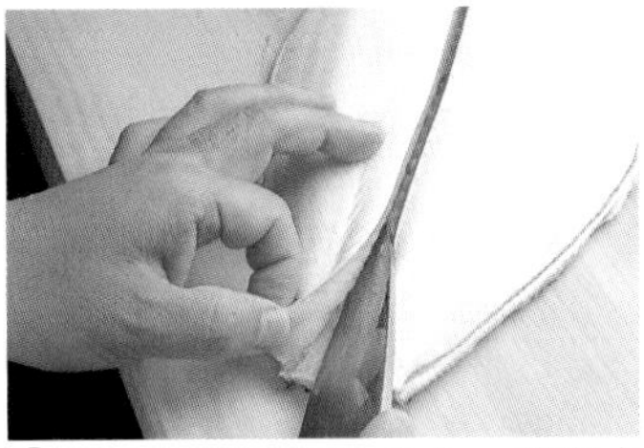
⑳從魚尾連結處切魚身。貫穿中心的背骨橫切面呈菱形，所以要沿菱形的斜切面入刀。

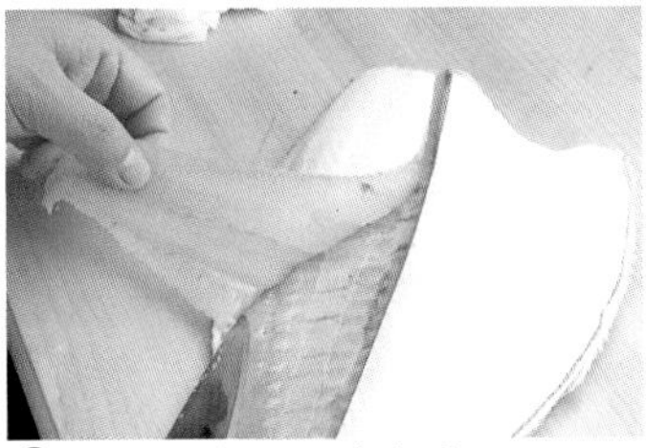
㉑輕拉魚身，沿著中骨入刀切下魚身。悉心切到連接⑱的切痕為止。

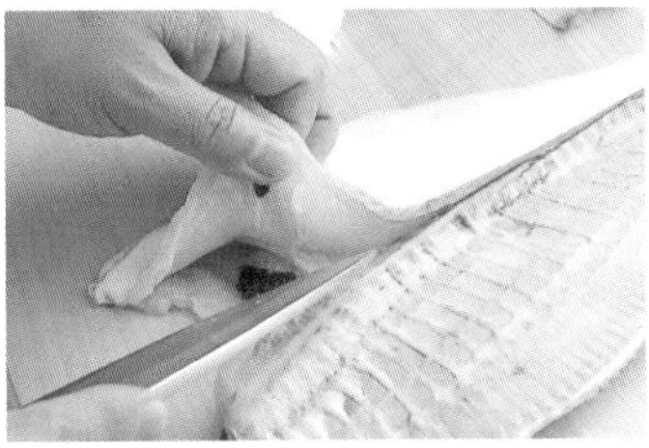
㉒腹部魚身從魚頭開始，切下腹骨接點。

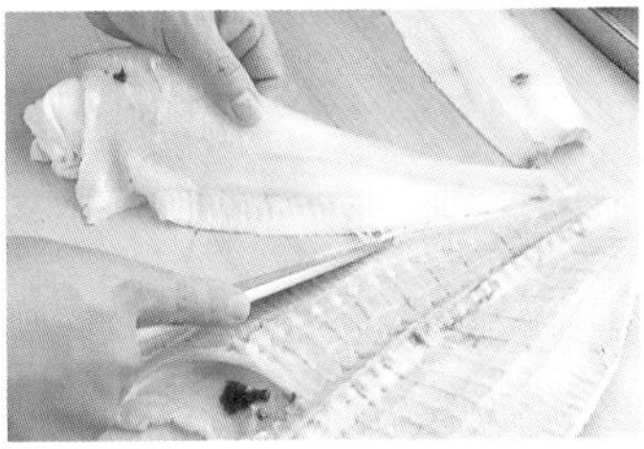
㉓以相同於⑳～㉑的要領切下魚身。

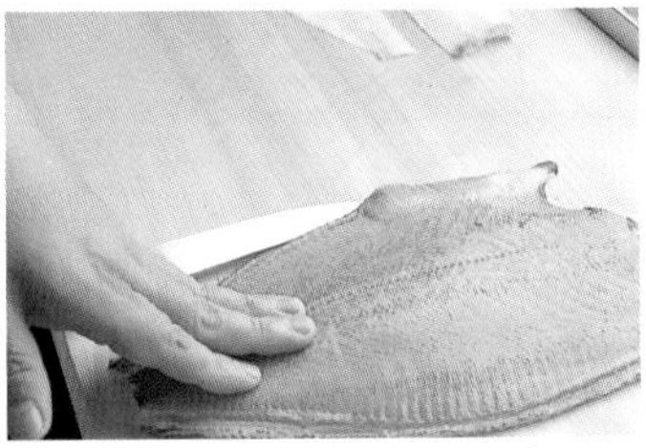
㉔黑皮向上，逆刀在兩側魚鰭接點劃下淺淺切痕。

㉕在背骨上入刀。

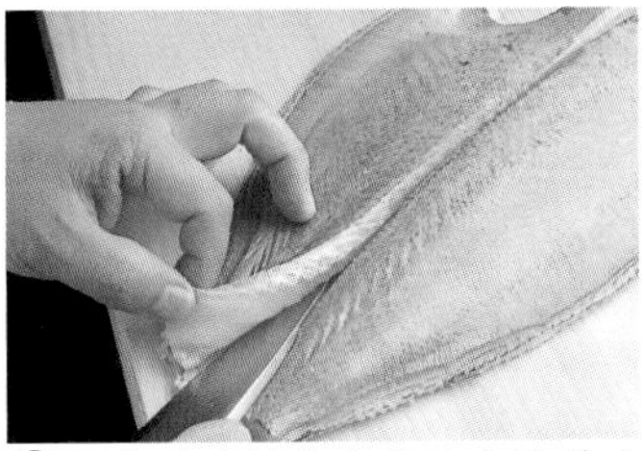
㉖從魚尾連接魚身的地方沿著中骨切進，卸下魚身。

㉗一邊往前，一邊切下與腹骨連接的地方。

㉘背部也以同樣的要領切下。從魚頭入刀。

㉙沿著魚骨細心的動刀往前切。

❺邊緣肉也以同樣的方法去皮。其他的邊緣肉也如法炮製。

❶由魚尾部削切。靠近魚尾魚身較細的部分斜切的角度可大一些，讓魚肉切片大一點。

❷最後立刀切出角度。

❸若肉片變大，則以較為垂直的角度切。須留意大小要與❶一樣。

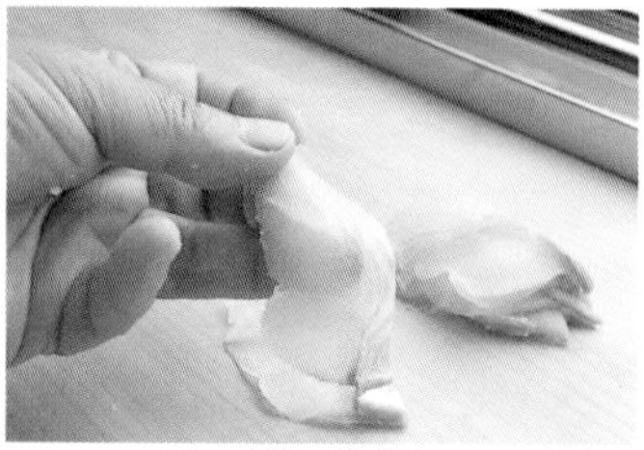

❹握壽司食材須切得厚薄適中，大約如照片所示的厚度。

切法

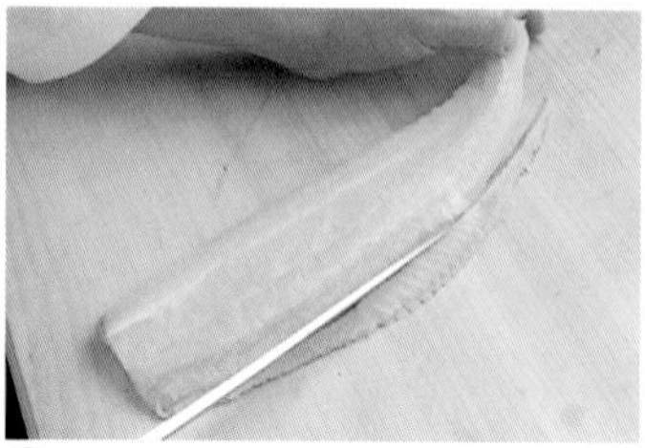

❶在開始營業前切掉皮。首先切到周圍的邊骨。

❷在剝皮之前如果用濕布巾弄濕表皮，會比較容易處理。

❸魚皮向下，用柳刃刀，但不要切斷魚皮的在魚尾附近入刀。

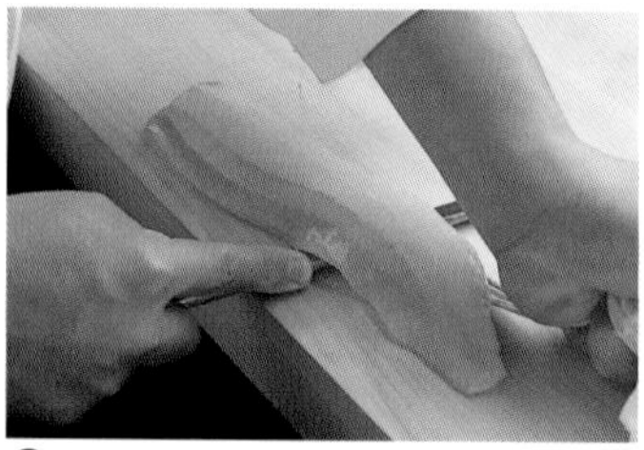

❹一邊以左手拉住魚皮，一邊平放刀面切下魚肉。

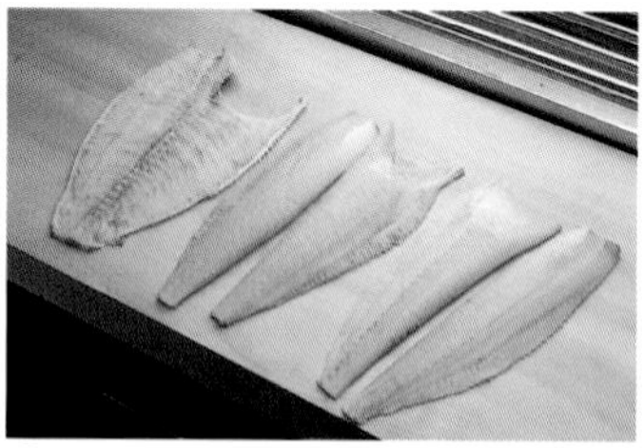

㉚五枚切法完成。

保存

❶保存切好的魚肉時，要連皮一起保存。

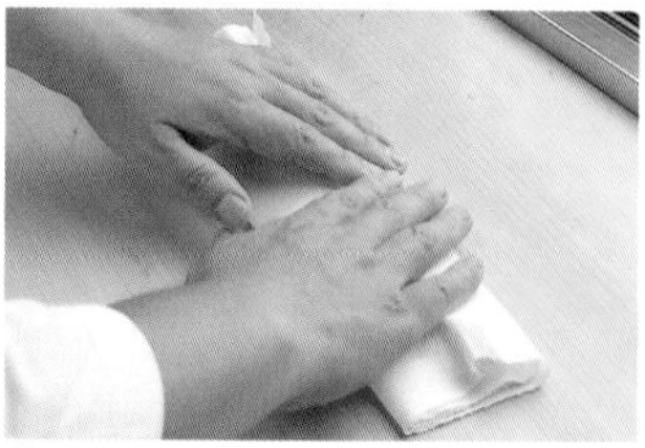

❷妥善以布巾包起以免乾硬。之後再用保鮮膜包好放進冰箱保存。

昆布包裹法

❶準備兩片昆布用濕布巾擦過，放置些許時間待其軟化後，將剝了皮的魚肉置於其上。

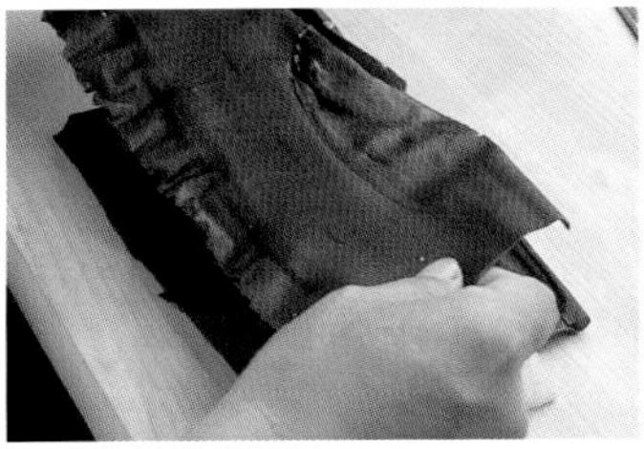

❷放上另一片昆布。

❸用昆布包裹比目魚，置於冰箱一晚。

刺身——生魚片

❶魚肉切薄片。

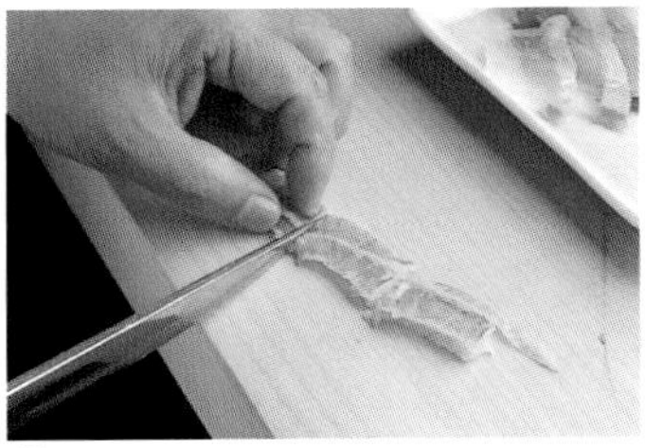

❷邊骨肉切成一口大小。這裡使用的是黑皮部分的邊緣肉。

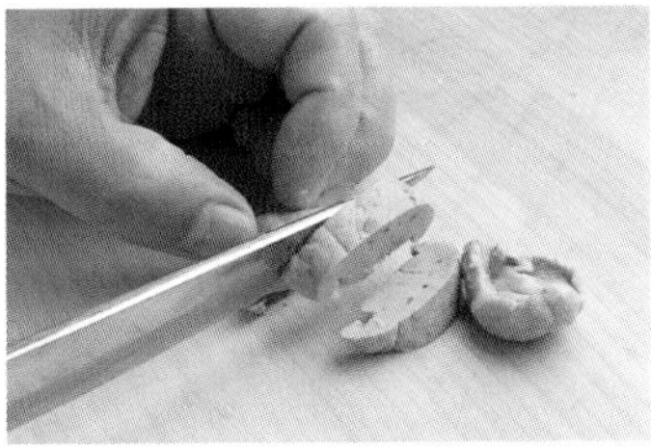

❸魚肝以熱水汆燙過後，再以冷水冷卻拭去水分之後，切成7mm厚的小塊。

ネタ（エンガワ）——握壽司食材（邊骨肉）

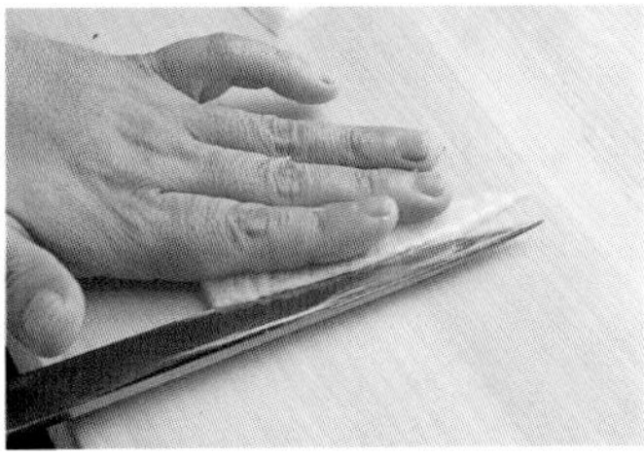

❶這裡使用白皮旁的邊緣肉，黑皮部分切法也相同。先將邊緣肉切兩半，從連接部分切入。

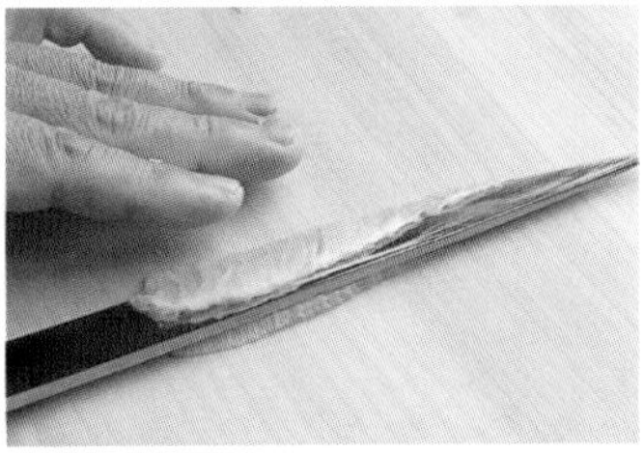

❷以同樣的厚度切到邊緣。

❸攤開當作握壽司食材。

❹製作握壽司時，配合壽司飯的大小，而稍稍折起前端部分。

帆立貝

ほたてがい
ho tate gai

——中文名：扇貝

・握り

にぎ
nigi ri

——握壽司

貝殼厚實者為佳。用於壽司通常是干貝部分，因此市面上亦可見去殼的扇貝。

由於扇貝比江珧蛤還軟，因此用作握壽司食材時要切得厚一些。照片是岩手縣山田町產的扇貝。

❶圓弧較明顯的一邊向下，插入刀具撐開貝殼，並以大拇指打開。用刀具沿殼切下干貝。

❷翻轉貝殼上下打開並拿掉一片貝殼。

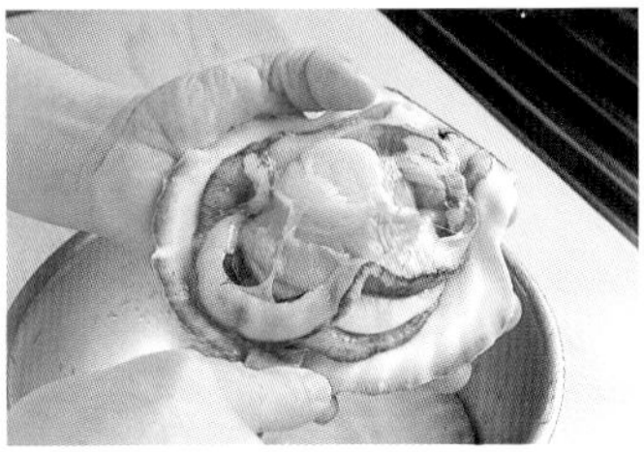

❸另一邊的貝殼也同樣用刀具將干貝切斷之後取出。

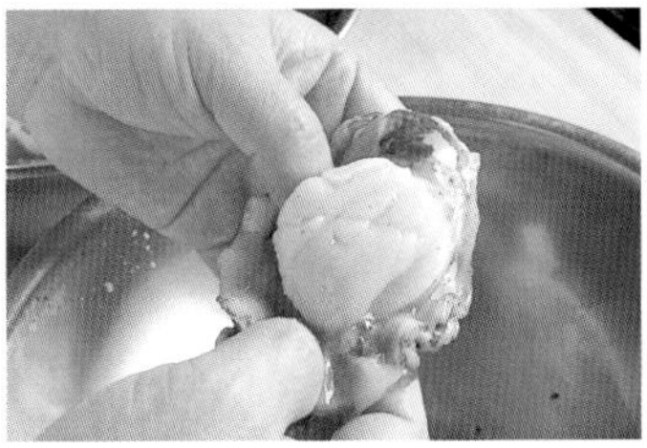

❹從干貝周圍向下壓貝唇以拿取干貝。

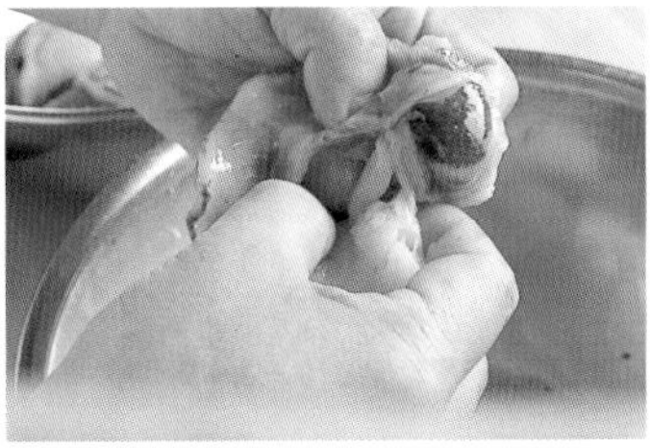

❺從貝唇中取出干貝。

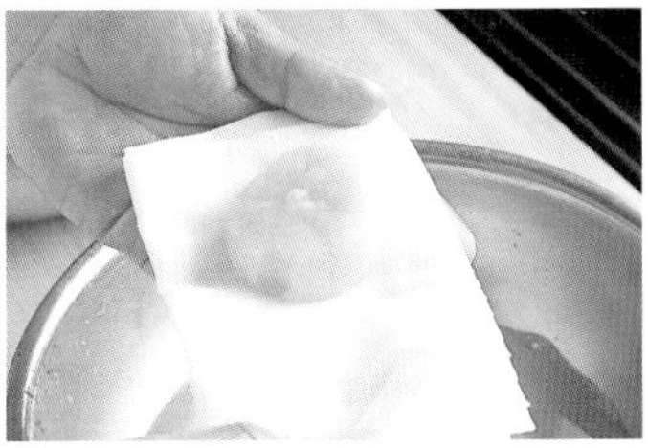

❻水洗之後擦乾。

切法

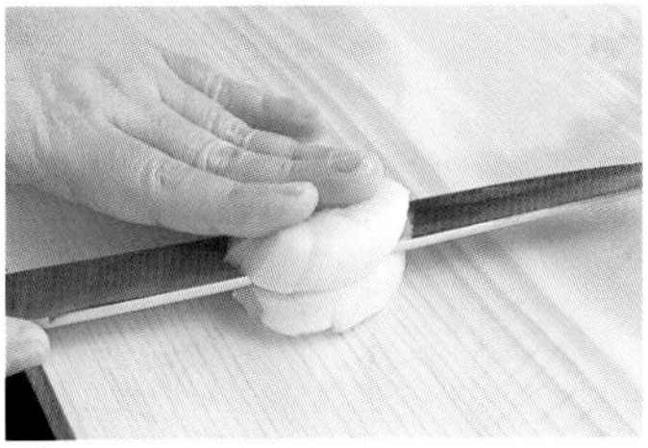

❶將扇貝橫向切半。有時依扇貝大小亦可切成三等分。

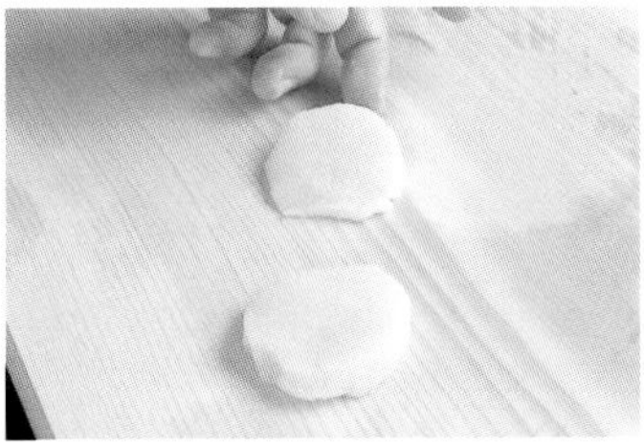

❷用於製作握壽司的扇貝。

要由橫切面看起來圓幅較深的貝殼處開始切下干貝。

北寄貝（ほっきがい hokki gai）

——中文名：姥蛤

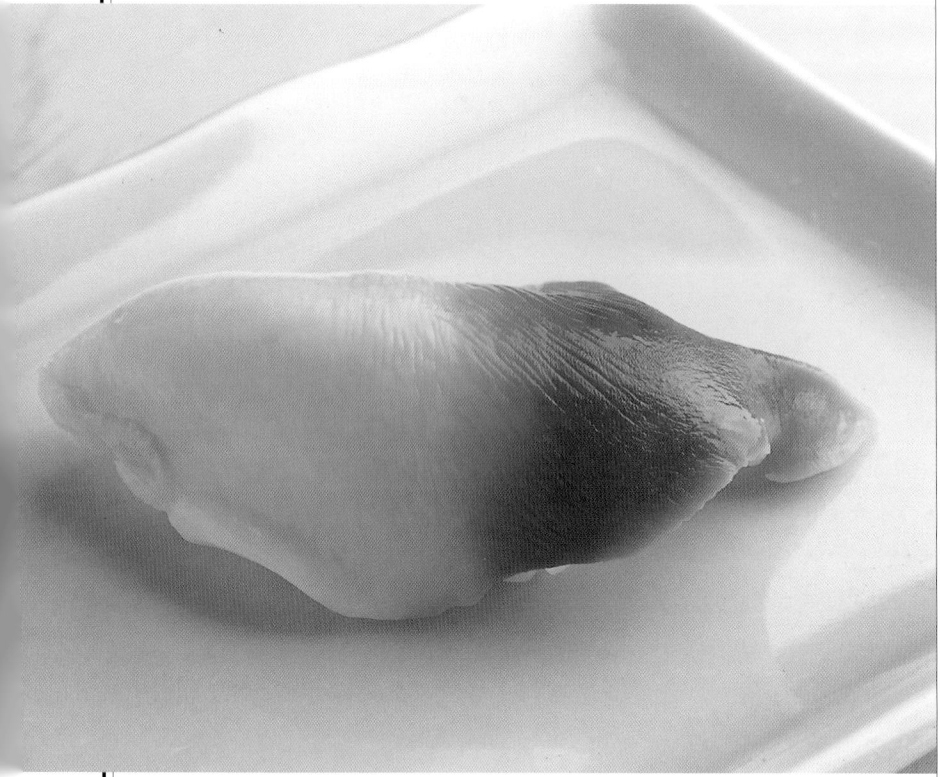

・握り（にぎ nigi ri）

——握壽司

日文別名老嫗貝（ウバガイ・ubagai）。貝殼有厚度表示貝肉厚實，甜味較強而美味。貝殼會隨著年月增長而變大，周圍會刻畫年輪，因此選購時要挑年輪多，亦即歷經較多年歲的大貝殼。

❶將兩片貝殼中圓弧較深的一片朝下插入刀具。

❷轉動刀具打開貝殼，並以大拇指撐住。

❸順下方貝殼由右至左，再由左至右滑動刀具切斷兩個干貝。

❹換邊拿掉上方貝殼。

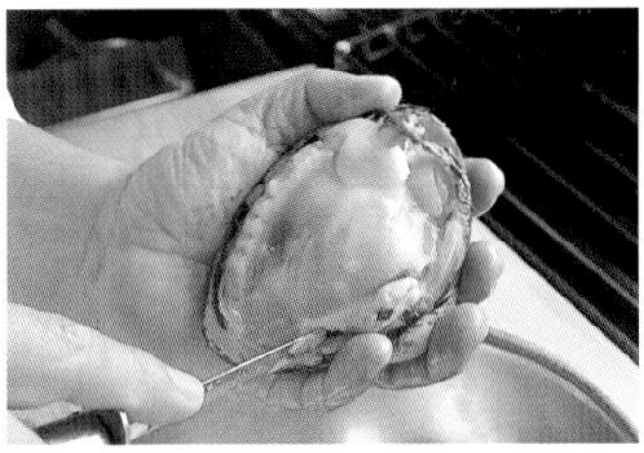

❺順著殼滑動刀具由右至左切斷干貝。

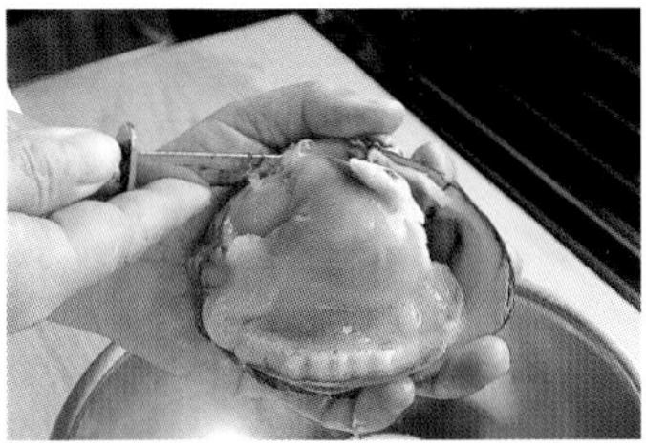

❻接下來由左至右切斷另一邊的干貝。

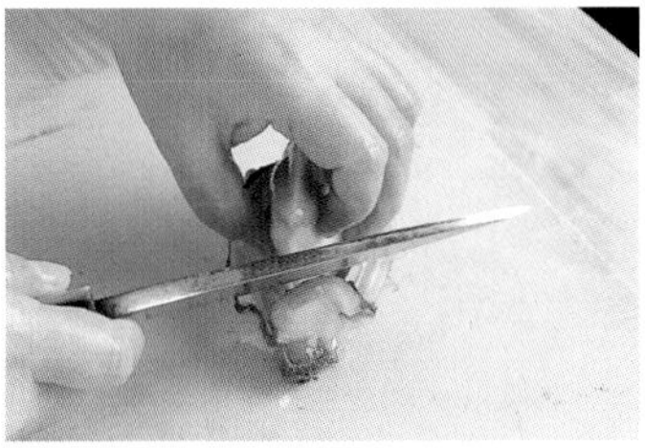

❼取出貝肉，在內臟邊劃一刀。

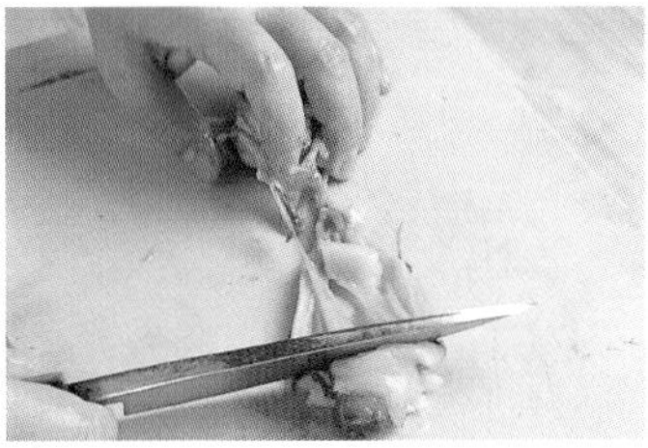

❽以刀壓住貝唇取出貝肉。

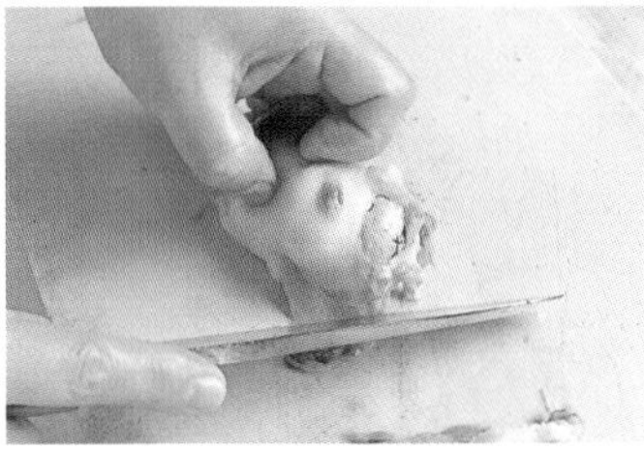

❾用刀清除附著在貝肉周邊的薄膜或髒污。

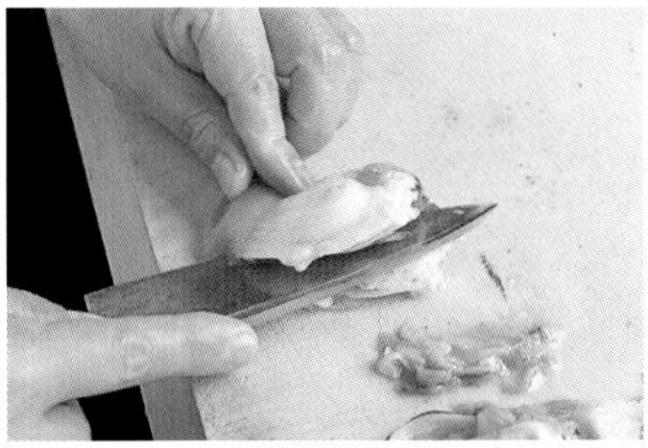

❿將貝肉切半。

⓫以清水沖洗內臟。

⓬熱水中灑鹽。

⓭有顏色的部分先下鍋。

⓮待貝肉整體都呈白色，便取出並馬上置入冰水中。

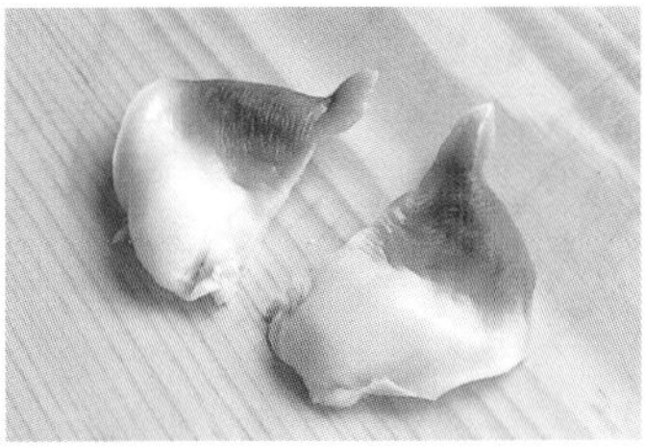

⓯擦去水分切半。

鮪 まぐろ maguro

——中文名：鮪魚

據稱壽司店夠不夠力，只要看採購的鮪魚便可窺得一二。眾所皆知，鮪魚是高貴的壽司食材，使用優質的鮪魚，正說明了這家店有能力經常保持店內魚貨維持一定數量。換句話說，壽司店如果跟魚貨商沒有穩定的信賴關係，基本上無法用到好鮪魚。

說到鮪魚，基本上市面上進的都以黑鮪魚、黃鰭鮪、大目鮪三種為主，而壽司店買進的則是黑鮪魚與大目鮪。

黑鮪魚通常以「塊」為單位進貨，首先在切落魚頭之後，魚身會切成5大塊，分別是中骨、魚背兩片和魚腹兩片。

而這些又會依買家的要

・握り にぎ nigiri ——握壽司

油脂豐富的大魚肚握壽司。

而這些又會依買家的要求而由魚頭到魚尾切割販售。魚背通常都是紅肉，魚腹部位則可分成紅肉、中魚肚和大魚肚。

這裡使用黑鮪魚腹部最接近魚頭的20kg魚塊，一一說明從分切到使用醬油醃漬以及魚絞肉的作法。雖說買進的是20kg魚塊，但最好要清楚的認知，就是去除魚骨、血塊、皮、紅肉之後，真正的重量可能只有一半。

分切紅肉

將腹部最接近魚頭的魚塊中，接近中骨並緊鄰血塊的部分用作紅肉。

❶沿著血塊入刀切除，要留意不要切到紅肉的緩緩操刀。

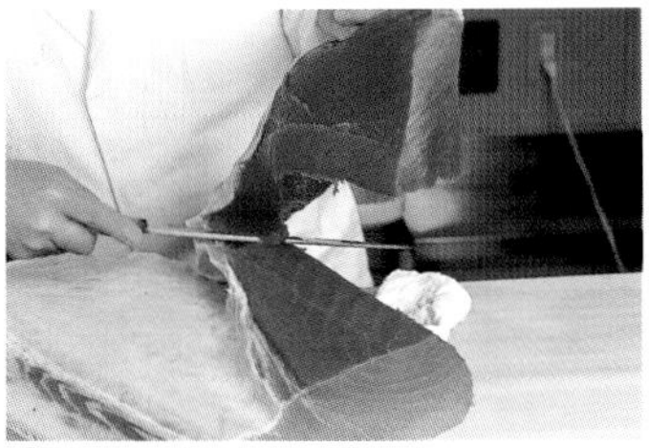

❷首先從魚腹內膜部位紅肉與中魚肚交界處下刀，用刀根到刀尖緩緩割下紅肉部分。

❸用刀切去附著在紅肉上的魚腹內膜。

❹要小心切除，以免傷及紅肉產生浪費。

使用紅肉部分的握壽司。

中魚肚握壽司。

❺分切完成的中魚肚。

分切大魚肚

❶分切完中魚肚之後剩下的便是大魚肚。跟中魚肚一樣，首先要縱向入刀。

❷切入皮與肉之間，將刀緊貼砧板的切去魚皮。

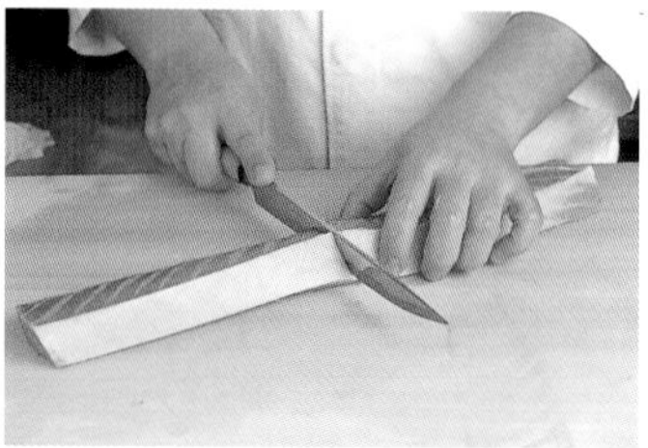

❸太長不好處理，因此先切半。

分切中魚肚

❶分切掉紅肉部分之後，剩下的就是中魚肚與大魚肚。首先縱向入刀切斷魚筋。

❷在皮與肉之間入刀，從皮開始切下中魚肚。

❸切成一半。

❹若有腹部內膜附著則要切除。

❺基本上，以一個手掌大小為一塊。

❻以手掌大小為基準分切，大約可切成四塊。

❼之後再切成3等分，盡量將3片都切成均等的厚度。

❽分切完成的紅肉。

切法

大トロ——大魚肚

❶從與魚筋相反的方向斜面入刀斜切。要留意若方向錯誤，切的時候魚肉會散掉。

❷最後立刀切出角度。

❸切好的大魚肚。

❹切除魚皮部分的油脂和魚腹內膜。

❺分切完成的大魚肚。

赤身——紅肉

❶刀由垂直方向，由斜面下刀切斷魚筋。不這樣的話，魚筋會殘留在口中。

❷不要一刀斜切到底，最後要立刀切出角度，這個角度是表現食材鮮度很重要的手法之一。

❸切好的紅肉。

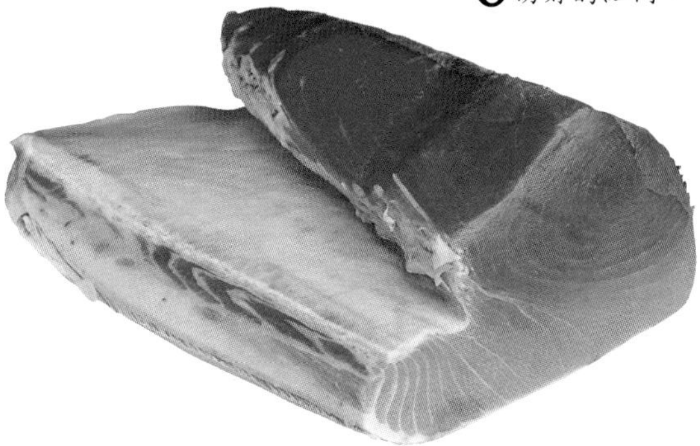

魚塊的保存

鐵盤上鋪紙巾再鋪會敷（生魚片紙），避免重疊排放魚塊，再蓋一層會敷後放冰箱保存。會敷會適當吸收油脂，並吸取魚塊流出的液體或血水。

醬油醃漬

這是自古流傳處理鮪魚的方法之一，過去是為了保存而醃漬醬油。這裡要介紹的是迅速固定表面雪花狀油脂之後醃漬醬油的手法。透過這種作法，可防止醬油過度滲透到魚肉之中過鹹，同時也可保持魚肉的柔軟。另外，亦可保住紅肉特有的美味。只不過須留意熱水不可過度停留在魚肉，直到表面完全反白硬化。

❶紅肉部分盡量切成均等厚度。

❷弄濕布巾鋪在鐵盆上，避免紅肉附著。排列時不要重疊。

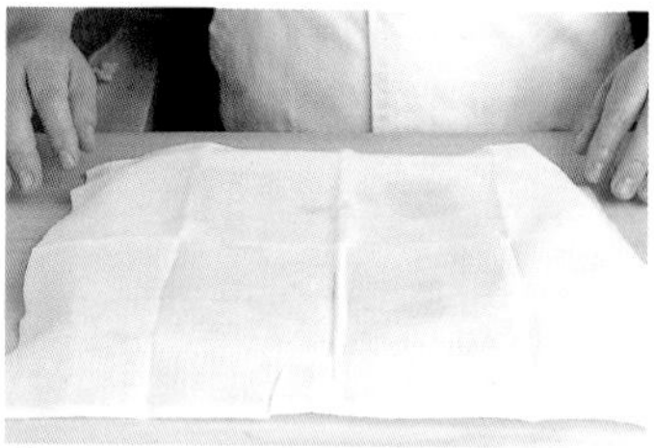

❸覆蓋布巾，透過這個動作，可使熱水均勻遍及魚肉。

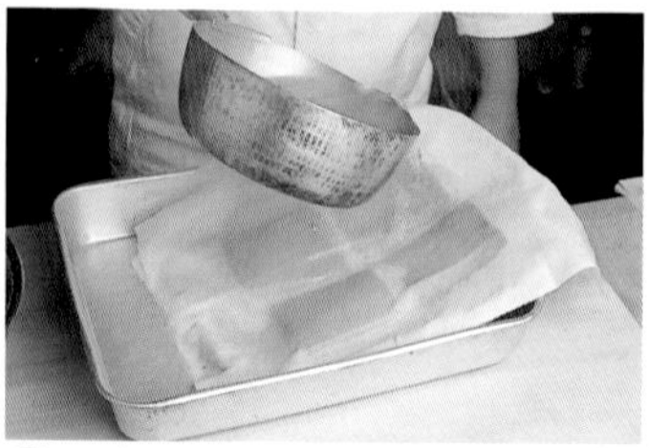

❹斜拿鐵盆淋上熱水。

❺表面的顏色如照片所示瞬間變白之後，馬上拿掉布巾。

❻迅速移到冰水中，可避免殘留的熱度繼續讓魚肉加溫過熟。

❼用冷布巾擦去水分。

❽容器中倒可覆蓋魚塊的醬汁。醬汁以濃醬油3、味淋1與日本酒1比例煮沸後冷卻即可。

❾將汆燙過的紅肉❼置入其中，醃漬30～40分鐘。

❿取出魚肉輕輕瀝乾醬油後，刀與魚塊垂直，但斜角入刀以切斷魚筋。

⓫不要一刀斜切到底，最後要立刀切出角度。

⓬捏成壽司之後，最後用刷毛刷上醃漬的醬油。

魚肚絞肉蔥花捲

善加利用留在內膜或油脂上的魚肉，做成魚肚絞肉蔥花捲。肉餡的製作重點就在於要悉心的把魚肉細細的剁出油脂。

❶用湯匙刮下分切時留在油脂部分的魚肉。

❷附著在魚腹內膜的魚肉也同樣用湯匙刮下。

❸用刀悉心的將魚肉剁得細滑柔軟。

❹將剁好的魚肉薄薄地鋪在會敷上，這樣做可使接下來的作業更為便利。

❺由上覆蓋會敷，以防魚肉接觸空氣之後變色。就這樣重疊幾層之後置入冰箱保管。

❻將全型海苔切半，粗糙面（內面）向上，鋪上醋飯。

❼沾芥末。

❽用筷子取適量❺的魚絞肉放在飯上。

❾加入切丁的蔥白。

❿手捲海苔。

⓫從尾端3cm處切斷海苔。

⓬將切斷的海苔，夾入魚肚絞肉蔥花捲與海苔的中間部分。

⓭捲完之後，為避免食用中飯粒或魚肉掉落，折下夾入的海苔包住下方，將會便於食用。

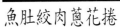

真鯛（まだい ma da i）

中文名：嘉鱲魚
加納魚

嘉鱲魚是白肉魚中的代表。眾所皆知，頭尾完整的嘉鱲魚不僅限於壽司，喜事餐宴時也經常可見。最近因有許多養殖的嘉鱲魚上市，因此可用較為實惠的價格買到，不過，天然的魚依然身價不斐，較之養殖的平均高出三倍的價錢。

小澤壽司店通常使用1.5～2kg的天然魚。太大的魚食之無味，因此做為壽司食材，多選這種大小。

天然與養殖的判別可從體色判斷。天然魚正如146及147頁所示，身體呈清澈的櫻花色，眼睛上方則有如上了眼影般有鮮豔的藍色，身體上也有深藍斑點。魚尾不帶擦略過的圓點，且魚尾筆直有力正是天然魚的特徵。

相對的，養殖魚相較於天然魚，身體顏色大多略為黑沈。

另外，養殖魚的油脂較多，肉質也較軟。若是買進當天使用，不太分辨得出差異，但經過一天之後，養殖魚會因為更成熟而變得更軟，因此不耐久是其缺點所在。

握り（にぎ nigiri）——握壽司

使用剝皮嘉鱲魚做成的握壽司。

汆燙過的握壽司

刺身 さしみ sashimi
——生魚片

天然魚眼睛上呈藍色。

三枚切法

嘉鱲魚在魚類中骨頭算是較硬的，因此較好分切。大型嘉鱲魚的背鰭堅硬而突起，因此在分切前用刀鋒先剁掉較安全。

❶用刮刀刮去魚鱗。悉心刮去魚鰭下與魚腹下。用濕報紙包住來刮，魚鱗便不會到處飛散。

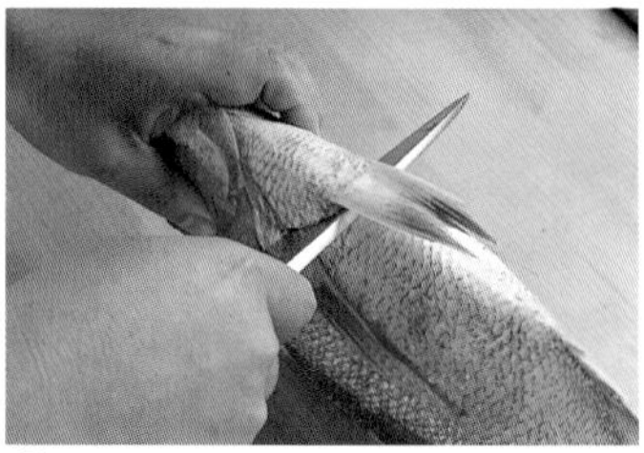

❷從腹鰭的接點向著胸鰭斜切入刀。

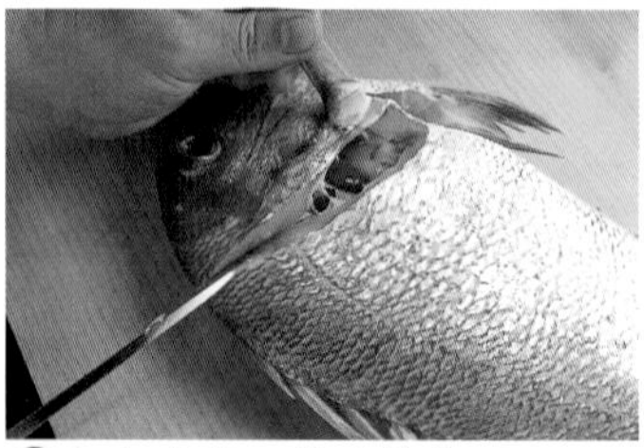

❸拉起胸鰭，緊沿著魚頭下刀切到背骨。

❹翻面另一邊也以同樣方法入刀處理。

❺避免切到內臟的用刀根切斷背骨。

❻從排泄口入刀，切開腹部。

❼抓住魚頭，一邊用刀壓住魚身的拉出內臟。

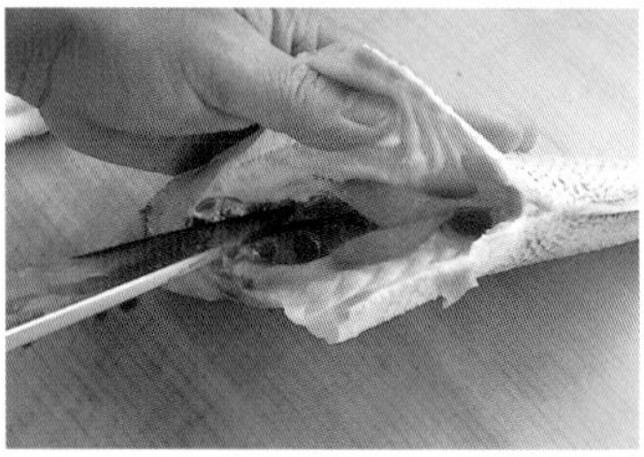

❽用刀尖切斷魚腹內膜，並刮除附著在背骨上的血塊。

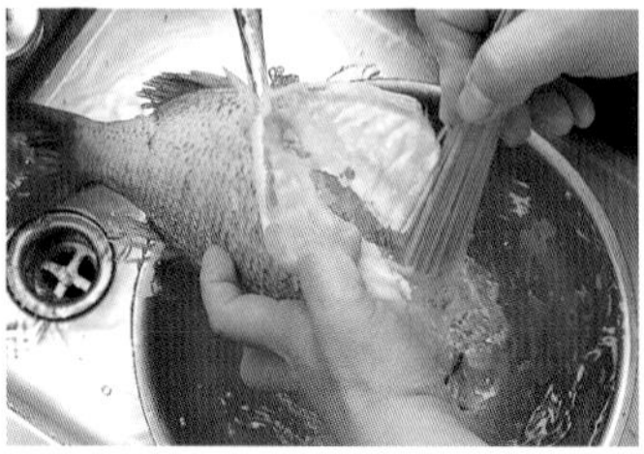

❾以清水沖洗，並以竹刷子刷洗血塊。

❿魚頭向右，切開魚腹接點，並沿中骨切下腹身。

⑪換方向從魚尾順著背鰭頂端淺淺劃入切痕。

⑫接著從⑪的切痕處，沿著中骨入刀切到背骨，並切下魚背。

⑬從中骨切到魚尾。

⑭切斷與魚尾的接點。

⑮拉起魚身，從背骨切離。

⑯切下另一邊魚身，從魚頭向右沿著魚背頂端劃入淺淺切痕。

⑰並從此切痕入刀切到中骨，沿著中骨切下魚背。

⑱魚尾朝右，從魚尾入刀，沿魚骨切進，切下魚腹。

⑲同⑬，從中骨切到魚尾。

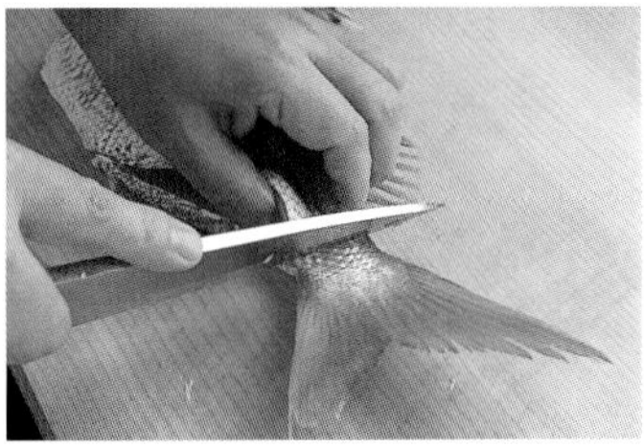

⑳切斷與魚尾的接點。

㉑從背骨切落魚身。

㉒最後立刀，再切斷與魚腹的接點。

汆燙

❶準備用三枚切法處理好並切下腹骨的魚身。魚皮向上，放在竹篩上輕灑薄鹽。

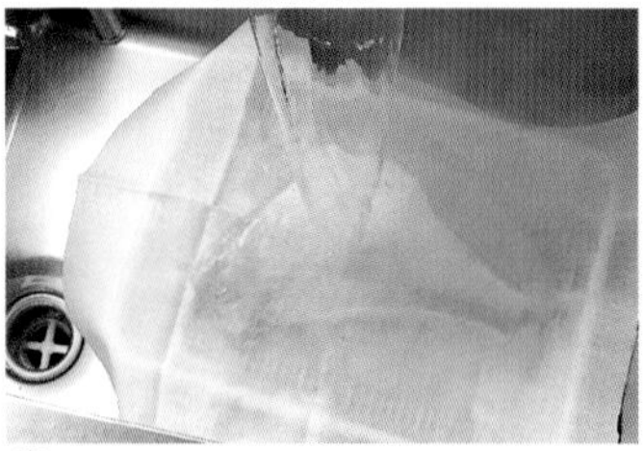

❷覆蓋布巾，斜拿竹篩，均等的淋上熱水。

❸馬上浸泡冰水冷卻，避免加熱過度。

分切

在這裡介紹到剝皮的步驟，若想汆燙魚身，呈現美麗魚皮，當然必須在不剝皮的情況下分切。

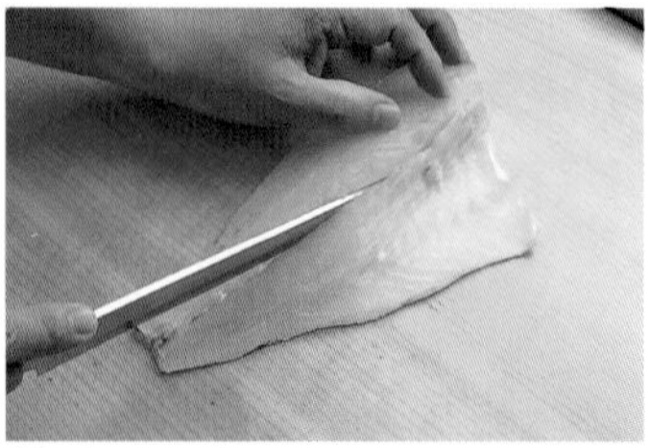

❶單片魚身在中骨下刀切半。

❷剝皮，從魚尾入刀切下魚皮。

❸抓住魚尾，然後平放刀面切下魚皮。

❹細長切下殘留小刺的魚身。

㉓悉心慢切，以免魚肉殘留在魚骨上。

㉔完成三枚切法的魚。魚骨可用來煮湯。

㉕用刀切除與腹骨的連結。

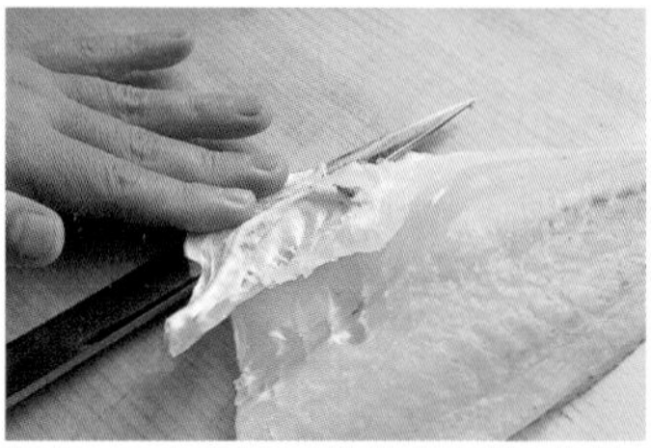

㉖薄薄片下腹骨。

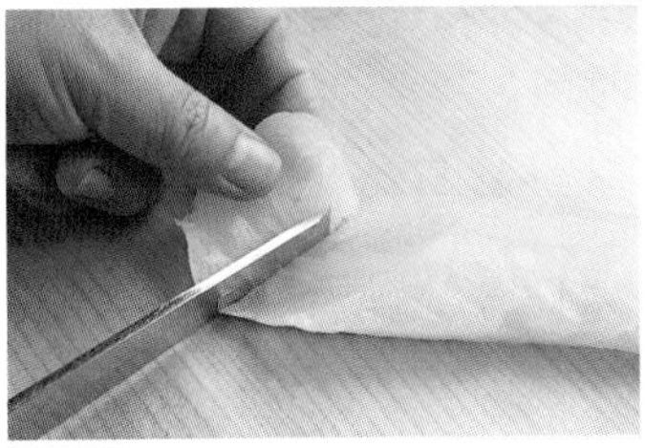

❷最後立刀切出角度。

❸握壽司食材。汆燙過的魚身不剝皮，也用同樣方法分切。

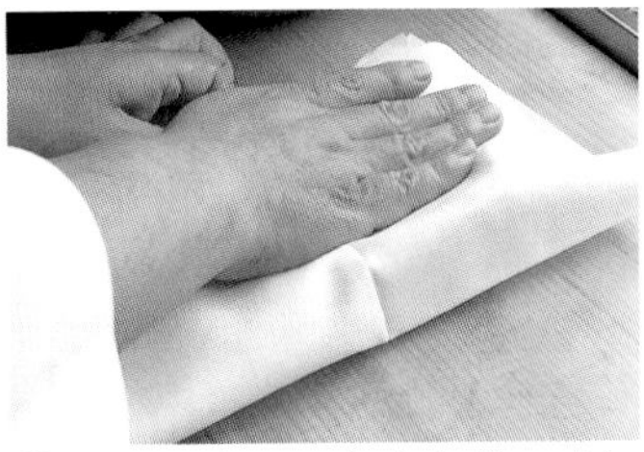

❹取出魚身，以布巾包裹，並輕壓吸去水分。

❺魚皮呈現美麗花紋的嘉鱲魚。

刺身——生魚片

❶切成約7～8mm厚度的入口大小。

❷切下的魚肉，移到右邊。

切法

ネタ——握壽司食材

❶斜切片下魚肉。一個握壽司的魚肉約8～10g左右。若切得過厚，跟壽司飯比例不均，口中便會僅有食材味道。

海松貝

みるがい
mi ru ga i

——中文名：西施舌

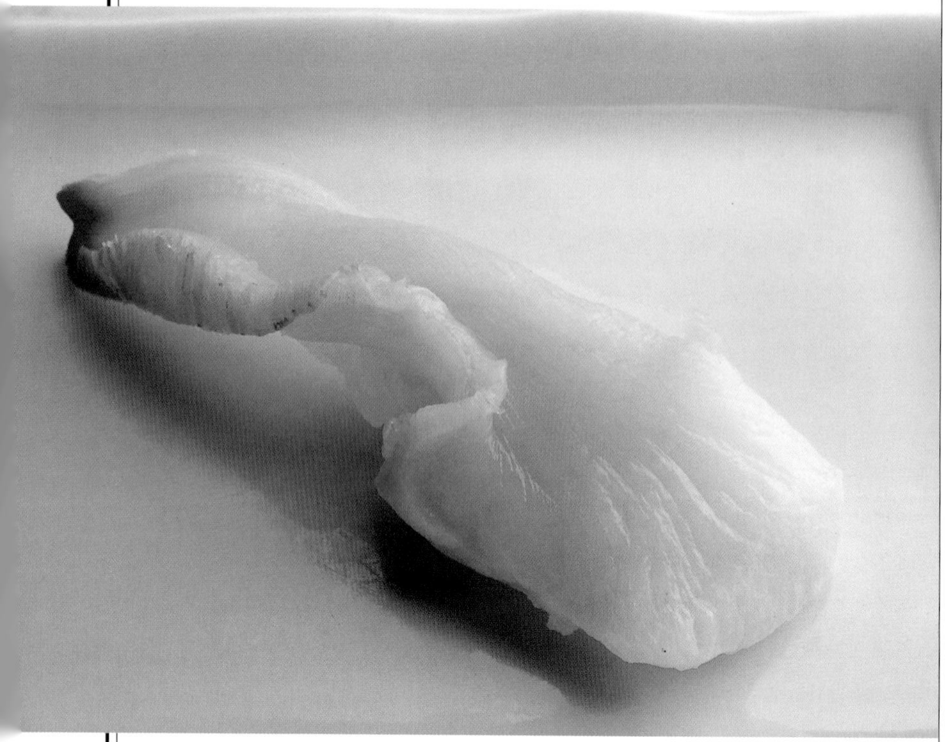

握り

にぎ
nigi ri
——握壽司

據說西施舌因生在海松藻之中，因此日文名叫海松貝，並成為通稱。早春到初夏之間是盛產期，通常以熱水汆燙有堅硬黑皮覆蓋的水管之後，剝去黑皮當作壽司食材，至於貝肉、貝唇及干貝則可做成生魚片。

由於西施舌只要鮮度不夠時，殼便會變白，因此選購時儘量選黑色為佳。這裡使用千葉富津及愛知蒲郡產的西施舌。

處理方法

❶手拿西施舌讓水管向上，從右邊插入刀具，切斷右邊干貝。

❷以同樣手法切斷左邊干貝。

❸開殼。

❹翻轉貝殼方向用刀具切斷左右干貝，取出貝肉。

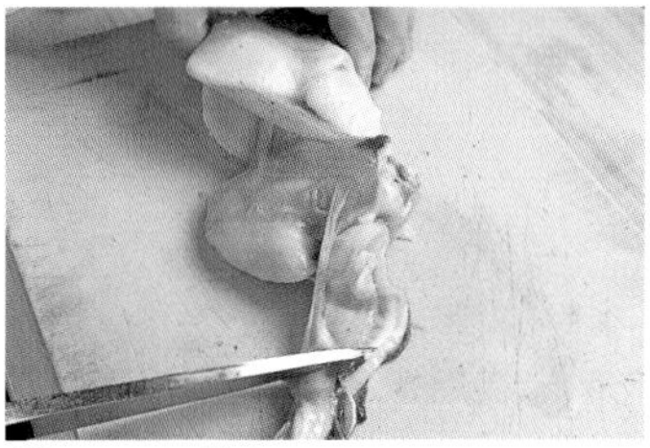
❺抓住水管拉開。

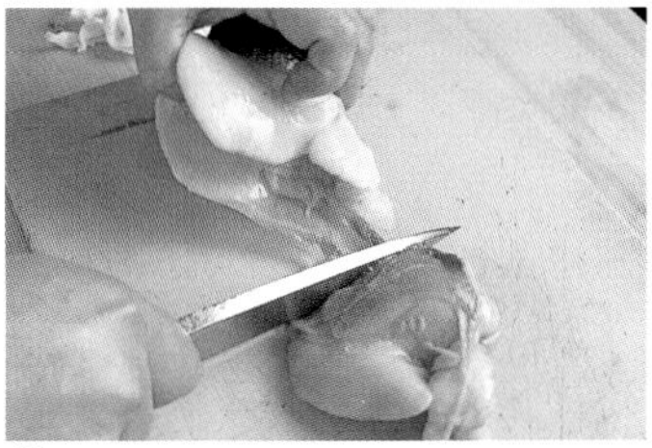
❻待貝唇從水管鬆脫後，便在貝唇頂端入刀切斷貝唇與水管。

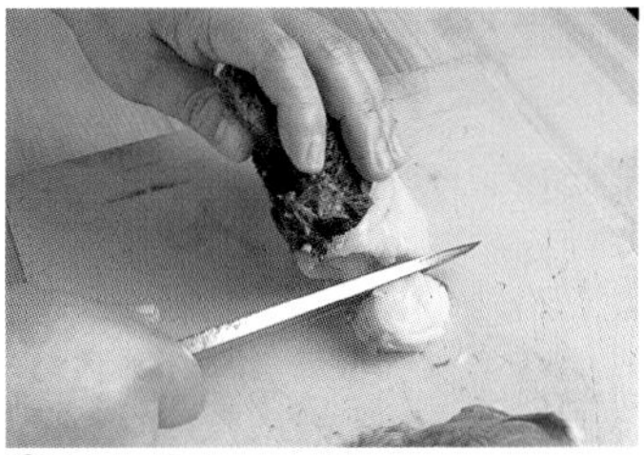
❼從水管取下干貝。

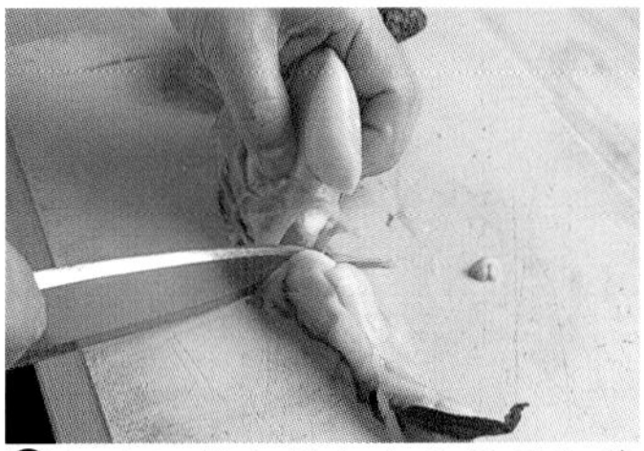
❽切除附著在貝肉上的貝唇和薄膜。

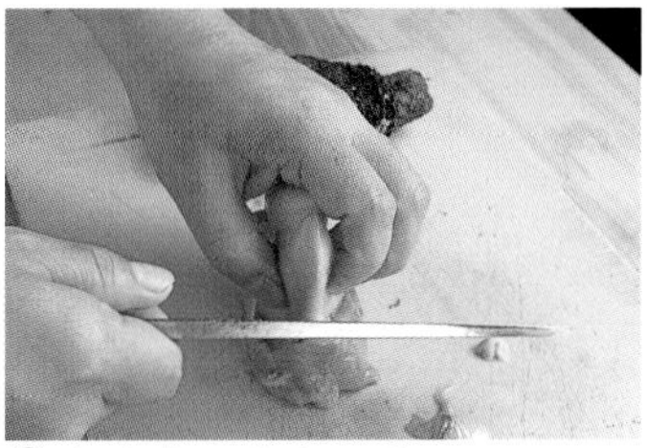
❾在沙囊和貝肉之間切一刀。

❿用刀壓住沙囊，拉開貝肉。

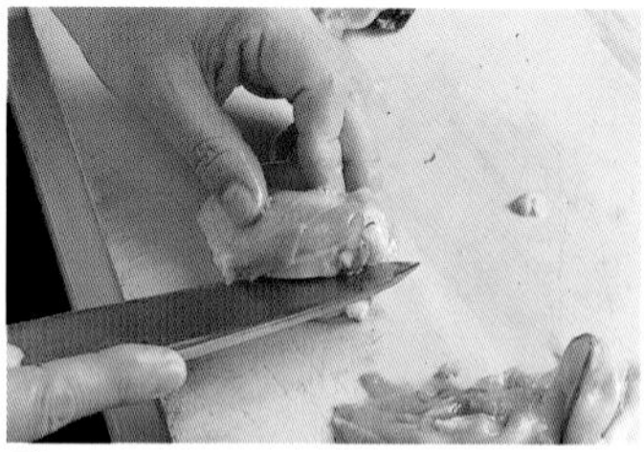

⑪將貝肉切半。

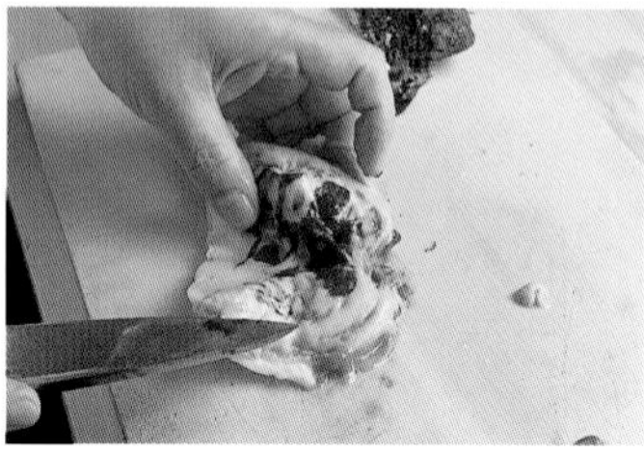

⑫用刀挑去附著在左右的內臟，並以清水沖洗乾淨。

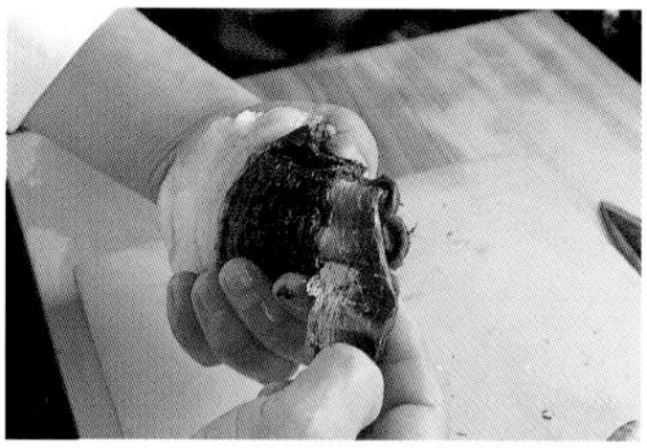

⑬手抓住水管頂端。

⑭灑鹽讓肉質結實。這麼做可使汆燙後剝皮時較為容易。

⑮將水管由前端放入沸騰的熱水中。

⑯稍微燙一下便取出放入冰水。

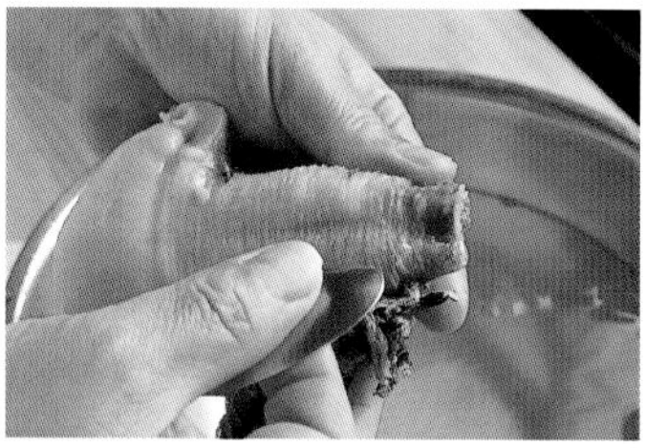

⑰以湯匙剝去外皮之後，擦去水分。

⑱切開水管。

⑲用布巾將內部清乾淨。

切法

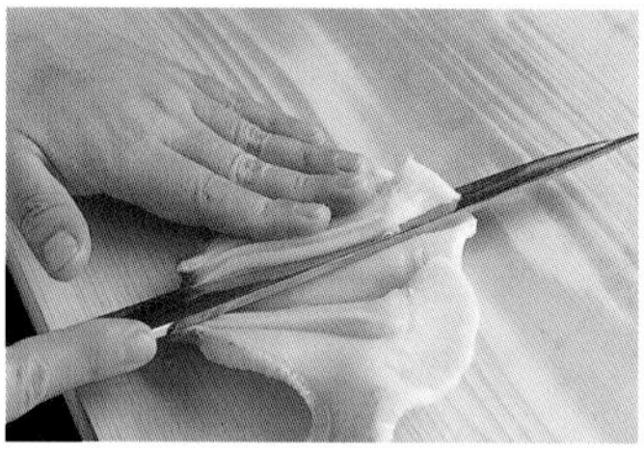

❶連同尾端深色部份，一起縱切成片。

❷切好的食材。

やりいか

ya ri i ka

——中文名：槍烏賊

槍烏賊作握壽司食材時會生食、氽燙，但也有店家會用紅燒烏賊作握壽司，並配上沾醬上桌。在這裡要介紹的槍烏賊體型細長，因為長得像古兵器的槍矛前端而得名。雖然魚身並不厚，但是結實有彈性，有著獨特的口感和甘甜。

11月～2月是活槍烏賊上市的季節，由於活的烏賊更為結實，因此做成握壽司時為便於食用，會切成細絲，或是在烏賊肉上劃下細長切痕上桌。

●握り（にぎ） nigiri 握壽司

三種槍烏賊握壽司：中央是搭配薑末，左邊則搭配酸橘和食鹽。

握（にぎ）り nigiri

——握壽司

使用觸腳做成的握壽司。

刺身（さしみ） sashimi

——生魚片

槍烏賊生魚片。

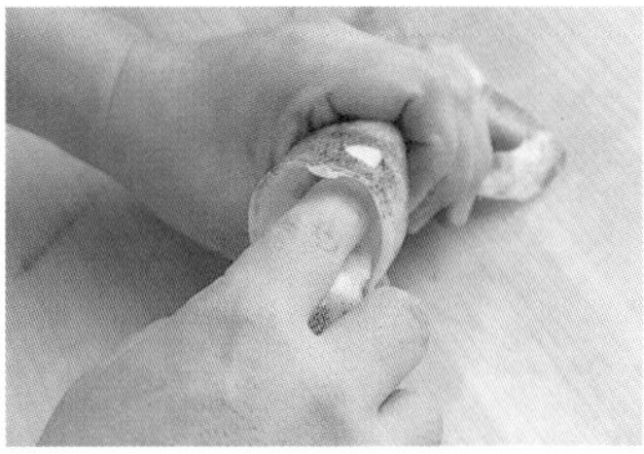

❶用手指拔斷內臟。

❷拉觸腳，並同時拉出內臟。

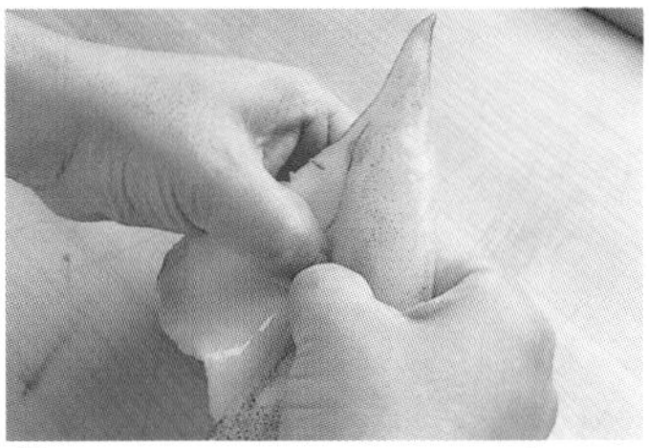

❸用手指剝去尾部與烏賊身的連接。

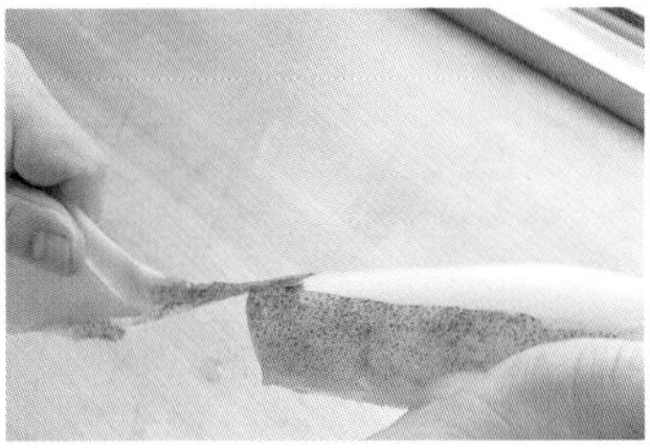

❹抓住尾部向下拉掉皮。

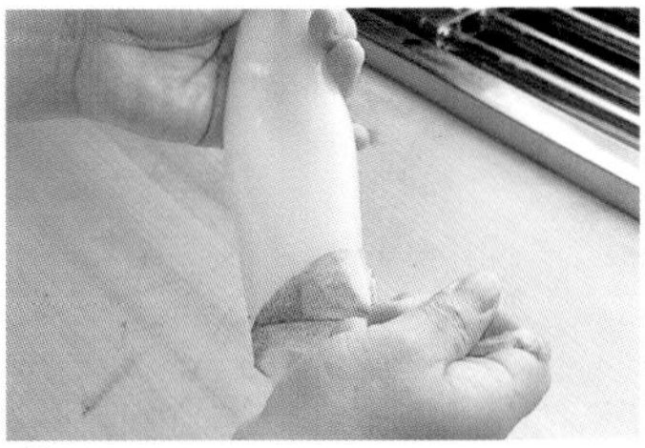

❺一口氣剝去留在前端的表皮。

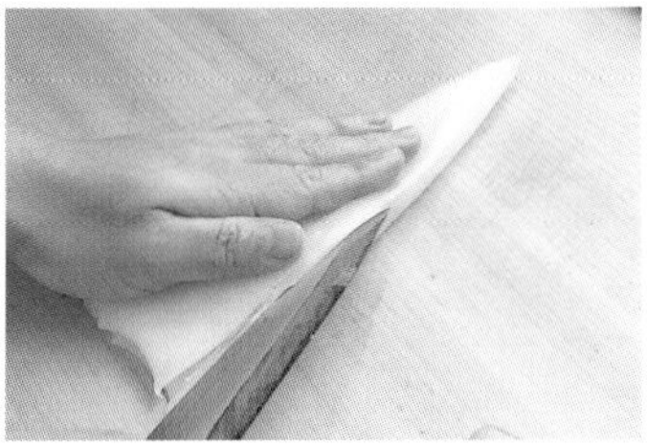

❻縱向切開烏賊身。

觸腳生魚片搭配薑末。

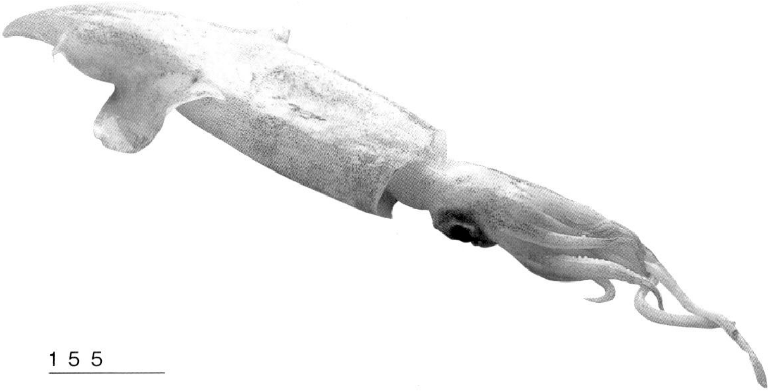

❼切開烏賊身取掉背甲。

❽用乾布巾摩擦剝下內側薄皮。觸腳處理方法與墨魚同。

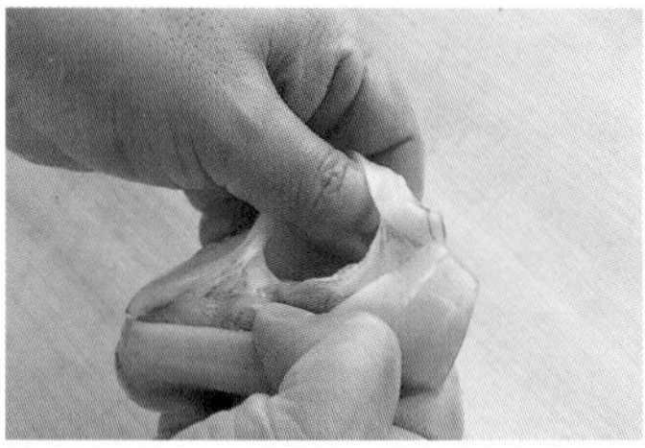

❾剝去尾鰭皮。由中間彷彿要一分為二般的把皮剝掉。

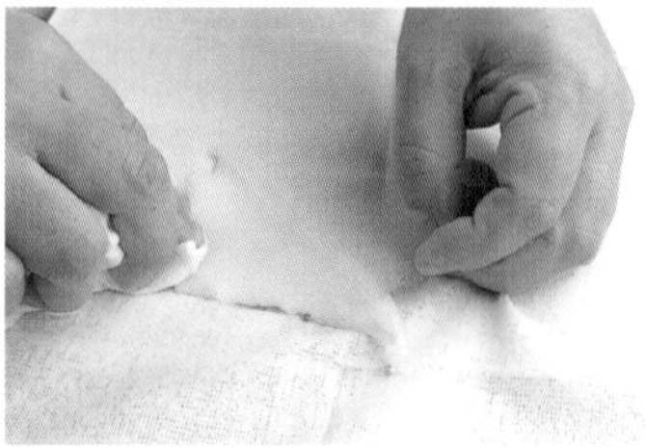

❿用乾布巾悉心擦去留在兩面的皮。

⓫處理完成的槍烏賊。

切法

❶先分切成手掌大小。

❷縱向細切。

❸握壽司食材。由右至左分別為細長條、表面有切痕，及切薄片的握壽司材料。

❹觸腳切成四等分。

蛋捲與紅燒的工夫

壽司少有煎過的食材，蛋捲便是其中之一。正如自古便有一句話說品嚐壽司「始終都由蛋」一般，從蛋捲的處理法便可看出壽司店的特徵。直至現在，蛋捲都還是握壽司或捲壽司不可或缺，廣泛受到歡迎的食材之一。

壽司店代表性的雞蛋料理有高湯蛋捲，以及加入白肉魚或蝦鬆等做成長崎蛋糕式的蛋捲。這裡要介紹的是最近蔚為主流的自製高湯蛋捲作法。可依喜好調整味道或高湯，做出各家店獨具特色的蛋捲。

要將蛋捲做好的秘訣，總歸一句話就在火候。因火候的不同，顏色與膨鬆度都會有差異。而在鍋中加入大量的油煎蛋捲時，細心吸取多餘的油是將蛋捲煎成鮮豔黃色的秘訣。

蛋汁要分五次下鍋煎成蛋捲。火候很重要，煎的時候，要將鍋子往前後移動的調整火加到鍋子的熱度，煎成漂亮的金黃色。

煎蛋捲的鍋子一般都是用勺或勺3，此次使用勺煎鍋。鍋子必須充分過油，新鍋容易燒焦，因此要讓新鍋裝滿油放置整整兩個晚上潤鍋。

玉子（たまご / tamago）

中文名：蛋捲

握り（にぎ / nigiri）——握壽司

兩種蛋捲握壽司。

玉子巻（たまごまき / tama go maki）

——雞蛋壽司捲

つまみ（tsu ma mi）

——小菜

搭配蘿蔔泥。

⊙製作蛋汁

[材料]
雞蛋 10個
柴魚高湯 144ml
（約0.8合）
砂糖 50g
食鹽 少量
＊小澤壽司店使用的是濃稠、蛋黃鮮黃的紅玉雞蛋。

❶在鐵盆中加入鰹魚高湯，再加入砂糖、食鹽。

❷以打泡器攪拌，讓砂糖與食鹽可以充分溶解。

❸蛋要一個個分開先打在小碗，確認無血絲後加到大容器。若血絲混雜，一加熱便會變茶褐色，所以要拿掉。

❹打進蛋之後，使用攪拌器以敲打的方式弄破蛋黃，並混合蛋白、蛋黃與高湯攪勻。

⊙準備鍋子

❺用油潤鍋。首先將沙拉油倒到鍋子一半左右，點火加熱。

❻加熱到180℃左右。不要開強到冒煙的大火。

❼熄火，並由鍋子前角輕輕倒掉油。

❽以清潔的棉花擦油。

❾再點火讓煎鍋加熱。

❿悉心擦去浮起的油。如果油殘留在鍋子上，便無法煎出金黃色蛋捲。

⊙煎蛋

⓫取❹的蛋汁約144ml，加入放在火爐中間位置❿的煎鍋中，並使其擴散到鍋子全面。火候約在中火即可。

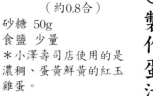

⓬若蛋皮表面出現含有空氣的泡泡，就用筷子刺破。

⓭用筷子輕輕夾起前端蛋皮。

⓮先面向自己折三分之一左右。

⓯之後再折一半，使蛋皮呈鍋面三分之一大小。

⓰空出來部分，用含油的棉花擦過一次，擦去多餘的油。並將鍋子往前移，讓蛋皮部分對準爐火。

⓱待熟透，便邊用筷子撐住，邊挑高鍋子讓蛋捲滑到對面。

⓲為了避免蛋捲加熱過度，接下來要避開蛋捲所在部分，讓空出來的鍋面對準爐火並擦油。

⓳將鍋子的中間部分對準爐火，並在空出的地方注入144ml的蛋汁。

⓴用筷子撐起蛋捲，使鍋面傾斜便於蛋汁流到蛋捲下方，並擴散到鍋子全部。

㉑鍋子前傾，讓多餘的蛋汁流向自己，並平面擴散。

㉒將對面一半的蛋皮折到眼前。

㉓將鍋子往前移，讓蛋皮部分對準爐火，然後在空出的部分擦油。

㉔鍋子前傾，讓蛋捲滑到對面。

㉕將鍋子拉向自己，然後在空出的部分擦油。

㉖將鍋子往前推，並在眼前空出的地方注入144ml的蛋汁。

㉗挑高鍋子使鍋面傾斜，並撐起蛋捲，讓蛋汁流到鍋子另一邊的蛋捲下方。

㉘讓多餘的蛋汁流向自己，並平面擴散。

㉙若含空氣，就用筷子刺破。

㉚蛋捲往前折，並將鍋子前移，以便雞蛋可在爐火上加熱。

㉛在空出的地方擦油。

㉜將鍋子前傾，並小心不要讓蛋捲變形的用筷子撐住，移到鍋子前方。

㉝空出的部分，再用棉花擦過油之後，注入144ml的蛋汁。

㉞夾起蛋捲，稍稍使鍋子傾斜的讓蛋汁流到蛋捲下方。

㉟一邊用筷子壓住蛋捲，一邊讓多餘的蛋汁流向自己。

㊱將蛋捲往自己的方向折，並在鍋子前方空出來的部分抹油。

㊲用筷撐住蛋捲移到鍋子前方，並在前方空出來的部分抹油。

㊳加進最後剩下的蛋汁，鍋子往前移，讓靠自己方向的鍋面可以接觸爐火。

㊴撐起蛋捲讓蛋汁流到蛋捲下。鍋子往自己的方向調整，讓有蛋捲的部分接觸爐火。

㊵讓剩下的蛋汁流向自己並使其均勻擴散。

㊶將蛋捲折向自己，並用玉板整形。

㊷拿玉板夾蓋蛋捲，將鍋子倒過來把蛋捲倒玉板上，轉個方向讓蛋捲回鍋中，固定煎好四邊。

㊸形狀固定了，就移到玉板上。

㊹在餐桌壽司台（木屐）上鋪紙巾，並將蛋捲置於其上冷卻。

⊙切法

【握壽司食材之一】

❶切成1cm左右的厚度，放在捏好的壽司飯上，捲上海苔。

【握壽司食材之二】

❶切成2cm左右的厚度。

❷中央切一刀，塞入壽司飯，捲上較粗的海苔，並便於食用的切半。

【小菜】

❶切厚。

❷再切成三等分，使其成為正四方骰子型。另外也可切厚片，之後在中央加入切痕，切成不同的形狀。

椎茸

しいたけ

shi i ta ke

—中文名：香菇

[材料]
乾香菇 500g
粗粒砂糖 1kg
濃醬油 500ml
味淋 200ml

⊙泡水

❶大鍋加入大量水和香菇浸泡一晚。浸泡過後的水不要丟棄。照片是泡過一晚之後的香菇。

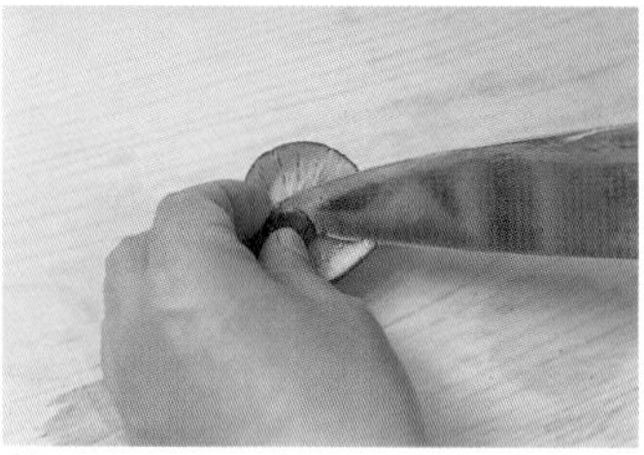

❷取出香菇，以刀尖切去香菇頭之後再放回❶的香菇水中。

❸以大火煮3小時左右，讓菇傘撐開。隨時撈取浮沫。照片是煮過3小時的狀態。

香菇最重要的就是要煮出美味的焦糖感。因此最重要的是要用泡香菇的水再把泡過水的香菇煮過一次。若是這道功夫不夠徹底，就無法煮出具有光澤美味的焦糖感。

⊙紅燒入味

❶加入粗粒砂糖，徹底攪拌。

❷加入濃醬油。

❸使其煮沸融化砂糖。

❹加入一半（100ml）的味淋。

❺攪拌使其入味。

❻隨時撈取浮起的湯沫及細小的香菇雜質。

❼當滷汁變少了，為了避免傷及菇傘，不要使用筷子或湯杓攪拌，只需整個拿起鍋子上下擺動即可。

❽煮到這個程度時，再加入剩下100ml的味淋，煮出焦糖的光澤。這會讓焦糖裹得更厚。

❾一邊擺動鍋子的煮到要焦不焦的程度。

❿煮好的香菇。

⓫讓菇傘向下的並排在竹篩上冷卻，只要密封保存便可以放很多天。用作壽司捲時，要切薄備用。

干瓢

kan pyoo

かんぴょう

中文名：葫蘆乾

葫蘆乾要配合捲壽司的長度切好之後再進行處理。小澤壽司店裡一般都用剪刀統一剪成17公分（大概兩個拳頭）左右長度。煮軟之後，充分瀝乾水分是使其完全入味的要訣。煮好的葫蘆乾，可冷藏保存約20天左右。

[材料]
葫蘆乾 330g
粗粒砂糖 450g
濃醬油 300ml
味淋 60ml

⦿泡水

❶葫蘆乾以清水稍微洗淨之後，以食鹽充分搓揉掉附在表面的防腐劑。

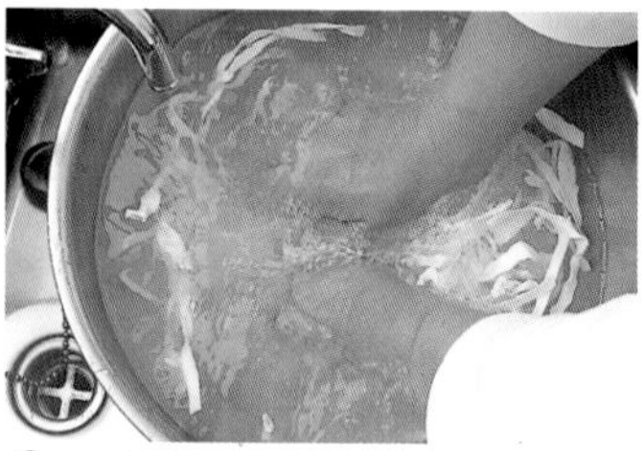

❷以水充分洗淨。

❸浸泡在大量的水中5～6小時。

❹浸泡5～6小時之後的瓢乾。

❺將葫蘆乾移到大鍋中，注入大量水，蓋鍋蓋煮30～40分。照片為煮了30～40分的葫蘆乾。

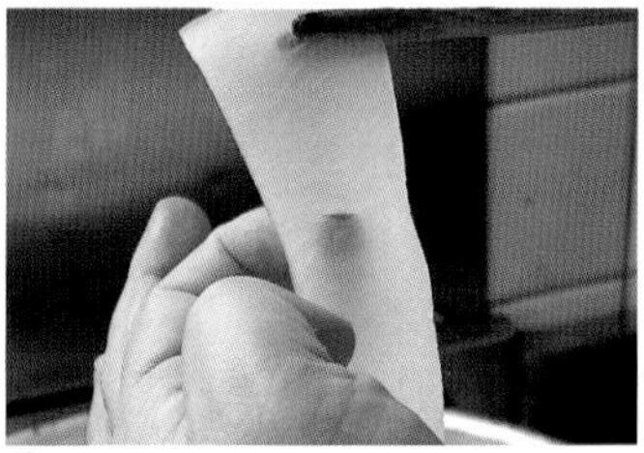

❻煮到可輕易用指甲搓破的程度便可。若不煮到這個程度，接下來恐怕就難以入味。

❼移到竹篩上瀝乾水分。

⊙脫水

份量多的時候，就放進雙層的布袋中，用專用的脫水機脫水較有效率。

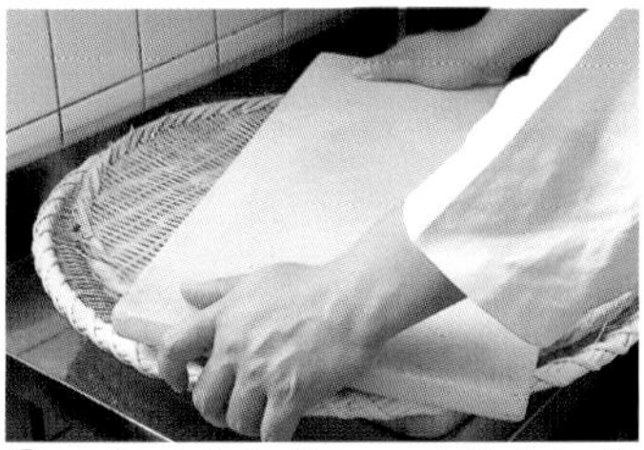

❶進行脫水作業。以竹篩夾住葫蘆乾，從上再壓一塊板子，將水分瀝乾。

❷要脫水到如照片的狀態。

⊙紅燒入味

❶在鍋中加濃醬油，再加入粗粒砂糖點火。

❷以攪拌器攪拌，使砂糖溶解。

❸砂糖溶解之後再加入味淋，煮沸使酒精蒸發。

❹滾水開始沸騰了就放進脫水後的葫蘆乾。

おぼろ

o bo ro

中文名：蝦鬆

剛開始在煮蝦仁時，若沒有完全煮熟，便很容易壞掉。但也要留意調節不要煮到蝦子都縮起來了。

❺悉心的攪拌葫蘆乾。

❻大火煮到醬油乾掉為止。

❼擺動鍋子充分攪拌。

❽煮到像照片般，沒醬油了就熄火。

❾放在竹篩中冷卻。想要早點冷卻時，就讓中間呈空心狀的把葫蘆乾圍成甜甜圈形。

[材料]
蝦仁 4kg
食用紅色色素 少量
蛋黃 一個
酒 小酒杯 1/2杯
味淋 小酒杯 1杯
砂糖 絞蝦仁量的1/4

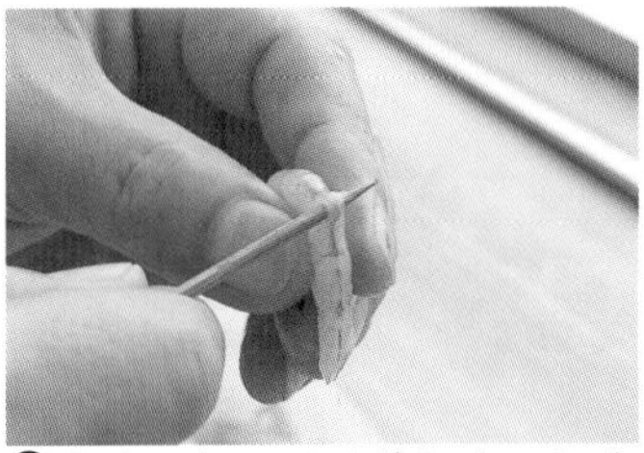
❶剝去蝦殼，用竹籤挑去蝦仁背部的蝦腸。

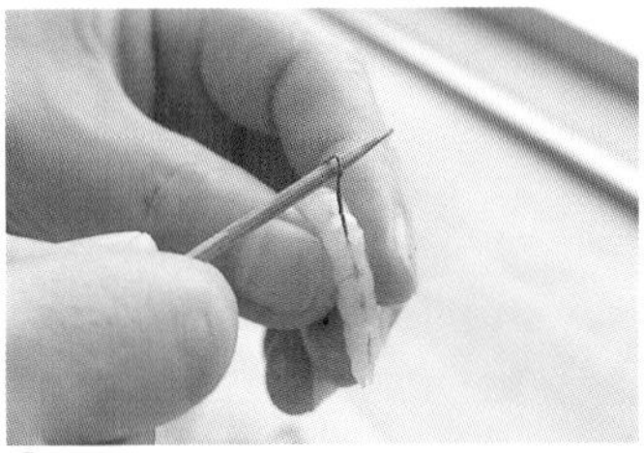
❷拉起蝦腸並取出。

❸鍋中煮沸熱水並加食鹽。

❹放入❷的蝦仁。

❺攪拌蝦仁使其完全煮熟。

❻煮到如照片所示。紅色已經更深。如果這時候煮得半調子，就會讓蝦鬆的保存不耐久。

❼放到竹篩上瀝乾水份。

❽攤開冷卻。

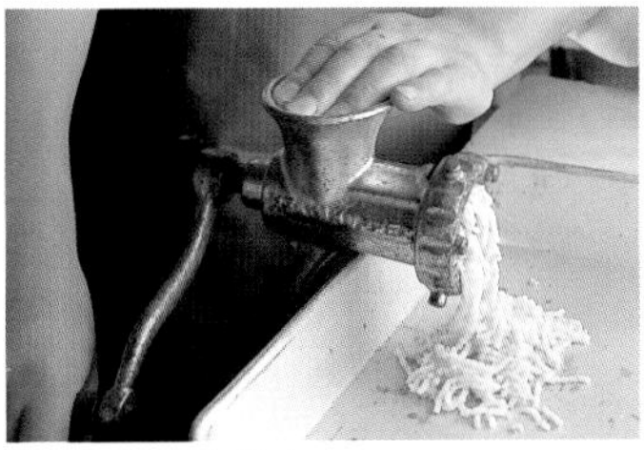
❾放進絞肉機裡。

❿放進綿密的雙層布袋中。

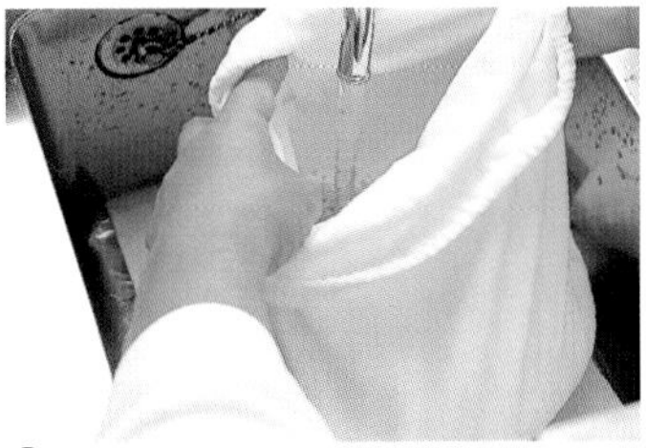
⓫一邊在袋中加水一邊揉。

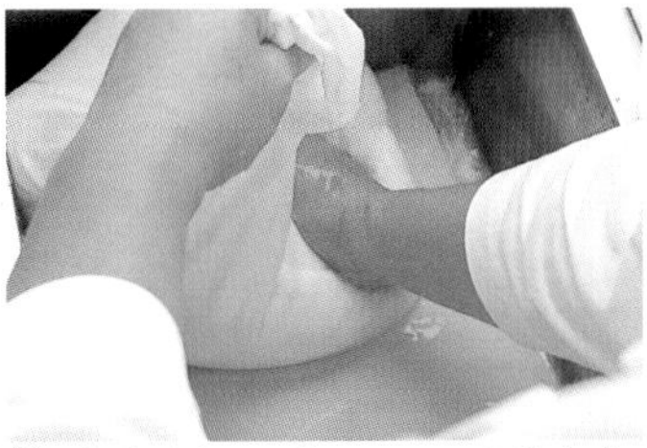
⓬斜放砧板，在這上面反覆輕輕搓揉蝦鬆去除腥味。

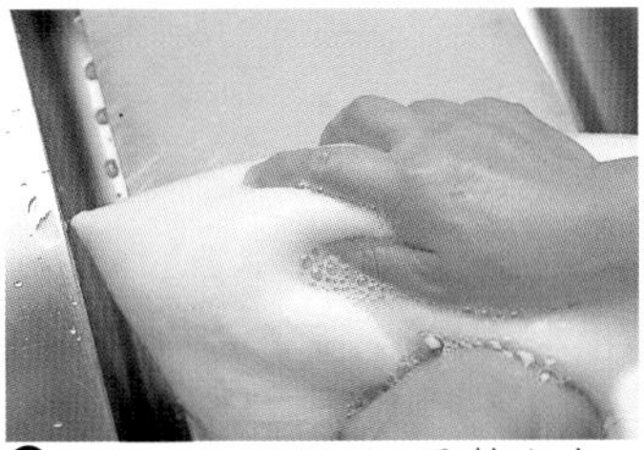
⓭充分擠乾水分。大量製作時，整袋放到絞肉專用的脫水機中脫水即可。

⓮移到大鍋底的鍋中以手翻攪。

⑮加溶解於水的食用紅色色素，注意不要加太多。

⑯加入蛋黃。

⑰加入酒。

⑱加入味淋。

⑲以手充分攪拌。

⑳加入相當於蝦鬆1/4的砂糖。如照片般將蝦鬆平鋪在鍋底，並依比例測量即可。

㉑以洗米的方法充分搓揉。

㉒揉到可以手掌輕握的綿密感出現為止。

㉓綿密感出現了便點火以飯匙充分攪拌，一開始要開大火。

㉔然後以切壽司飯的方式在火上加熱。

㉕待水分蒸發變熱後，調文火繼續切拌。等乾鬆到用手握也不黏團，便熄火平鋪到篩子上。

㉖冷卻後完成的蝦鬆。這個狀態可保持1星期左右。

壽司捲、散壽司、盤飾技巧

巻もの（まき）ma ki mo no

中文名：壽司捲

下面介紹用蝦鬆、星鰻、葫蘆乾等做成的細、粗、中壽司捲。

一般壽司捲都會使用到海苔。除手捲才講究海苔爽脆的口感外，其他的壽司捲為了避免製作時及食用前的破損，都會使用較厚的海苔。

海苔有遇水分就會收縮的特質，飯則會隨著時間增長而膨脹，因此若捲得太緊，會產生壽司飯塞滿在緊繃海苔裡的現象，這是因為海苔緊縮，而米飯膨脹所致。

因此製作海苔壽司捲時，調節捲壽司的力道很重要。尤其是外帶或外送會隔較長時間才食用，光是一項捲壽司的手法，壽司的美味就千差萬別。避免用力過多，自然的捲壽司，捲完之後輕輕按一下是要訣所在。

捲壽司是表現專業技術的技巧，行家甚至光看捲工就可以知道壽司是誰作的。

附帶一提的是，小澤壽司店基於衛生上的考量，7～8月不作外帶壽司捲。

細巻（ほそまき）hoso maki

——細捲

小黃瓜細捲

【材料】
- 壽司飯 65g
- 海苔 1/2張
- 小黃瓜 一根
- 白芝麻 適量
- 芥末 少量

❶右手取所需份量的壽司飯。

❷在掌心輕滾並以小指調節成粗細均等的圓棒狀。

❸在捲簾（質地細緻面朝上）下方留1cm左右的空隙，海苔內側向上放在捲簾上。

❹將❷捏好的壽司飯，在預留海苔上方1cm的地方從左邊向右邊鋪過去。

❺左手輕輕地將壽司飯延伸到右邊。

❻左邊的飯要佈滿海苔下方，但必須一邊以左手壓住，以防壽司飯溢出範圍。

❼右邊的飯也要推到海苔下方，須留意不要讓飯超出海苔。

❽剩下的飯也以同樣手法推著鋪陳到海苔上。

❾放食材的中心做出一道凹槽。

❿沿著凹槽塗上芥末。

⓫放上小黃瓜。

⓬灑上白芝麻。

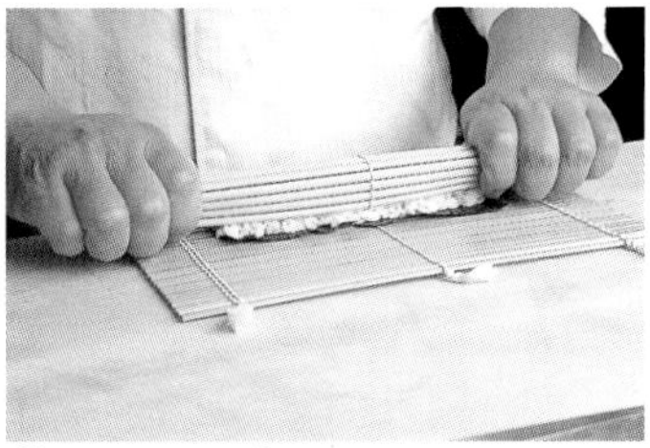

⓭握住竹捲簾兩端，轉一圈碰到壽司飯的上端，輕壓竹捲簾兩端。

⓮再捲起竹捲簾直到捲起海苔剩餘部分。

小黃瓜細捲

小黃瓜細捲（切絲）

【材料】

壽司飯 65kg
海苔 1/2張
小黃瓜絲 適量
白芝麻 適量
芥末 少量

❶塗上芥末。

❷灑上白芝麻。

❸在中央部分放上大量的小黃瓜絲捲起，切成6等分。

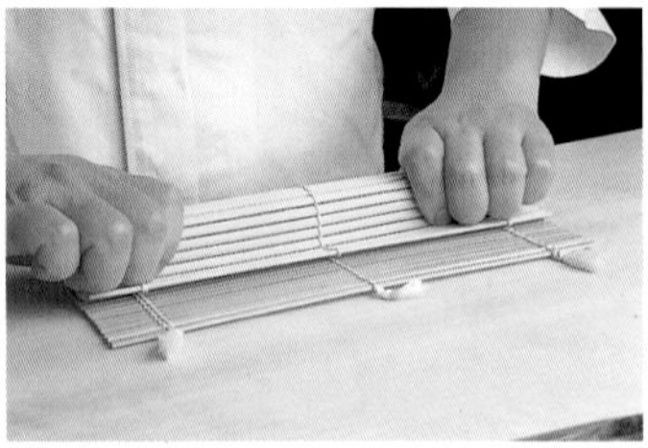

⓯整成四角形，不要用力擠壓。

⓰捲好時，要讓海苔邊可以剛好在中間。

⓱捲好的細捲。

⓲在中間切成2等分。

⓳並排再切成3等分。亦即一條細捲切成6等分。

葫蘆乾捲

鐵火捲

葫蘆乾捲

【材料】
壽司飯 65kg
海苔 1/2張
葫蘆乾 5條

❶將葫蘆乾置中捲起。

❷在中心切成2等分。

❸並排再切半成4等分。

鐵火捲

【材料】
壽司飯 65kg
海苔 1/2張
鮪魚（1.5cm角）2條
芥末 少量

❶塗上芥末。

❷將鮪魚置中捲起，並切成6等分。

[材料]
海苔 2張
壽司飯 260g
蛋捲
蝦鬆
香菇
蝦子
鴨兒芹
星鰻
葫蘆乾

太巻（ふとまき） huto maki —粗捲

粗捲（兩人份）
1人份則做成中捲。
粗捲使用中捲兩倍的海苔，加上壽司飯和食材做成。但不使用竹捲簾。食材最好是選擇不出水者為佳。

粗捲（外帶、2人份）
在盒子裡鋪上竹葉之後，滿滿的裝入粗捲。若留有空隙，會使得壽司跑來跑去，或是整個散開，因此必須準備適合粗捲的盒子。

❶海苔邊的壽司飯要擠碎推開。

❷另一片海苔在重疊1cm左右的地方與第一片海苔黏成一片。

❸用刀鋒壓平。

❹右手將一半的壽司飯（130g）輕輕捏成圓筒狀。

❺在海苔上端預留2cm空隙，由左向右推開壽司飯。

❻避免飯溢出海苔，要用左手一邊輕壓，一邊將左邊壽司飯薄薄推開。

❼右邊也同樣推開。

❽推開剩下的壽司飯。

❾再將與❹等量的壽司飯做成圓筒狀，從❽的壽司飯下面（由左往右）推開。

❿以同❻～❽的手法，將壽司飯向下薄薄推開。

⓫佈滿兩張海苔的壽司飯。

⓬用右邊壽司飯做成一道提防（用來壓住裡面的食材）。

⑬左邊也同樣作一道提防。

⑭調整邊緣的壽司飯。

⑮首先將蛋捲置於中央偏上方。

⑯蛋捲上方均衡的灑上蝦鬆。注意要等量。

⑰蛋捲下放切薄片的香菇。

⑱香菇下放縱切成一半的蝦子。

⑲蝦子下面放斜切的星鰻。

⑳星鰻下放燙過的鴨兒芹。

㉑鴨兒芹下放葫蘆乾。再下面留一點壽司飯的部分。

㉒將㉑留下的部分先覆蓋在葫蘆乾上，在這要捲得稍緊些。

㉓這之後漸次將食材一一捲進，但不要用力。

㉔捲的時候感覺好像只是輕輕擱在蛋捲上，至此停一下。

㉕剩下的就只要自然的捲下去即可。

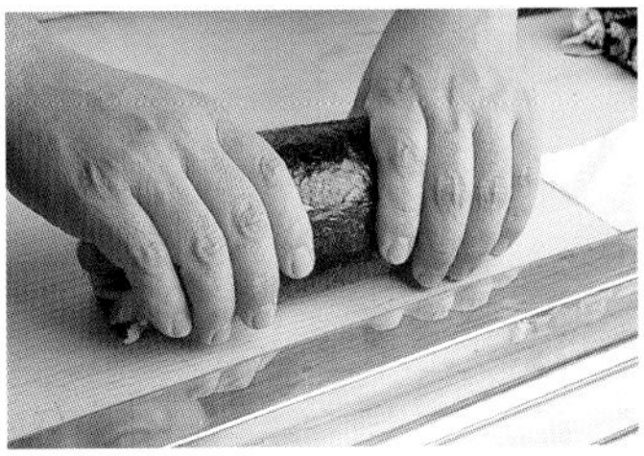

㉖捲好的粗捲。海苔邊要在下。

㉗若捲得正確，會如照片所示，蛋捲在正上方。

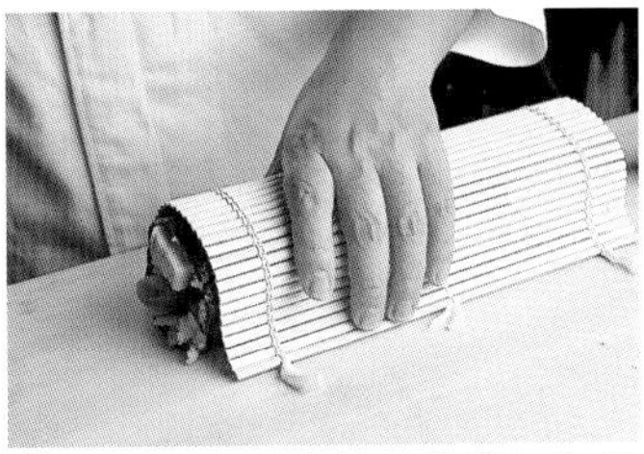

㉘從粗捲上面覆蓋竹捲簾，輕壓整形。

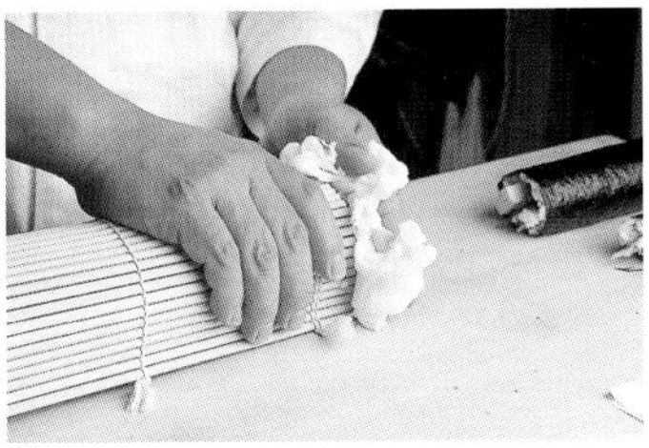

㉙用濕布巾輕壓兩端整形。

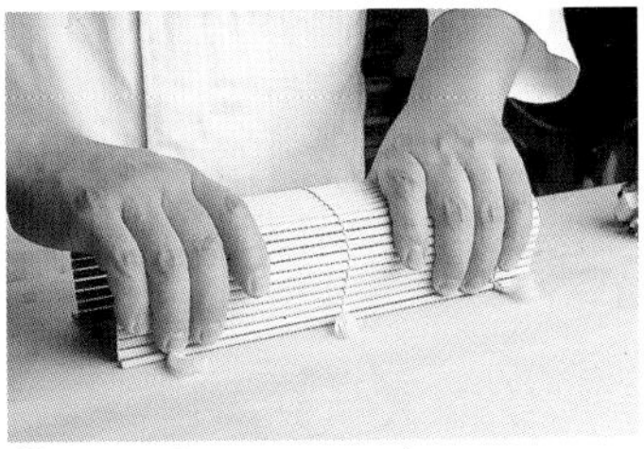

㉚用力壓住兩端定型。

㉛拿掉竹捲簾。最好的狀態是輕壓正中間，會馬上彈起。

㉜沾濕壽司刀，輕輕拭去水分，切半。

㉝並排再切半。

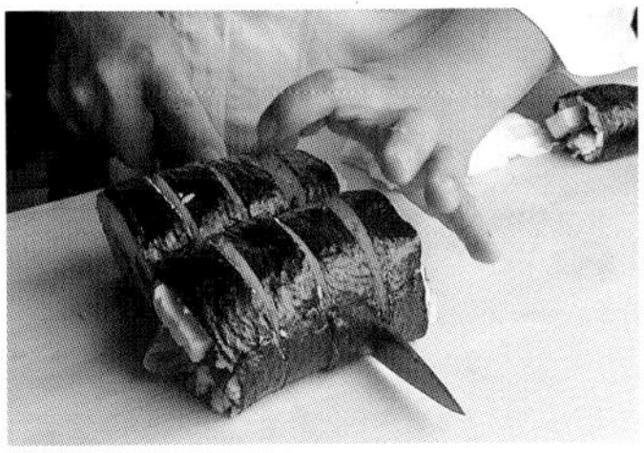

㉞再並排切半。等於將一條切成8等分後，裝盤（或裝盒）。

中巻（なかまき）nakamaki

——中捲

[材料]
海苔 1張
壽司飯 130g
蛋捲
蝦鬆
香菇
蝦子
鴨兒芹
星鰻
葫蘆乾

❶竹捲簾下方留1cm左右空隙，海苔內面向上放在捲簾上。

❷飯分兩次推開，單手將飯糰從左邊向上推開到離海苔上端1cm處。

❸以均等的厚度向右邊推開。

❹將左邊的壽司飯推開到海苔一半的地方，左手壓住邊以防壽司飯溢出。

❺右邊也同樣將壽司飯推開到海苔一半的地方。

❻剩下的壽司飯則同樣推開，平鋪半面海苔。

❼第一次推完壽司飯的狀態。

❽單手輕捏好剩下的飯，連接❼的飯，從左邊平均以同樣厚度推開。注意別讓飯超出海苔。

❾推到右邊。

❿以同於❹～❻的要領將飯推開到整片海苔。

⓫蛋捲置於中央偏上的地方。

⓬蛋捲上方均勻平放蝦鬆。

⓭蛋捲下依次放香菇片、蝦子、燙鴨兒芹、斜切星鰻、和葫蘆乾。順序必須考量顏色決定。

⓮握住竹捲簾兩端準備捲壽司。要領無他，將食材一一捲進即可。

⓯捲到蛋捲時停一下。

⓰捲到蝦鬆時，輕壓一下捲簾。

⓱拉起捲簾，捲進最後的部分。

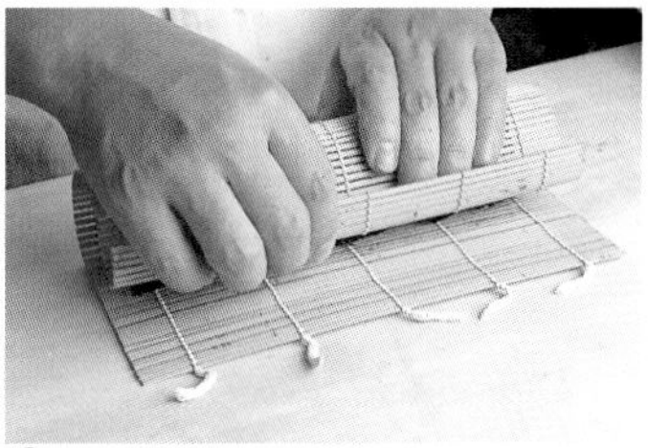

⓲再覆蓋上捲簾。

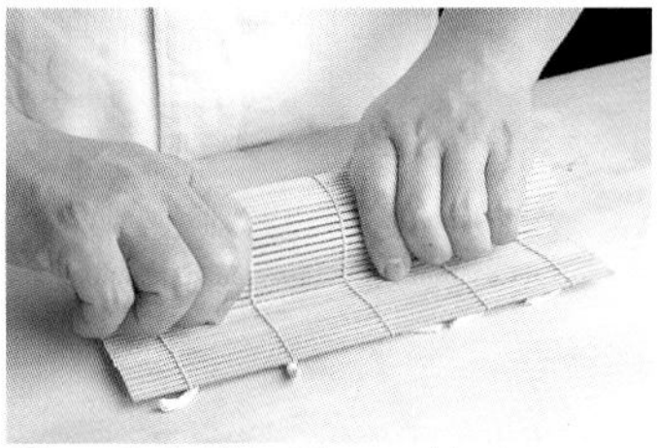

⓳就著捲簾輕壓一下整形。

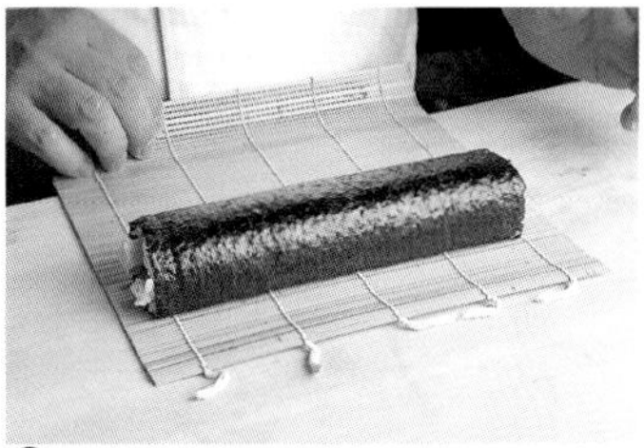

⓴中捲完成，切成八等分。這是壽司捲外帶一人的份量。

ちらしずし

中文名：**散壽司**

散壽司不同於握壽司，由於不是現場製作，因此可以說是午餐等尖峰時段最便利的菜色。散壽司可大分為兩種，一是在壽司飯上擺放食材的吹寄散壽司，一是在壽司飯中拌入切丁食材的散壽司。

吹寄散壽司以生鮮食材為主，一般都是在食器中放入壽司飯之後，再將食材全部琳瑯滿目的放在飯上，但最近也可見將飯與食材分開，作得相當豪華的種類。

相對於此，散壽司是在壽司飯之中拌入切細的紅薑、葫蘆乾、香菇，再放上紅燒切丁的食材。這多用在外帶（10～6月商品）或派對，製作上以老少咸宜，小朋友也能吃得開懷為前提。

並且，食材可能依季節或預算而有所改變。在這裡介紹的僅為一例。

漆器盒一般都為方形或圓形。圖為附蓋的漆器盒。

吹き寄せちらし

fu ki yo se chi ra shi

吹寄散壽司

以生鮮食材為主，各式各樣的食材琳瑯滿目。裝盤時要考慮顏色搭配的協調性。

［材料］一人份
蛋捲（1cm厚）一片
中鮪魚肚（1cm厚）3片
鯛魚（8g切片）2片
星鰻（斜切3等分）一片
魁蛤（切花）兩個
馬珂肉 2個
乾青魚子（斜切）1片
墨魚 2片
大蝦（汆燙）1隻
鹹鮭魚子（夾在檸檬片裡）適量
香菇 1片
奈良漬（醬菜）（5mm厚）2片
小黃瓜（鐵扇）1片
紫蘇葉 1片
蝦鬆 適量
葫蘆乾（切粗丁）適量
甜薑片（切粗丁）適量
海苔絲 適量
柴魚花 適量
壽司飯 1人份
芥末 少量

準備材料

吹寄散壽司的材料。準備如照片（左上）所示各式食材。

［玉子］— 蛋捲

切1cm厚，再斜切兩等分成三角形。

［中トロ］— 中鮪魚肚

切1cm厚，三片。

［タイ］— 鯛魚

以8g為準（跟握壽司食材同樣大小），斜切。

［アナゴ］— 星鰻

斜切成三等分。由於肉質相當柔軟，因此要由上一口氣切斷。

［アカガイ］— 魁蛤

將處理好的蛤肉切花輕拍。

［カズノコ］— 乾青魚子

斜切。

［イカ］— 墨魚

這裡使用花枝，由於還小，因此只縱切成一半。其他墨魚類的切法，則以握壽司食材為基準。

［クルマエビ］— 大蝦

❶ 準備蝦身已用竹籤穿過且汆燙得筆直的蝦子。（參照P.51）首先拿掉竹籤。

❸切痕向下，不要切斷的再縱向細切幾刀。

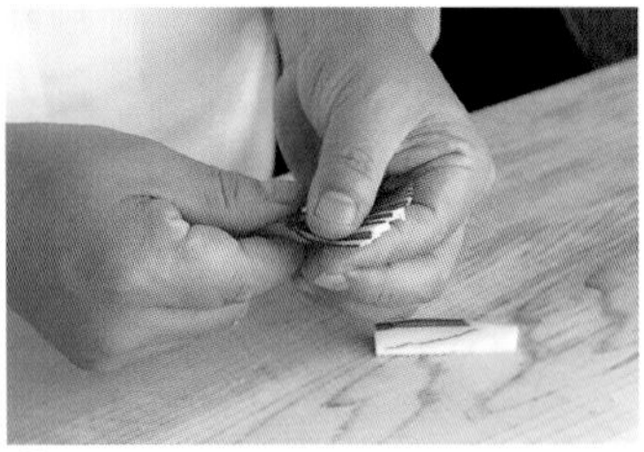

❹像扇子般攤開（鐵扇黃瓜）。

［カンピョウ・ガリ］——葫蘆乾、甜薑片

❶將葫蘆乾切丁。

❷甜薑片也同樣切丁。

❸將兩種混在一起，再用刀子剁碎。

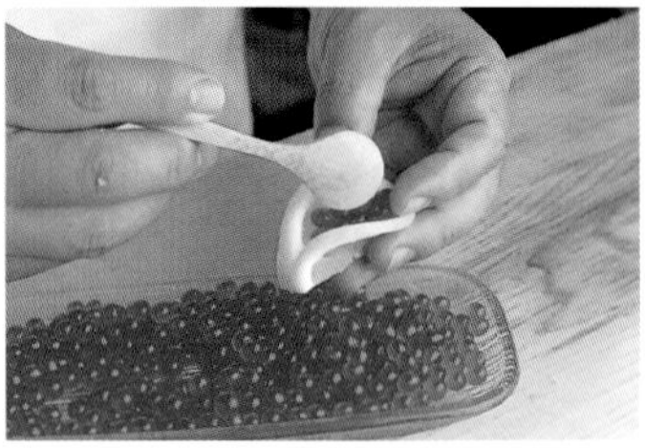

❸在❶的刀痕切口處夾入鹹鮭魚子。

［シイタケ］——香菇

將用醬油滷過的香菇切2等分。

［奈良漬け］——奈良漬

切成5mm厚度。

［キュウリ］——小黃瓜

❶皮較硬的地方，轉動小黃瓜用刀子切下硬皮。

❷縱切成一半。

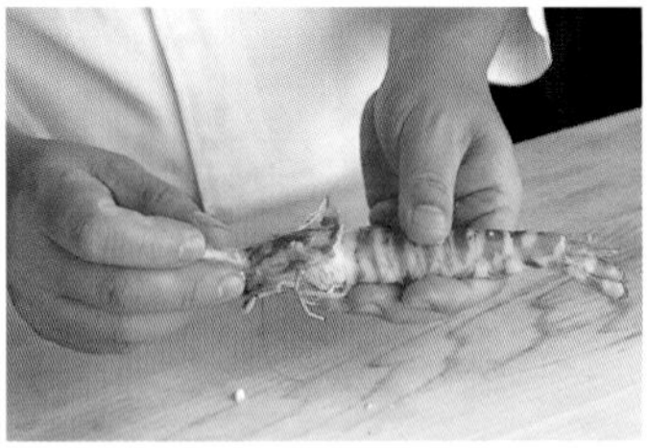

❷去殼與頭。

❸由腹部入刀切開蝦肉。

❹清掉內臟等，並將前端切齊。

［イクラ醬油漬け］——鹹鮭魚子

❶檸檬縱切成半，在約2mm處切入刀痕。

❷接著避開刀痕下刀切離，成半月形。

❶在漆器盒內放進1人份的飯。

❷手指裹住沾濕的布巾，將飯鋪平。不要疏忽角落。

❸將葫蘆乾與甜薑末灑在上面。

❹將海苔絲散放在飯上。

❺最上面先放蛋捲。蛋捲將作為盤飾的基礎。

❻蛋捲下面放大量的蝦鬆。

❼靠著蝦鬆放香菇。

❽旁邊裝飾鐵扇黃瓜。

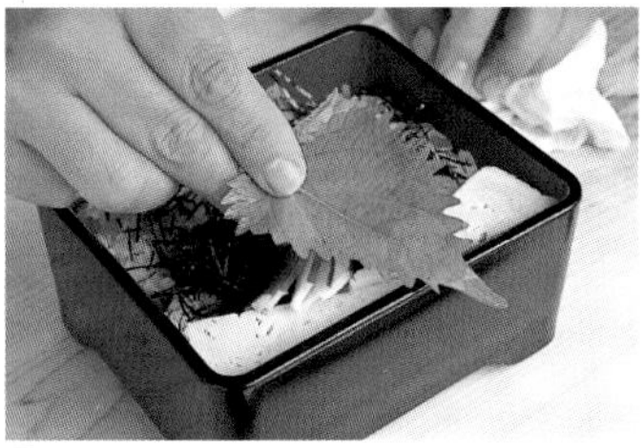

❾稍稍露出香菇和黃瓜的在上面疊上紫蘇葉。紫蘇葉有區隔生食和熟食的作用。

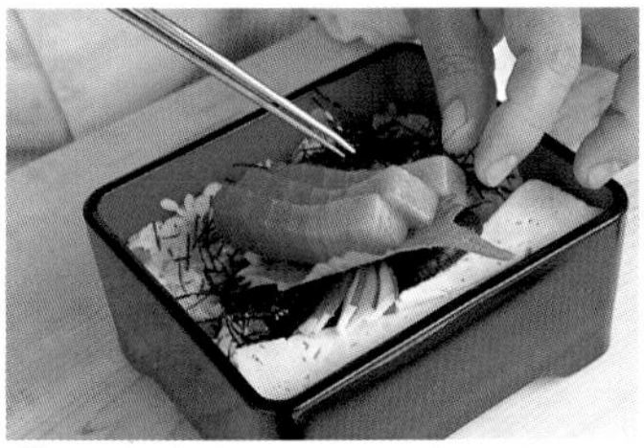

❿在紫蘇葉上放三片中鮪魚肚。

⓫中鮪魚肚旁皮朝上的放星鰻。

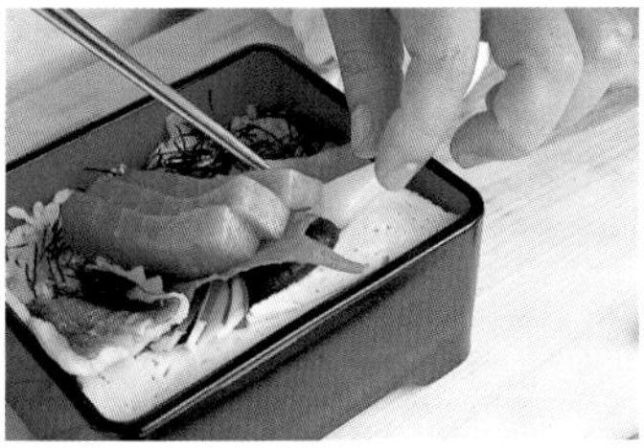

⓬另一邊放墨魚。

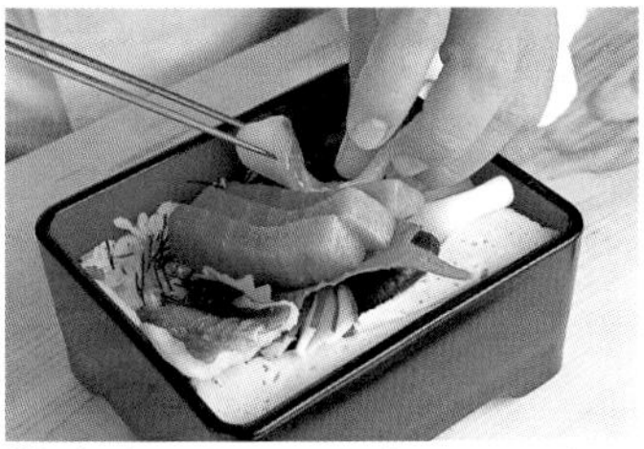

⓭靠著鮪魚和墨魚中間放鯛魚。

⓮靠著星鰻和墨魚，放上區隔用的竹葉。

ばらちらし

ba ra chi ra shi

——散壽司

將甜薑片、葫蘆乾、香菇切丁拌進壽司飯的壽司。多用於外帶或派對。

外帶用的木盒。不僅盒內會鋪竹葉，也會在裝了散壽司之後再覆蓋上一層竹葉。因為竹葉不僅有殺菌效果，還可以預防飯粒黏著在盒底。

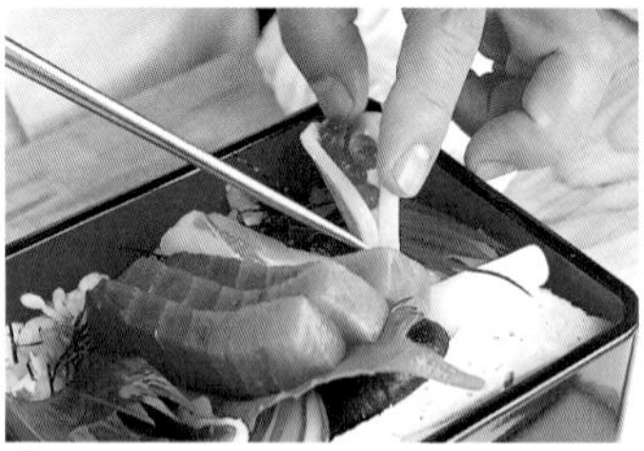

⑮在左邊竹葉上放夾在檸檬裡的鹹鮭魚子。

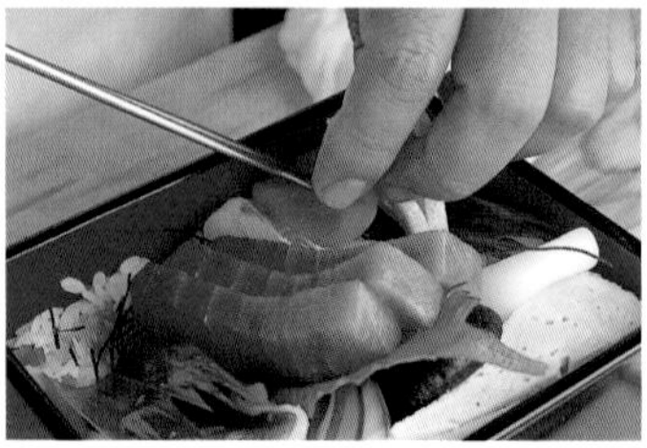

⑯在檸檬旁邊，鯛魚前面放魁蛤和馬珂肉。

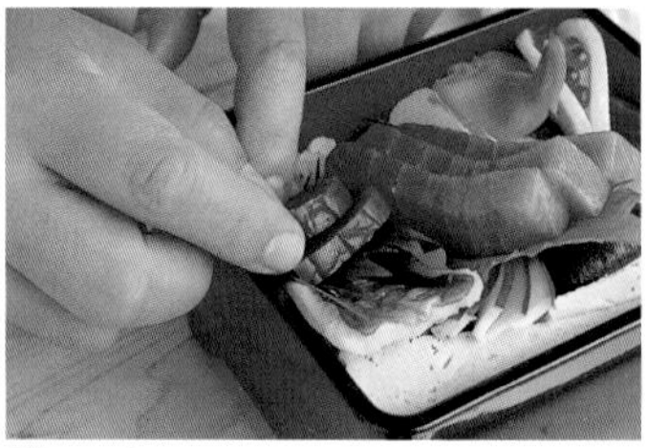

⑰右邊立放奈良漬醬菜。

⑱奈良漬醬菜前面放青魚子乾，並加上大量柴魚花。

⑲最後由右手前方向左斜放上蝦子。並在竹葉上放適量芥末。

[材料] 二人份

星鰻 1/2條	檸檬（1mm厚切半月形）1片
青魚子乾 1條	蝦鬆 適量
中鮪魚肚（1cm厚）3片	葫蘆乾 10條左右
蛋捲（1cm厚）1片	香菇 5片
鹹鮭魚子 適量	甜薑片 適量（約為吹寄散壽司的2倍）
小黃瓜 1條	壽司飯 2人份
大蝦 1隻	

（葫蘆乾、香菇、甜薑片）皆等量

準備材料

準備如照片（左上）所示的各項材料並切丁備用。

[中トロ]——中鮪魚肚

❶斜切成1cm厚度。

❷再切成1cm四方角。

❸倒入醬油拌匀使之入味。

[玉子]——蛋捲

❹斜切1cm厚。

[カズノコ]——青魚子乾

❶斜切成1cm厚。

❷再切成薄片。

❸加入柴魚花。

❹倒入醬油拌匀使之入味。

[穴子]——星鰻

❶斜切成1cm厚。

❷再切丁切成1cm。

❸倒些醬油拌匀使其入味。

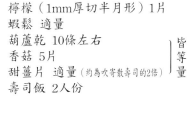

❸香菇切薄片之後，再切丁。

❹將三種食材混合。

❺再用菜刀剁碎。

❻剁碎到如照片般的狀態，以便拌入壽司飯中。

❼飯台內放入2人份壽司飯再放入❻的食材。

【レモン】——檸檬

❶薄切成1mm半月形。

❷接著切丁。這樣在打開蓋子的時候便會飄散檸檬清香。

❷再切成1cm角棒。

❸再切成1cm四方角。

混合拌飯

❶葫蘆乾切末。

❷甜薑片切末。

【もろキュウリ】——小黃瓜

❶先轉圈剝去硬皮，並由尖端切成圓片。

【クルマエビ】——大蝦

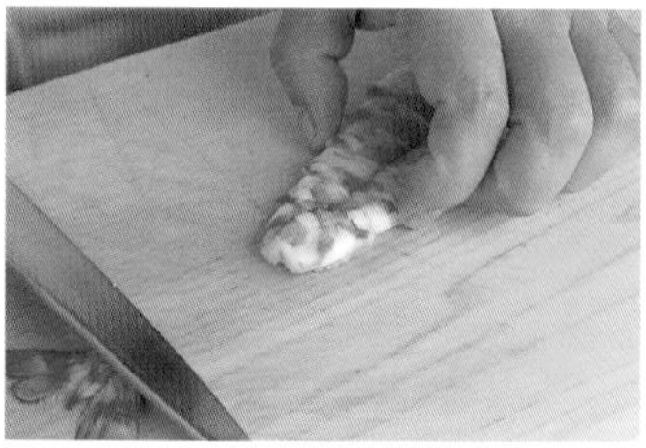

❶去掉熟大蝦的頭與殼，並切開蝦肉之後，接著切掉蝦尾。

❷縱切成一半，再配合其他食材切丁。

❽將壽司飯與葫蘆乾、甜薑片、香菇充分混合。

❾完成散壽司用的壽司飯。混合均勻的狀態。

裝盒

❶準備2人份的壽司盒，底部與側面都以竹葉覆蓋，然後放進❾的壽司飯。

❷用濕布巾包裹手指，鋪平壽司飯。

❸木盒四邊鋪上蝦鬆。

❹蝦鬆中間平鋪星鰻。

❺上面再平鋪青魚子乾。

❻再放上中鮪魚肚。

❼再依顏色比例散落蛋捲。

❽在蛋捲間灑鹹鮭魚子。

❾協調顏色均衡的放進小黃瓜。

❿散放大蝦。

⓫調和各種食材顏色，使其均勻分佈。

⓬最後放上芳香檸檬。從上面再覆蓋一層竹葉，蓋上蓋子。

盛り込み

もりこみ

mo ri ko mi

中文名：**裝盤**

外帶或宴會的場合，只要是2人份以上的壽司，大多會用壽司桶或大盤統一裝盤。

只要客人沒有特別指定，一般都會考量訂單價格，由店家作主放進季節時令的食材，因此最好以一般最安全而不會觸及客人喜惡的食材為主。同時必須在接訂單時就確認客戶年齡層、目的，以及放置多少時間才吃等諸多訊息。

以前裝盤以重疊壽司的手法為主流，現在則多以平放不重疊的盤飾為主。

接下來就以大盤和壽司桶為例依序說明。只不過，擺設樣式可隨喜好變化。

壽司桶

❶原則上從前方向著自己裝盤。首先做出兩種壽司捲，然後將2種壽司捲共計8個，切口向上的依序一個隔一個的斜排在最上方。

❷接下來並排鮪魚。與壽司捲逆向斜排會非常美麗，這之後的壽司全部都採斜排。

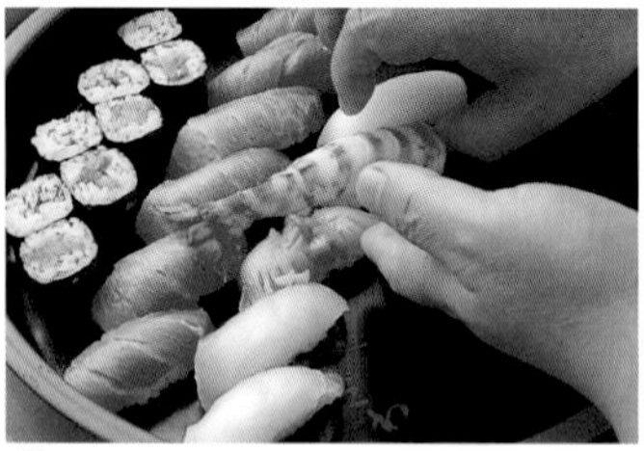

❸考量色彩，在鮪魚旁放白色食材，呈現紅白色美麗對比。白色旁則可放貝類，協調色彩。

❹最近自己角落可放黑色壽司強調整體感。紅燒食材因最後會淋醬，如放中央醬汁易溢出。

❺全部裝盤完畢之後，再加上一點薑末。

❸大蝦架在鮪魚上採立體擺法，並讓美麗開屏的蝦尾向上。

❹在紅色食材周邊放白色食材，排成扇形。以此做為中心。

❺在白色食材的周邊再排上美麗的貝類或紅色食材。

❻以白色食材作為整體的中心。

❿盤飾完成。覆蓋上保鮮膜之後送出。

壽司盤

使用大盤因感覺上比壽司桶還接近在料理台提供的壽司，所以外送的既定印象便會比較不那麼強。透過美麗的盤子還能突顯出豪華的感覺，建議務必使用此種盤飾。

❶與壽司桶同樣，最上方放壽司捲，並採間隔斜放。

❷接下來排放鮪魚。改變排列方法，橫向並列兩排。

❻再均衡的在中間、兩旁插上竹葉。

❼竹葉前立上檸檬的半月切片。

❽適度瀝乾甜薑片的水分，挑高裝盤。

❾淋上醬汁。

❼在最接近自己的地方排上軍艦捲。排列的角度要跟❶的壽司捲相反。

❽兩邊再排上黑色的壽司捲。

❾靠自己的前方擺紅燒食材。

❿在中央部份用竹葉採放射狀裝飾。

⓫竹葉中間放上適度瀝乾水分的甜薑片。竹葉有阻擋甜薑片水分的功能。

⓬在最上方與兩側插上竹葉，竹葉前並插上半月形的檸檬片。

⓭在右側空出來的地方鋪上紫蘇葉，在其上放置醬菜。

⓮在紅燒過食材上沾醬汁。

⓯盤飾完成。

⓰蓋上保鮮膜。先將保鮮膜切大長方形，中央部分用手指抓住拉高成圓錐形，覆蓋在盤上。

⓱再切割一片保鮮膜，以同樣的方法抓住中央部分，覆蓋在盤子上。將兩片保鮮膜的中央扭緊，就大功告成。在不使用壽司桶這種邊緣較高的容器時，這樣的作法可以避免弄壞壽司的直接外送。

壽司店的小菜、珍饈

あんきも

a n ki mo

中文名：鮟鱇魚肝

鮟鱇魚肝是使用鮟鱇魚的肝做成的料理，在日本以北海道或常磐（但常磐最近越來越少）為主，市面上6～7成是仰賴進口，油脂相當重。

［材料］
鮟鱇魚肝
食鹽
淺蔥花
辣椒蘿蔔泥
酸橘醋醬油

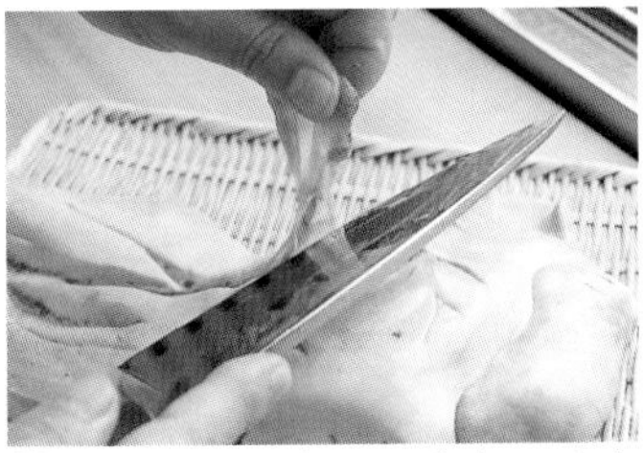

❶以清水洗淨後，切掉魚肝的連結部分。

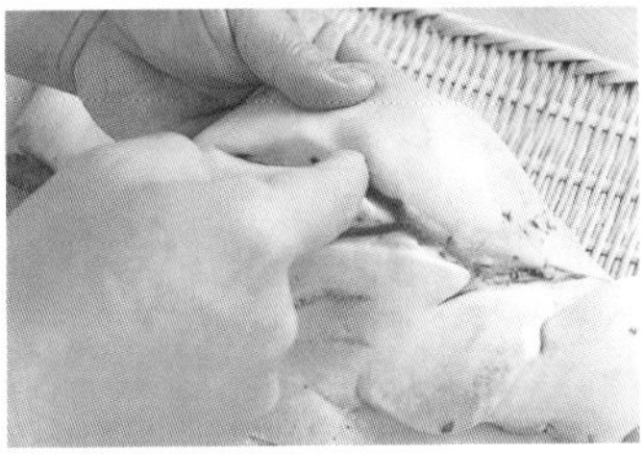

❷手指從血管末端向❶切口悉心輕壓出血水。殘留血水會散佈整片魚肝，因此須處理完全。

❸事前將硬筋或皮全部清乾淨，以防蒸後食用殘留在口中。

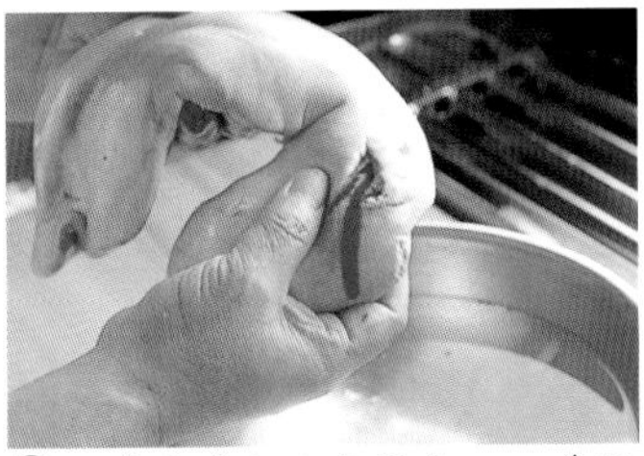

❹一邊將殘留血水壓出，一邊用清水洗淨。

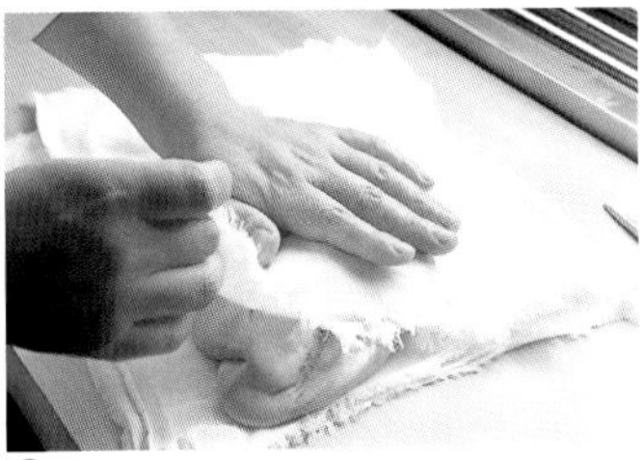

❺以布巾充分擦乾水分。

❻鐵盤上放一面篩子，再鋪滿食鹽之後，將魚肝置於其上。

❼在魚肝上撒大量的食鹽，放置40分鐘。

❽撥去食鹽之後以水洗淨，放在篩子上瀝乾水分。

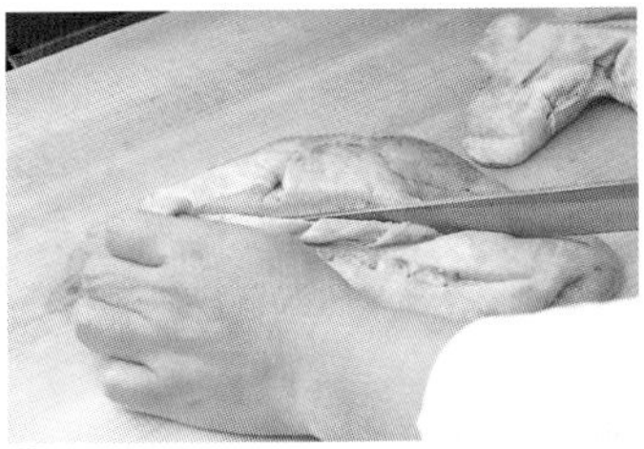

❾切半。

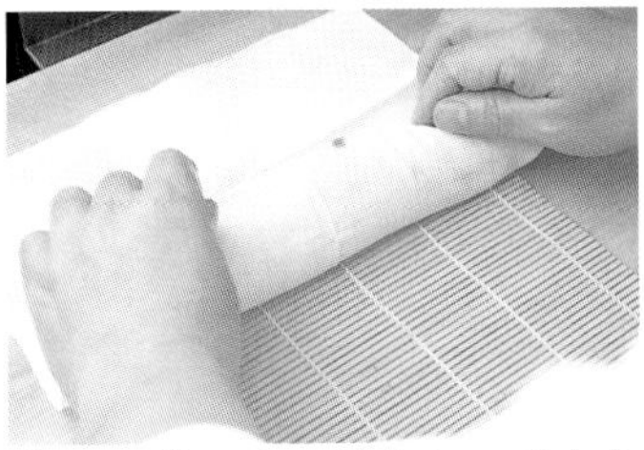

❿竹捲簾上鋪一層布巾，用布巾捲起魚肝。

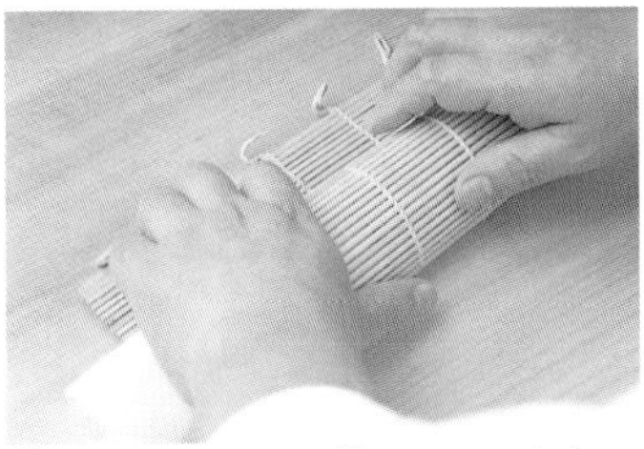

⓫之後再用竹捲簾捲起，然後用幾條橡皮筋穩穩的固定住。

⓬放到蒸籠裡蒸40分鐘。若量較多，可分兩次蒸，先蒸20分鐘後翻面，再蒸20分鐘。

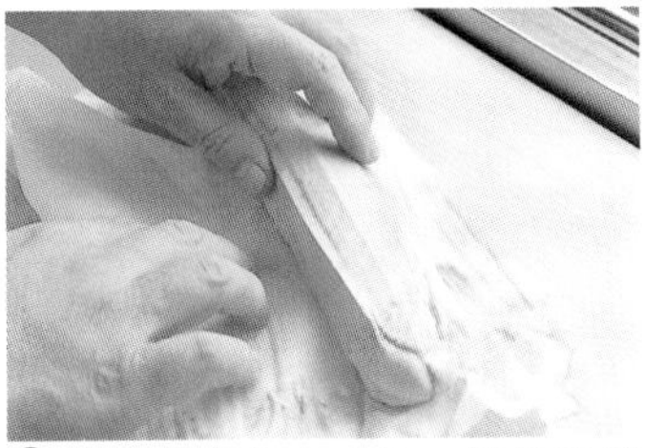

⓭從蒸籠中取出冷卻。待熱度稍微退了，再卸下捲簾和布巾。

⓮就著原有的形狀切成便於食用的大小，配上辣椒蘿蔔泥和切細的淺蔥花，搭配酸橘醋醬油品嚐。

なまこ酢

na ma ko su（す）

中文名：**醋漬海參**

海參依體色分為紅色與藍色兩種。紅色肉質較厚（約為藍色的3倍），且肉質結實，比起藍色價格要高出許多（紅色較之藍色大約高出2～3倍的價格）。體型大的肉質厚實而美味。主要產地在九州、四國，不過2～3月市面上會有日本海產的海參上市。

［材料］
海參
醃漬用醬汁（高湯8、醋1、水1、醬油少量、砂糖少量、酸橘）
辣椒蘿蔔泥
淺蔥花

❶縱切整條海參，取出腸子。

❷從嘴部斜切入刀。

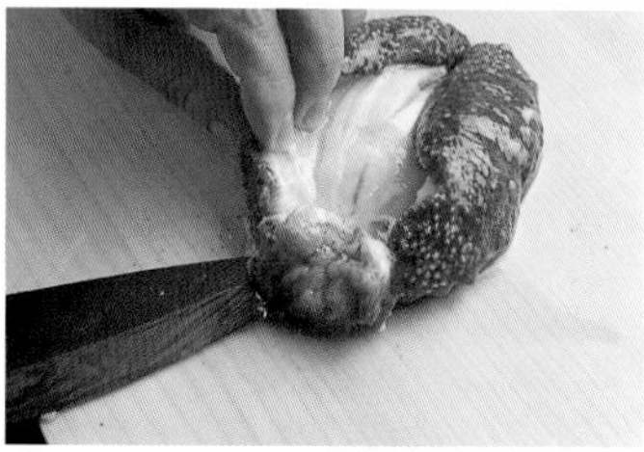

❸用同樣切法切反方向的部位。

❹切掉海參嘴。

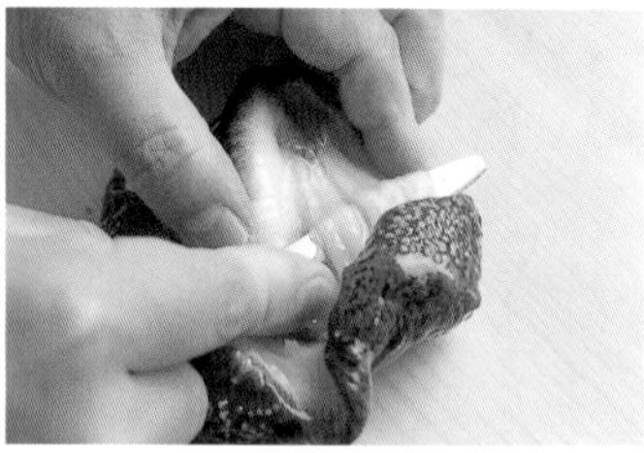

❺用湯匙柄去掉內側的硬筋。

❻用湯匙刮掉去除的硬筋，之後海參會變硬而肉質緊縮。

❼清除硬筋之後的海參。

❽放進篩子裡加入大量食鹽。

❾蓋篩子繞圈轉動，去除黏稠與髒污。幾次後便可完全去除。若無法除乾淨就用刷子刷。

❿水洗後放在竹篩上瀝乾水分。

⓫在熱水中放進粗茶包，煮出茶湯。

⓬煮到如照片所示的茶色出現之後，便放進海參。

⓭5～6秒取出並馬上放到冰水。

⓮將高湯8、醋1、水1，加少量醬油（有顏色即可）、少量砂糖及酸橘調和成漬汁。

⓭將海參浸在漬汁中，放進冰箱擱置40分鐘。

⓮從細的地方薄切成容易食用的大小，搭配辣椒蘿蔔泥和切細的淺蔥花品嚐。

●コノワタ——鹽漬海參腸

❶使用腸子介紹鹽漬海參腸的處理方法。照片上是取出的腸。

❷先取出腸子裡的污泥。

❸拉扯擠壓出污泥。

❹處理完成的海參腸。經過鹽漬之後就是鹽漬海參腸。

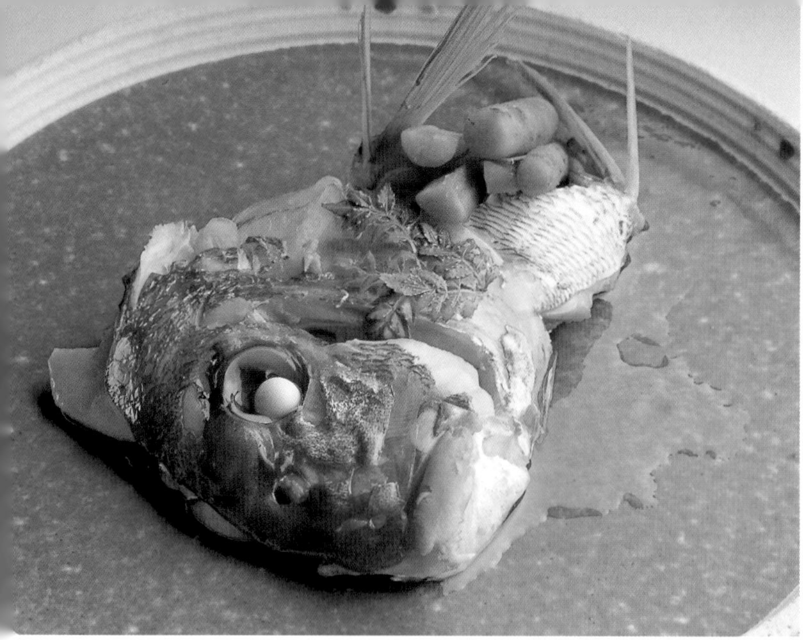

真鯛あら炊き

まだいあらたき

ma dai a ra ta ki

中文名：紅燒嘉鱲魚頭

壽司店的紅燒嘉鱲魚頭只以極短的時間紅燒，充分顯現出活魚的鮮度。紅燒的時候要注意盡量不要損及鯛魚表面美麗的櫻花色。

[材料]

嘉鱲魚頭 1尾份
牛蒡 1根
水 720ml（4合）
砂糖 120g
酒 90ml（1/2合）
濃醬油 180ml（1合）
味淋 90ml（1/2合）
木芽 少量

處理魚頭

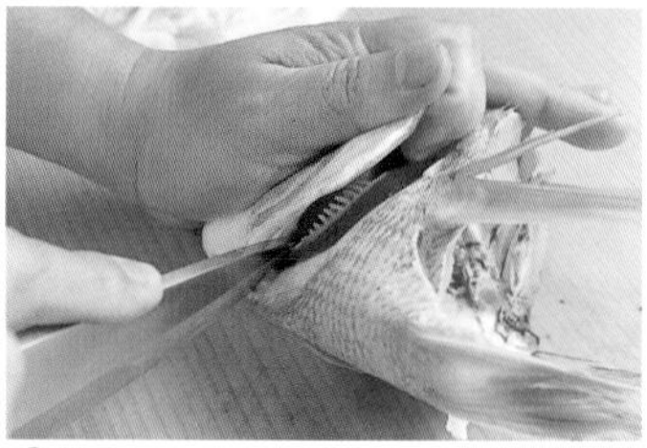

❶拉起魚鰓用刀尖切下魚鰓與魚頭的接點。

❷切斷魚下巴的接點。

❸切斷頭側邊的接點。

❹同樣切斷另一邊魚頭的接點。

❺將魚鰓、魚下巴與魚頭分開。

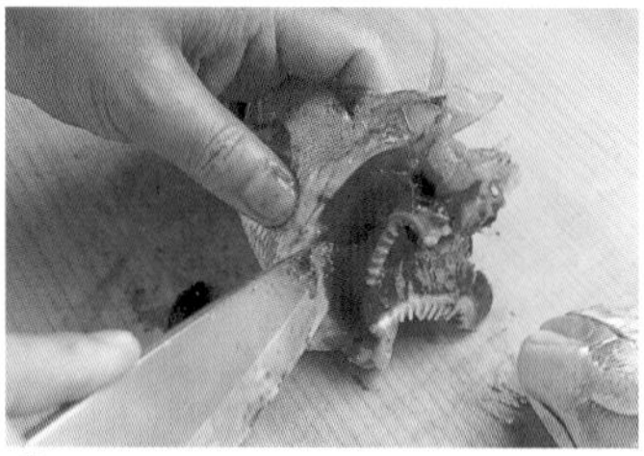

❻清潔魚下巴。在魚鰓附近下刀將魚鰓從魚下巴切斷。

❼反面也以同樣方法切掉魚鰓。

❽將魚下巴立起來，立刀切斷魚下巴的接點。

❸在另一個鍋中放720ml的水，加糖、酒、濃醬油、味淋後點火。沸騰後撈起浮沫。

❹放進牛蒡。

❺魚皮朝上放進❷瀝乾水分的魚頭和下巴（魚皮向上是為了不破壞魚眼睛）。

❻蓋上鋁箔紙，轉大火。待煮沸之後轉成小火煮15分鐘。

❼成品。移到盤子，放上木芽即可。

⓮分成二等分。

⓯分切後的魚頭與魚下巴。

紅燒

❶首先氽燙去除血水與髒污。在熱水中加入食鹽之後，再放入切好的魚頭與下巴。

❷待胸鰭立起來了，就馬上撈起置入冰水中。

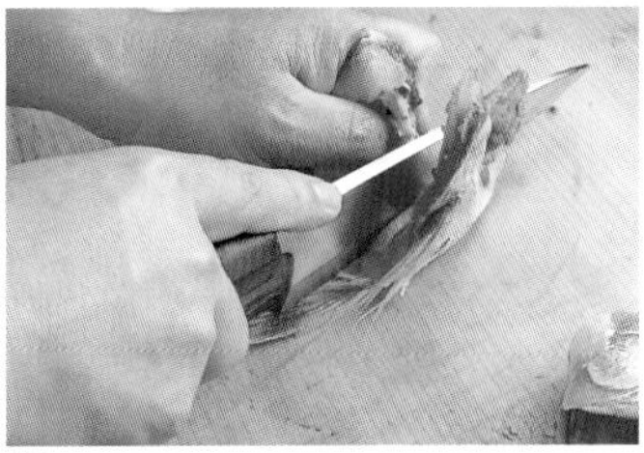

❾將魚下巴一分為二。

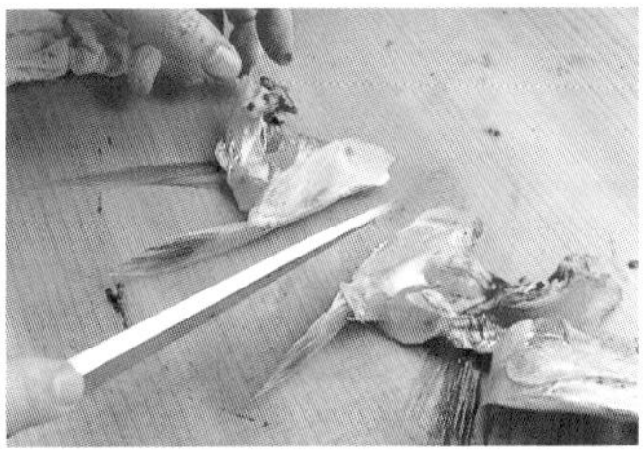

❿分成兩塊的魚下巴。

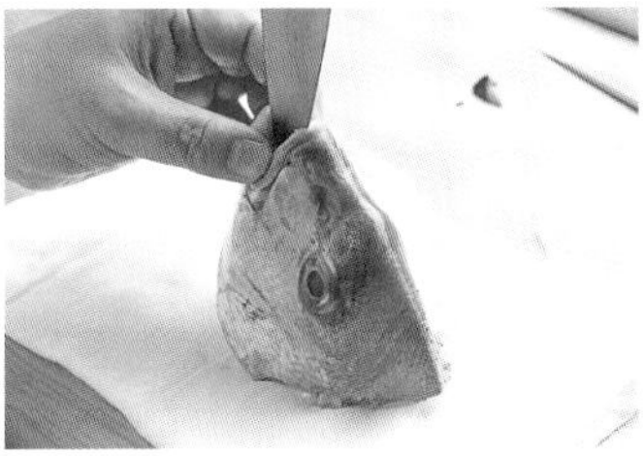

⓫從魚嘴放下刀尖。

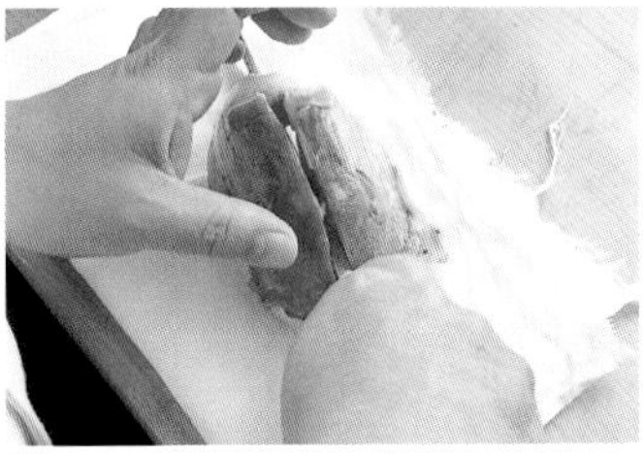

⓬一口氣下刀切開魚頭。

⓭切開的樣子。

鯛肝煮（たいきもに / tai kimo ni）

——中文名：煮鯛魚肝

最常使用的鯛魚內臟是卵巢或精巢，這裡使用其他腸、胃肝臟等汆燙之後，作為下酒的小菜。這是非新鮮活魚做不出的極品。

[材料]
鯛魚內臟
食鹽
高湯

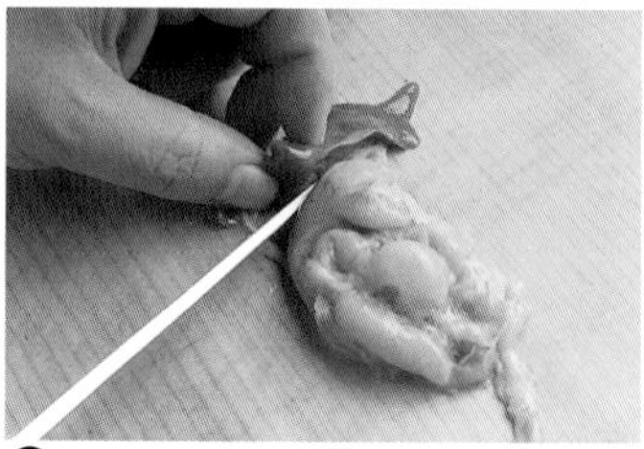

❶切除內臟。切斷紅色肝臟的接點。

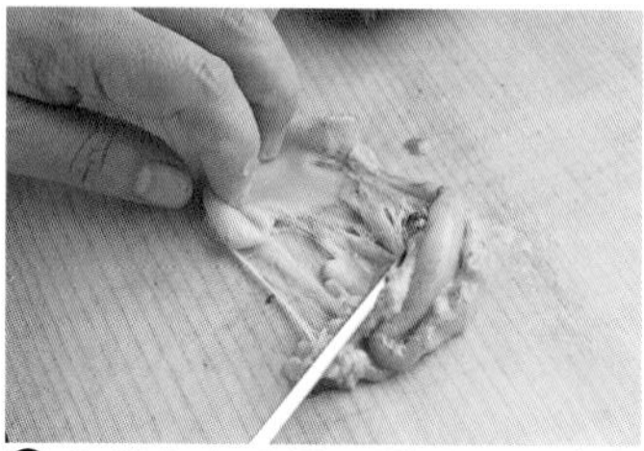

❷分開白色的胃。胃要切開清潔內部。

❸用刀刮除附著在黃色腸子周圍的脂肪。

❹分切後的內臟，長條狀的是腸子，左邊白色的是胃，右邊紅色的是肝。

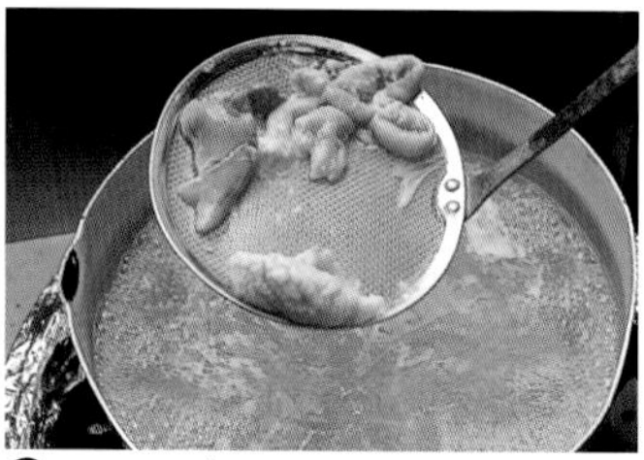

❺以加了食鹽的熱水汆燙之後，再以薄加調味的高湯煮過。

海老頭塩焼き

えびかしらしおやき

e bi kashira shio ya ki

中文名：鹽烤蝦頭

這裡雖然使用牡丹蝦頭，不過店裡也同樣提供活大蝦頭。要充分瀝乾水分，避免烤好時仍有水氣。

牡丹蝦

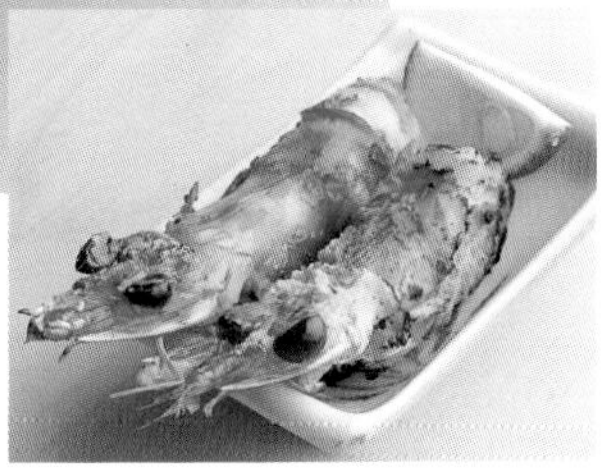

大蝦

[材料]
牡丹蝦
食鹽

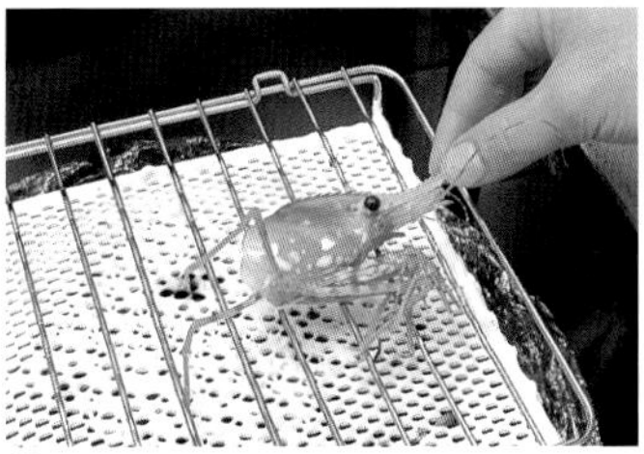

❶切下蝦頭置於烤網上以大火燒烤。蝦頭易焦部分放在火勢較弱的地方。

❷翻面繼續烤。此時要讓裡面全都熟透。

❸剝殼。

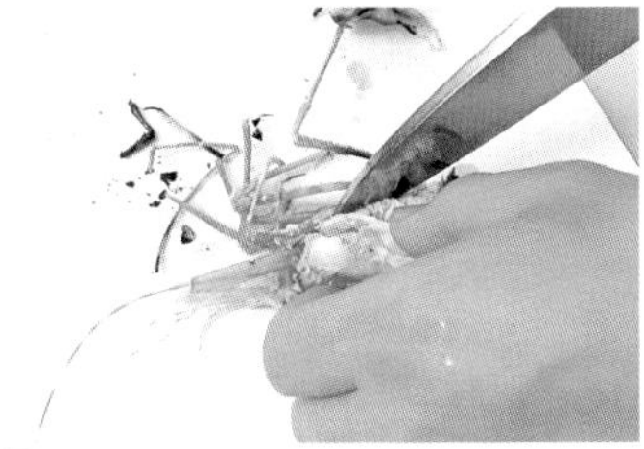

❹用刀切去蝦腳。

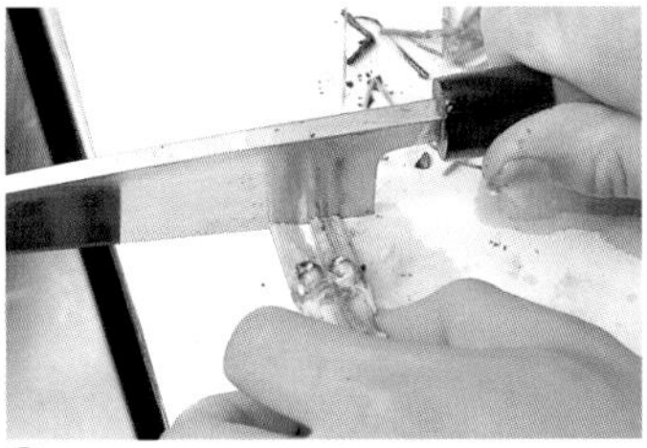

❺將蝦腳切短切齊。

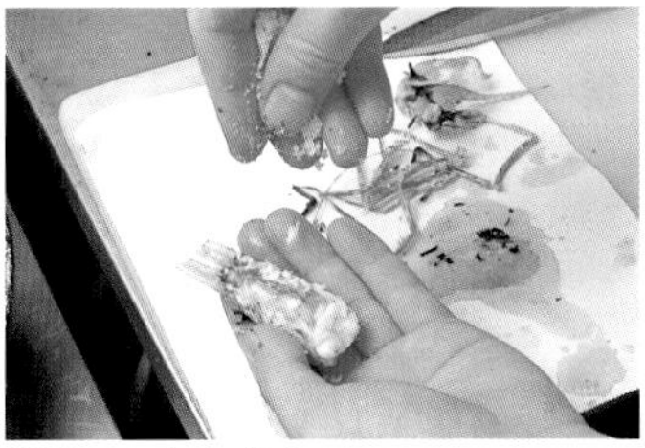

❻輕撒鹽在整個蝦頭。

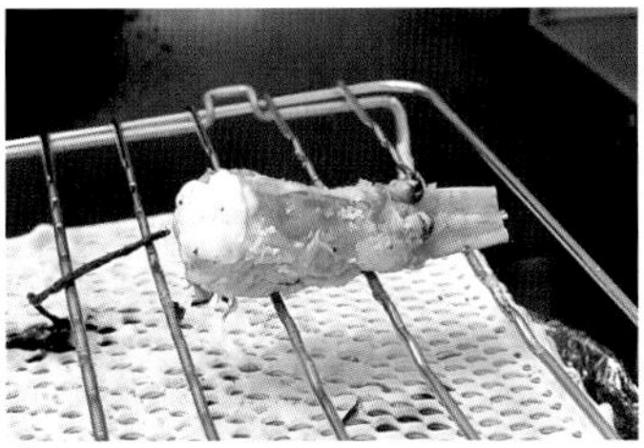

❼再放回烤網烤。

❽將整個蝦頭上的鹽烤乾，增添香味。

穴子肝焼き

あなごきもやき

ana go kimo ya ki

中文名：烤星鰻肝

星鰻內臟先經汆燙後，再撒鹽燒烤。是下酒的絕佳小菜。處理時要留意不要弄破膽囊。

[材料]
星鰻肝
食鹽
檸檬

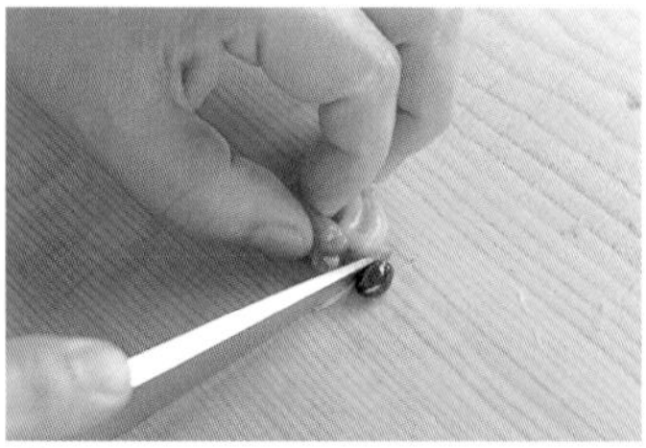

❶留意不要弄破膽囊的從星鰻肝取下膽囊。

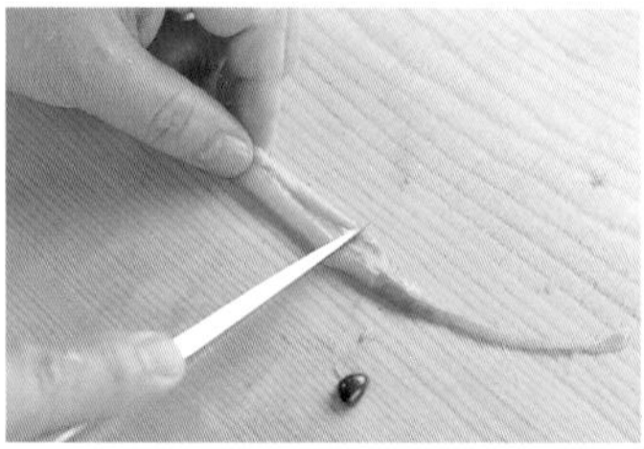

❷用刀輕刮肝再切掉尾端。

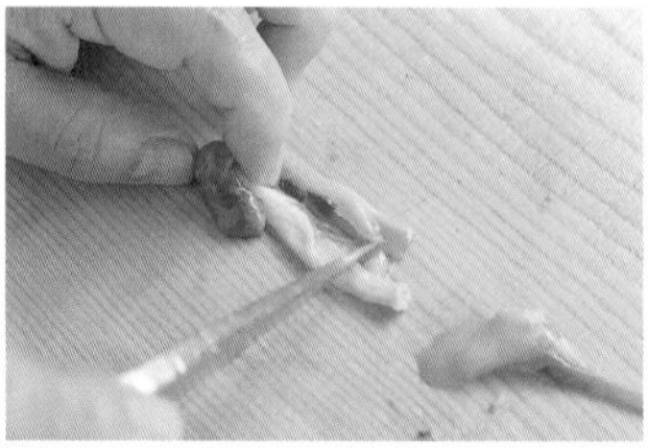

❸再用刀刮，清除髒污。

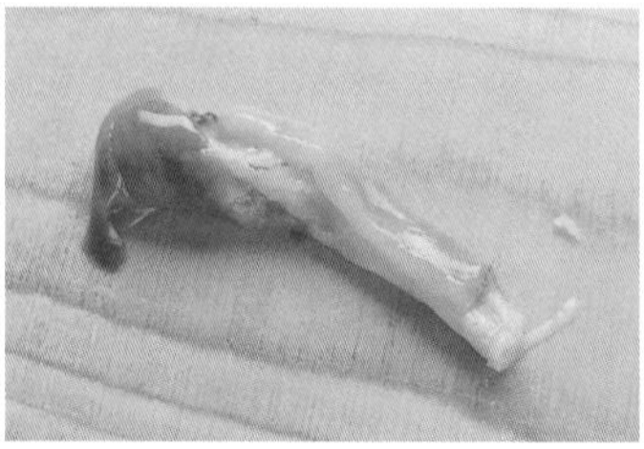

❹乾淨的星鰻肝。

❺以清水沖洗。

❻放到篩子瀝乾。

穴子肝煮こごり

あなごきもにこごり

anago kimo ni kogori

中文名：紅燒星鰻肝

使用紅燒星鰻的滷汁（參43頁照片）煮星鰻肝。稍帶苦味的星鰻肝跟滷汁的甜味恰恰相宜。

［材料］
星鰻肝
滷汁（星鰻骨、水、醬油、味淋、酒、砂糖）

❶ 星鰻肝去除膽囊後以水洗淨。

❷ 放入加了一小撮食鹽的滾水中汆燙。

❸ 加入星鰻的紅燒滷汁繼續煮，等煮熟變軟了，就熄火但直接放在鍋裡入味。

❹ 冷卻後會成膠狀，將星鰻肝連同膠狀的湯汁一併裝盤上桌。

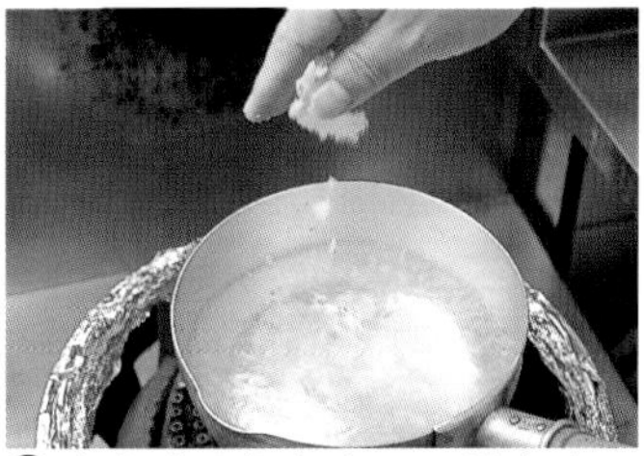

❼ 在煮沸的熱水中加一搓食鹽。

❽ 將❻的星鰻肝加入滾水中徹底煮熟。

❾ 煮一陣子待魚肝顏色變了，便熄火瀝乾水分。

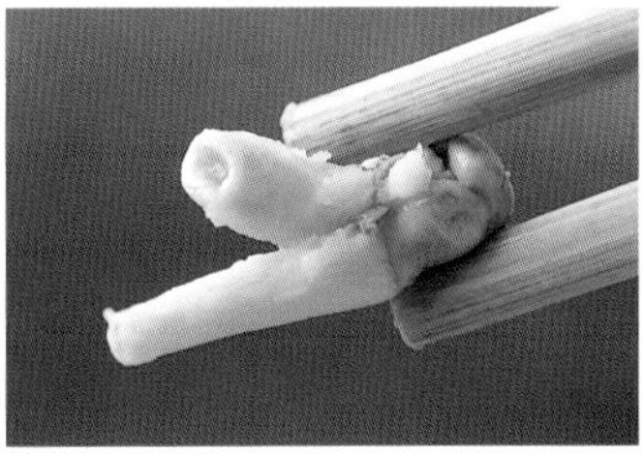

❿ 煮好的星鰻肝。

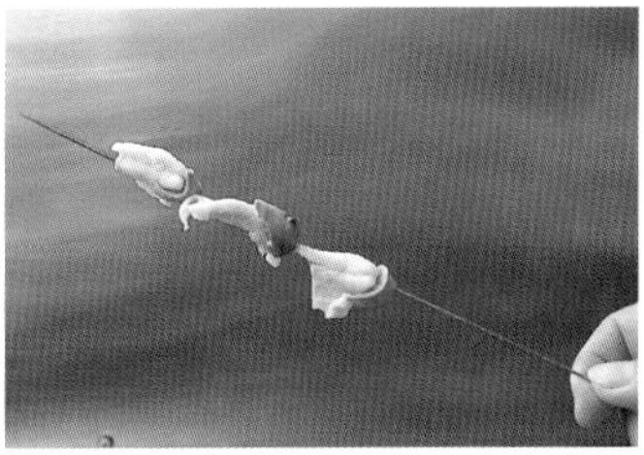

⓫ 用細鐵串串起之後撒鹽燒烤。之後拿掉鐵串裝盤，附上檸檬上桌。

蛸の吸盤ぽん酢醬油

たこ の きゅうばん ぽん す しょう ゆ

tako no kyuu ban po n zu shou yu

中文名：**酸橘醋醬油拌章魚吸盤**

利用活章魚做成壽司食材或小菜後剩下的表皮做成的下酒菜。吸盤因為附著髒污，因此須要清洗乾淨。

[材料]
章魚表皮
食鹽
辣椒蘿蔔泥
淺蔥花
酸橘醋醬油

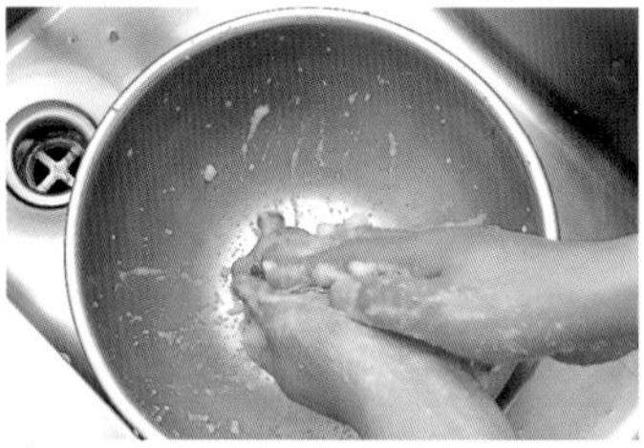

❶在鐵盆中放進章魚表皮，放進食鹽仔細搓揉出髒污與黏稠。

❷以清水沖洗乾淨。

❸點火待熱水沸騰，便加入食鹽及章魚表皮。

❹徹底煮熟。

❺煮熟後馬上放進冰水冷卻。

❻瀝乾水分後，將吸盤一個個切下，裝盤配上辣椒蘿蔔泥、淺蔥花，再淋上酸橘醋醬油。

針魚皮の塩焼き

sayori kawa no shio ya ki

中文名：鹽烤水針魚皮

將水針魚細長而薄的皮，撒鹽烤得香脆後上桌。以下介紹網烤及串燒兩種。

[材料]
水針魚皮
食鹽
檸檬

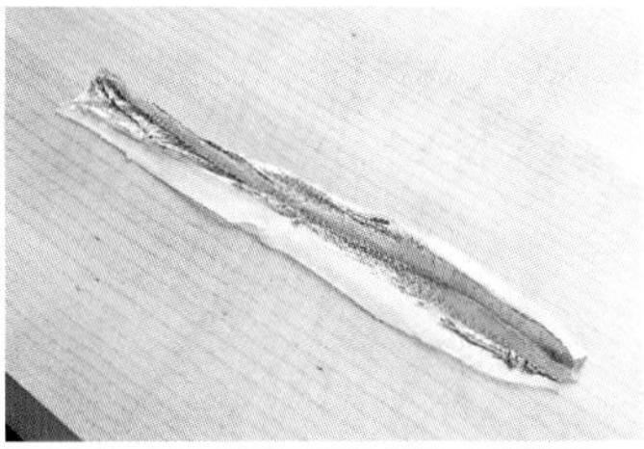

❶ 在魚皮上撒鹽，在網上烤得香酥後，切成酥餅狀配上檸檬上桌。這會比串燒容易入口。

❷ 另外一種是將魚皮繞在木串上撒鹽燒烤。

塩辛（しおから）shiokara——中文名：鹽醬烏賊

料理解說217頁

透抽烏賊的醃漬品。以食鹽醃漬新鮮烏賊的內臟，不過為避免出水，因此內臟不經水洗。烏賊本身則經稍微的日曬去除水分。

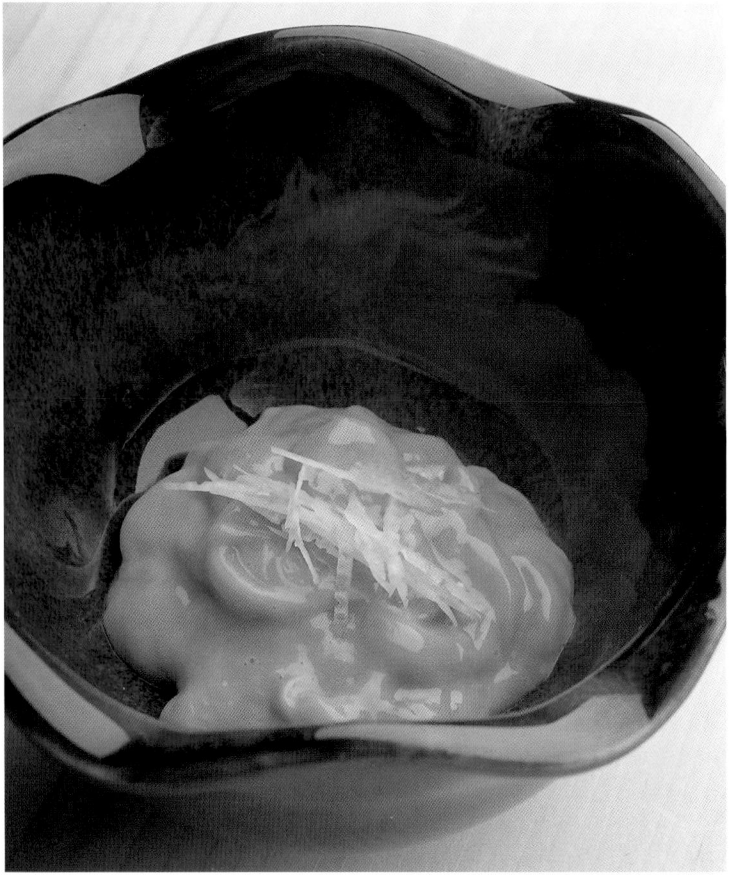

からすみ karasumi——中文名：烏魚子

料理解說217頁

將烏魚卵以食鹽醃漬過後的高價珍饈。10～11月統一進行醃漬作業。在城市裡由於無法日曬，因此採用味噌醃漬的手法。一開始最重要的是將卵的血水去除乾淨。

いかげそ生姜焼き
なましょうがや
i ka ge so namashougaya ki

——中文名：薑燒墨魚爪

料理解說217頁

墨魚腳不僅可以用來做握壽司，經過燒烤也相當美味。烤前沾了一下的生薑醬油所散發出來的香味，有著不同於生食的風味。

生がき
なま
nama ga ki

——中文名：生蠔

料理解說217頁

壽司店充分發揮食材優質性所做出來的一道菜。從殼中取出以清水充分沖洗的基本作業掌握了美味的根本。

焼(やき)はま
yaki ha ma

——中文名：烤文蛤

料理解說218頁

準備肥美的文蛤，燒烤得熱騰騰之後迅速上桌。為了便於品嚐，蛤肉會先從殼中取下，但烤出來的湯汁不要丟棄，可利用其美味善加調味。

帆立(ほたて)の磯辺焼(いそべや)き
ho tate no iso be ya ki

——中文名：扇貝磯邊燒
海苔烤扇貝

料理解說218頁

將剛烤好的干貝以香脆的海苔包住之後交給客人，是一道令人滿意的現做小菜。最重要的是海苔必須避開濕氣保存。

北寄焼き

ほっきやき

hok ki ya ki

——中文名：北寄燒 烤姥蛤

料理解說218頁

姥蛤與其生吃，不如略經加熱會比較香甜。為了突顯這份甜美的味覺，調味僅簡單的使用生薑醬油。注意不要烤過頭。

さざえのつぼ焼き

や

sa za e no tsu bo ya ki

——中文名：殼烤海螺

料理解說218頁

準備約拳頭大的海螺。上桌時要充分提供煮得熱騰騰的湯汁。烤過頭螺肉會變硬，因此必須配合海螺大小調整燒烤時間。

平目醬油煮（ひらめしょうゆに hira me shou yu ni）

——中文名：紅燒比目魚
料理解說219頁

比目魚越大，頭尾附近的筋就越強韌，因此這部分不用做壽司食材，而用來紅燒。

平目あらの酒蒸し（ひらめあらのさけむし hira me a ra no sake mu shi）

——中文名：酒蒸比目魚骨
料理解說219頁

酒的美味充分釋放到比目魚骨中，再用食鹽調味的水酒蒸魚，芳香的酸橘皮增添香味。

平目の皮湯引き

hi ra me no kawa yu bi ki

——中文名：氽燙比目魚皮

料理解說219頁

利用比目魚皮做的一道小菜。最大的特徵在於富含膠質的口感。

骨せんべい

hone se n be i

——中文名：魚骨餅

料理解說219頁

利用魚骨做出的一道輕鬆小品。重點在於徹底的去除血水和附著魚骨上的魚肉，僅留白骨。須留意若稍有懈怠，炸好之後便會帶有腥味。

鰯つみれ焼き

いわし　や

iwashi tsu mi re ya ki

——中文名：烤沙丁魚漿

料理解說220頁

將鮮度佳的沙丁魚與白肉魚混合之後軟化油脂，打成柔軟膨鬆的魚漿。沒有沙丁魚特有的腥味，味道高雅，相當容易入口。

椎茸つみれ焼き

しいたけ　や

shiitake tsu mi re ya ki

——中文名：烤香菇魚漿

料理解說220頁

用香菇夾相同的魚漿的一道小菜。由於使用厚實的香菇，因此燒烤的時間比沙丁魚漿長，最好墊上鋁箔紙以防燒焦。

もろ胡瓜　谷中

mo ro kyu ri ya naka

小條的小黃瓜搭配生薑和豆味噌。是清新爽口的一道小菜。

中文名：——豆味噌小黃瓜　生薑

料理解說220頁

もずく酢

mo zu ku su

中文名：——醋漬海藻

料理解說220頁

沖繩產的海藻粗而柔軟。一般市面上都是以鹽漬品居多，因此必須洗去鹽分之後使用。只要浸在三杯醋中，便可以維持10天左右。

料理解說220頁

白身魚の炊きもの

shira mi uo no ta ki mo no

中文名：——紅燒白肉魚

準備魚腹魚肉較薄的部位，以滷汁輕輕煮過。這裡使用鯛魚，不過也可使用牛尾魚、鱸魚或比目魚等代替。可以巧妙的利用不能用在壽司食材的部位。

照片為兩人份材料

潮椀（しおわん／shio wan）

中文名：潮碗

［材料］
- 鯛魚　切厚片2片
- 蝦　1隻
- 第一道高湯（參22頁）180ml（1合）
- 酒　18ml（1湯匙）
- 食鹽　1小匙
- 薄鹽醬油　少量
- 鴨兒芹束　1束
- 酸橘皮　少量

❶冷高湯不要加熱直接放鍋中，放入鯛魚和蝦之後再點火。

❷煮沸之後加酒。

❸再煮沸。

❹加食鹽調味。

❺最後加入少量薄鹽醬油添加香味。

❻待煮沸之後，放入鴨兒芹束便大功告成。盛入碗中，加入酸橘皮，蓋上蓋子，趁熱上桌。

はま吸い

ha ma su i

中文名：文蛤清湯

[材料]
文蛤 2個
第一道高湯 180ml（1合）
酒 18ml（1湯匙）
食鹽 1小匙
薄鹽醬油 少量
鴨兒芹束 1束
酸橘皮 少量

❶鍋中放入冷高湯（參22頁），再放進剝殼的蛤肉之後點火。

❷沸騰之後加酒。

❸火勢不要過強，讓文蛤可以慢慢加熱的爐火即可。

❹隨時撈取浮沫。

❺最後加入醬油增添香味，再放入鴨兒芹束後熄火。將蛤肉放回洗淨的殼上盛到碗中，再撒酸橘皮添加香氣。

❻待沸騰後加入食鹽。

あさり味噌汁

みそしる

中文名：——海瓜子味噌湯

[材料]

海瓜子（吐完沙）2kg
高湯　33號鍋八分滿
昆布　萃取第一道高湯後留下的昆布
味噌　370g
鴨兒芹梗　適量

❶買進吐完沙的海瓜子，最好還是浸鹽水吐一晚沙。再以水洗去髒污，並移到篩子上瀝水。

❷將冷高湯注入到33號鍋約八分滿，並放入❶的海瓜子。

❸再加入萃取第一道高湯後留下的昆布。

❹點火加熱。

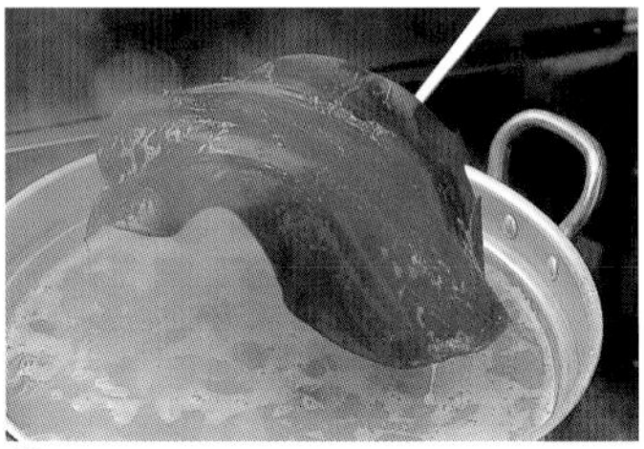

❺待煮沸後取出昆布。

❻隨時撈取浮起的浮沫。

❼為確保海瓜子肉質柔軟，因此要將海瓜子移到別處，避免過度加熱。

❽加入味噌。先以篩子過濾，煮出溫潤的口感。

❾煮好的味噌湯。待點菜時，再取所須份量移到小鍋，加入❼的海瓜子加熱即可。

烏魚子

［材料］
烏魚子
食鹽
味噌床（白味噌1、信州味噌1、麴味噌1、酒糟1、味淋1、酒1）

❶一邊以清水沖洗烏魚子，一邊以竹串等清除表面血管。
❷鐵盤上鋪5～6塊布巾（用來吸取烏魚子釋出的水份），撒上大量鹽，將❶的烏魚子置於其上，再覆蓋上大量的食鹽醃漬。大量製作時，可層層重疊，如此置於冰箱中3天。
❸水洗掉食鹽之後，擦去水分。
❹將三種味噌及酒糟、味淋、酒依照右邊所示的比例調和之後，鋪在鐵盤上，上面再鋪上一層棉紗布。將❸的烏魚子置於其上，再在烏魚子上覆蓋棉紗布，上面覆蓋味噌醃漬2個月。份量多時，可以同樣手法將烏魚子層層重疊。
❺取出烏魚子，拭去水分，一個個分開用保鮮膜包起冷藏，可保存1年。

鹽醬烏賊

［材料］
透抽烏賊
食鹽
酸橘

❶處理透抽烏賊，取出內臟。
❷內臟以大量食鹽醃漬約4～5小時。
❸取出內臟，去鹽（不水洗）過篩。
❹烏賊日曬約3～4小時去除水分。放之後切細，與❸過篩之內臟混合。置約1週，待入味後便可食用。
❺上桌時，將酸橘皮切絲置於其上。

生薑醬油烤墨魚爪

［材料］
墨魚爪
生薑醬油
七味辣椒粉
紫蘇葉

❶處理花枝（參112頁）。以食鹽輕輕搓揉洗淨後汆燙。
❷切成易於食用之大小，輕沾生薑醬油之後，放上網子迅速燒烤。
❸盤上墊紫蘇葉，放上墨魚爪，並附上七味辣椒粉。

生蠔

［材料］
生蠔
酸橘醋醬油
辣椒蘿蔔泥
淺蔥花

❶以剝殼刀將帶殼的生蠔打開，取出蠔肉。殼清洗備用。
❷蠔肉放進篩子中以清水沖洗，清洗時要注意將唇肉間的髒污徹底洗淨。以蘿蔔泥清洗最好。
❸將蠔肉放回殼中，然後淋上酸橘醋醬油，附上充分的辣椒蘿蔔泥和切細的淺蔥花上桌。

燒文蛤

［材料］
文蛤
蛤湯
柴魚高湯
濃醬油
酒

❶剝開文蛤（參127頁）並以鐵盆接住此時滲出的湯汁。
❷取❶的蛤湯少量，與柴魚高湯5、濃醬油1、酒少量的比例混合，做成烤文蛤的醬汁。
❸將蛤肉放回殼中，加入醬汁，直接置於火上燒烤。待湯汁煮沸之後，將蛤肉翻面再烤2～3分鐘。之後趁熱上桌。

扇貝磯邊燒（海苔烤扇貝）

［材料］
扇貝
濃醬油
七味辣椒粉
海苔

❶從殼中取出干貝（參134頁）。一邊以刷毛在干貝塗上濃醬油一邊烤。要小心不要烤過頭，只要稍稍地烤過即可。
❷撒上七味辣椒粉，用海苔包住之後馬上遞給客人。

北寄燒（烤姥蛤）

［材料］
姥蛤
生薑醬油
紫蘇葉
七味辣椒粉

❶將姥蛤由殼中取出，並清洗乾淨（參137頁）。
❷磨薑末，加在濃醬油中做成生薑醬油。姥蛤輕沾生薑醬油後輕烤。
❸切成易於食用的大小，在盤上鋪紫蘇葉，將切好的姥蛤置於其上，並附上七味辣椒粉。

殼烤海螺

［材料］
海螺
湯汁（柴魚高湯4、薄鹽醬油1、食鹽少許、酒少量）
鴨兒芹

❶取出海螺肉及螺肝，再切成一口大小。
❷將海螺放進殼中，加入以右邊所示的比例做成的湯汁，直接放在爐火上烤。
❸待湯汁沸騰了，就放進鴨兒芹再煮5分鐘。
❹用鹽巴固定海螺裝盤，趁熱上桌。

酒蒸比目魚骨

［材料］

比目魚骨
煮過的酒
柴魚高湯
薄鹽醬油
食鹽
酸橘
鴨兒芹

❶用熱水浸過魚骨之後，以清水洗掉血塊或魚鱗。

❷在煮過的酒中加入柴魚高湯，再加入泡過熱水❶的魚骨加熱。

❸以薄鹽醬油和食鹽調味，再加入酸橘皮和鴨兒芹。

紅燒比目魚

［材料］

比目魚
濃醬油
酒
味淋
砂糖
茗荷
木芽

❶將比目魚切成適當大小，並加入細刀痕斷筋。

❷將濃醬油、酒、味淋、砂糖調和加熱，並加入比目魚煮一下。

❸加上茗荷和木芽。

汆燙比目魚皮

［材料］

比目魚皮
辣椒蘿蔔泥
淺蔥花
酸橘醋醬油

❶比目魚皮迅速以熱水汆燙後，取出放入冷水中。

❷瀝乾水分之後切細，佐以辣椒蘿蔔泥和淺蔥花，搭配酸橘醋醬油品嚐。

魚骨餅

［材料］

小魚骨
油炸用油（麻油1/2、沙拉油1/2）
食鹽
海苔
麻油

❶準備處理過後的星鰻或竹莢魚等之魚骨，並在清水中浸泡一晚，中間必須換水2～3次。

❷以細長鐵串穿過脊髓，清除血水，並以湯匙徹底去除殘留在魚骨上的魚肉。

❸置於通風良好的地方風乾一晚。若在有熱度的地方烤乾，會有腥味，也易生油脂。若無風乾場所，可放在弱冷的冷氣房中一晚即可。

❹油炸用油加至低溫後將魚骨炸至酥脆。若用高溫，則易變色或燒焦，產生苦味。

❺瀝油之後馬上撒鹽。待冷卻後再分成適當大小。

❻輕烤海苔，以刷毛刷上麻油產生光澤後撒鹽。將海苔墊於盤中，並放上魚骨餅。

烤沙丁魚漿

［材料］
沙丁魚
白肉魚
味噌
食鹽
紫蘇葉

❶ 沙丁魚處理好後，為求軟化油脂，先加入白肉魚之後，再用刀剁碎。
❷ 加入味噌和食鹽調味，做成魚漿，並做成橢圓形。
❸ 用兩片紫蘇葉包住燒烤，之後在切成易於食用的大小裝盤，趁熱上桌。

烤香菇魚漿

［材料］
香菇
魚漿（參照烤沙丁魚漿）
紫蘇葉
濃醬油

❶ 切除香菇柄，並在傘面劃上十字裝飾。
❷ 菇傘塞入魚漿，並以紫蘇葉包起。
❸ 烤網上鋪鋁箔紙，將塞入魚漿的香菇置於其上烤。
❹ 烤好後，迅速在菇傘刷上濃醬油，並裝盤上桌。

豆味噌小黃瓜生薑

［材料］
小黃瓜
嫩生薑
豆味噌（もろ味噌）

❶ 切去小黃瓜頭尾，並畫圓順著瓜身削掉硬皮。
❷ 削去嫩生薑帶有髒污的皮並整形之後，與小黃瓜一同裝盤，佐以豆味噌上桌。

醋漬海藻

［材料］
海藻
三杯醋（高湯3、醋1、濃醬油1、砂糖1/2）
茗荷

❶ 海藻泡水去鹽分。
❷ 待鹽分去除後，浸泡於三杯醋中，加入切片的茗荷。2～3日後即可上桌。

紅燒白肉魚

［材料］
鯛魚塊
湯汁（高湯3、濃醬油1、砂糖1、酒1）
生薑
木芽

❶ 將製作湯汁的材料混合煮沸後，調小火加入鯛魚塊。湯汁份量蓋過魚肉為主。
❷ 將蓋子緊貼魚肉蓋上煮10分鐘。
❸ 裝盤，並佐以薑絲和木芽。

壽司的道具

磨刀石、刀、砧板

照片左起：❶荒砥❷中砥❸仕上砥❹磨刀石磨

砥石（といし to ishi）——磨刀石

過去的磨刀石是用粗糙紅土形成的石頭製作，由於混著砂石等物質，因此常損及刀子本身。但現在因磨刀石也成為工業製品，所以品質也就穩定許多。

磨刀石種類可大分為荒砥（粗面）、中砥（中粗面）和仕上砥（成品磨石）三種。粗面磨刀石通常用於刀有缺角，重新研磨刀刃時用。一般的保養使用中粗面的磨刀石便已足夠。另外成品磨石是最細緻而堅硬的磨刀石，用於最後完成時，或者研磨新刀用。

任何一種磨刀石在使用前都要浸水使其飽含水分，從而讓磨刀時磨得較為順暢。磨完刀之後，只要將磨刀石一直浸在水桶裡便可隨時備用，相當方便。

磨刀石會隨著使用的耗損產生凹凸。調整凹凸使用石磨即可。石磨是用來與磨刀石互相摩擦，以便讓磨刀石表面平整的工具。若無石磨也可以粗面磨刀石代用，或在平坦柏油路或水泥上摩擦。

磨刀石的保養法

❶準備磨刀石磨。磨刀石磨表面有斜線凹漕。

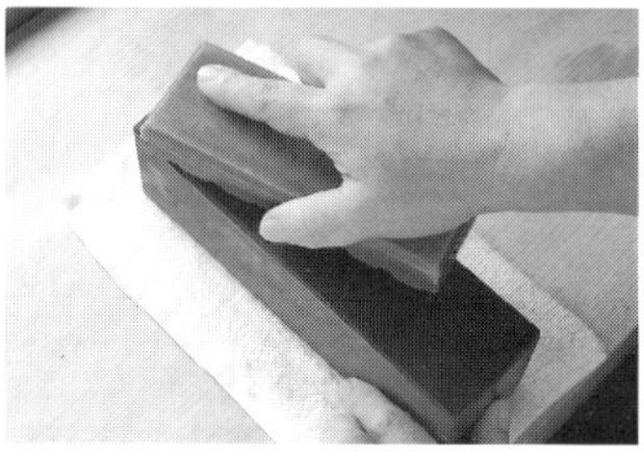

❷將磨刀石磨垂直貼近磨刀石。

❸將磨刀石磨上下磨以調整磨刀石面。

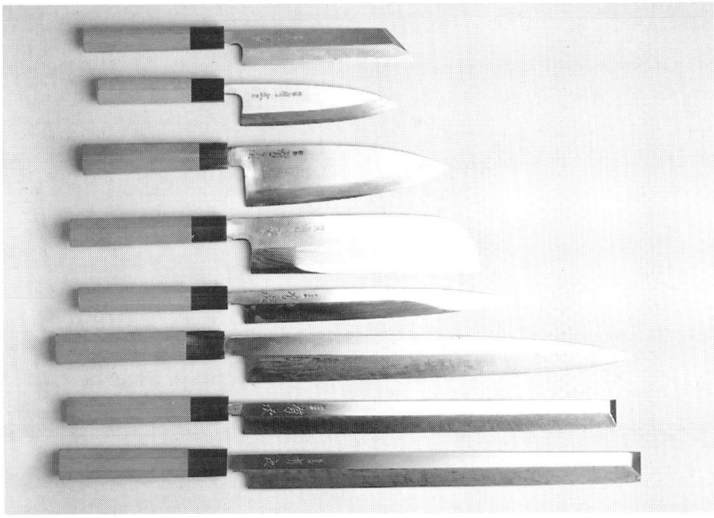

壽司店所使用的刀，與其他日本料理店同樣，都只立單面的刀刃。換言之，大部分都是單面刀。若每天磨，短時間就可完成，因此磨刀須頻繁。只不過刀剛磨過後，金屬會移到魚肉上，因此最好是每天用完之後磨。若出刃刀等長刀有損，則送到專門的磨刀店即可。

照片上起：❶**切出刀**—用於切雕竹葉、葉蘭的刀子。前端尖銳易於作細緻切工。❷**小出刃刀**—用於處理小魚時用，較之普通的出刃刀短而薄。❸**出刃刀**—切魚用。❹**薄刃刀**—用於削切青菜。❺**生魚片刀**—又名柳刃刀，原為關西地區所使用。在狹隘的料理台內工作時，刀長短一點較方便。❻**生魚片刀**—柳刃刀，長刀在料理台內別具演出效果。❼**生魚片刀**—別名蛸引刀，歷來有「西柳刃、東蛸引」之說。❽**生魚片刀**—刀較❼長，配合砧板或料理台的空間狀況使用。

包丁（ほうちょう hou choo）—刀

磨刀法

不論什麼樣的刀，基本上都由刀根開始往刀尖磨。一般是配合刀刃角度貼在磨刀石上，但是刀刃有圓弧，為了讓刀刃圓弧均勻，因此最重要的便是緩緩有如畫曲線般的磨。

下面要介紹每天保養刀的必要磨法。

柳刃刀

❶先磨近刀尾1/3～1/2處。握近刀把處，以拇指使力緊壓住刀尾固定角度再用食指壓刀背。

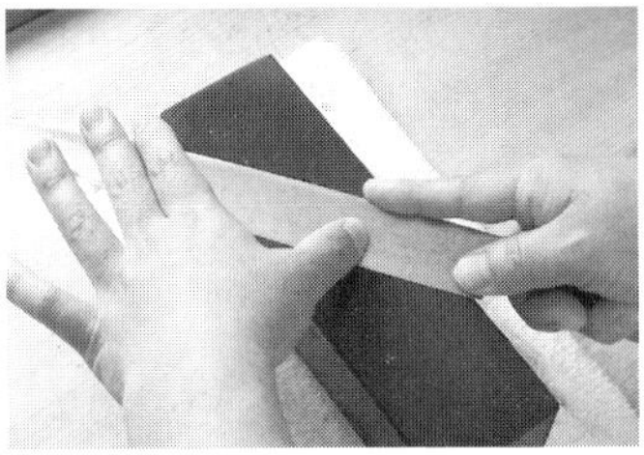

❷左手只須右手一半左右力道。撐住不要讓刀的角度傾斜。

❸側面圖。由於是配合刀刃的角度貼在磨刀石上，因此刀背有點離開磨刀石。

❹上下移動磨刀。

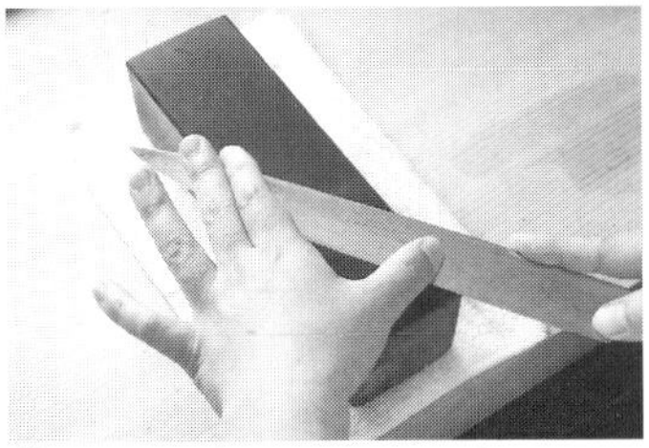

❺磨刀的中間部位。配合刀刃的角度意識到刀刃的曲線磨圓。

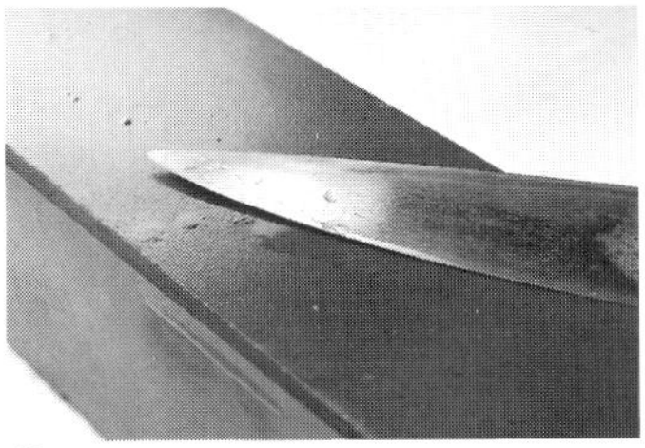

❻磨刀尖。如照片所示，刀尖的刀刃較薄，角度也較銳利。

❼右手配合刀刃角度，感覺稍稍浮起的握刀，再以左手食指及中指用力壓住刀尖仔細磨刀。

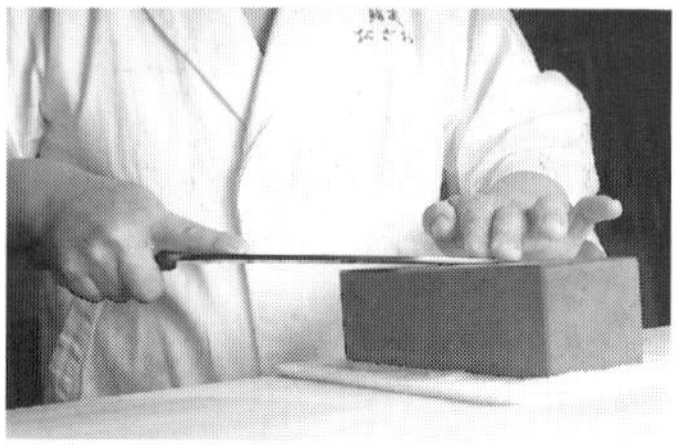

❽側面圖。右手浮起，以左手兩隻手指緊壓。

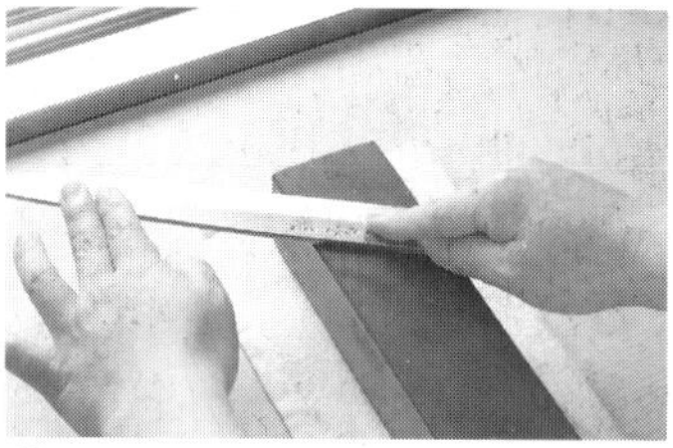

❾清除刀刃內側金屬屑。一般刀磨10次就得去一次金屬屑。去金屬屑要從接近刀尾處開始。

❿先一口氣磨到刀尖。

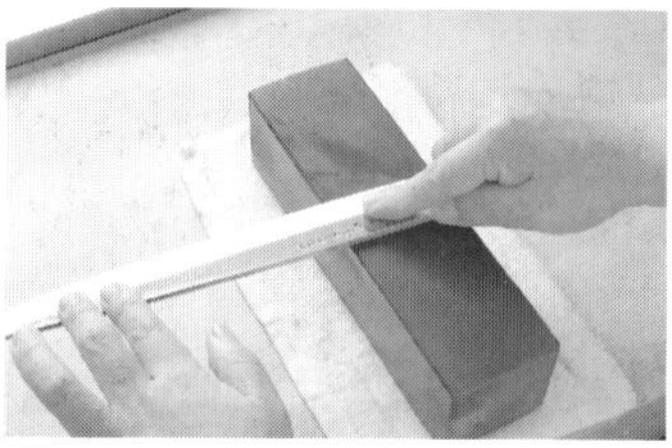

⓫再回到刀尾。

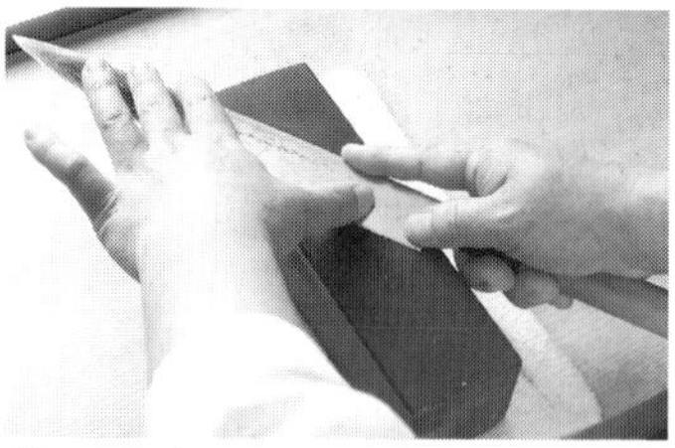

⓬再度磨刀。重複數次便可把刀磨好。

出刃刀

❶刀的拿法與柳刃刀一樣。配合刀刃的角度貼近磨刀石。

❷首先磨刀的中間部位。一邊畫圓一邊磨。

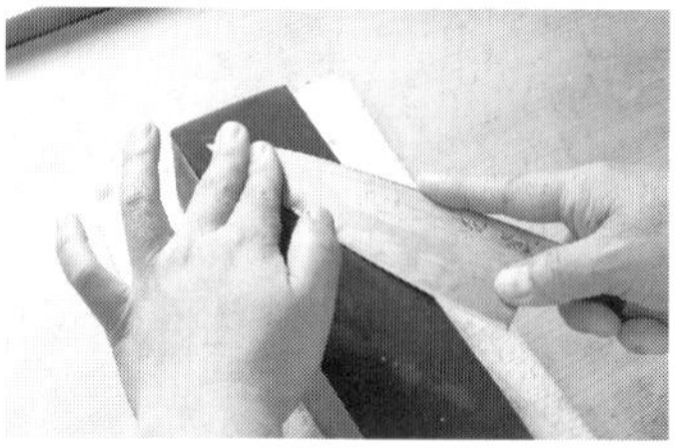

❸接下來磨刀尖，磨刀尖時要稍稍提起刀的將刀尖貼在磨刀石上。

❹一邊畫圓一邊磨刀。出刃刀因刀刃較短，因此就算是不磨中間的刀刃，光磨刀尾和刀尖也可以磨到中間部位。但若只磨中間，刀刃便會出現彎度。

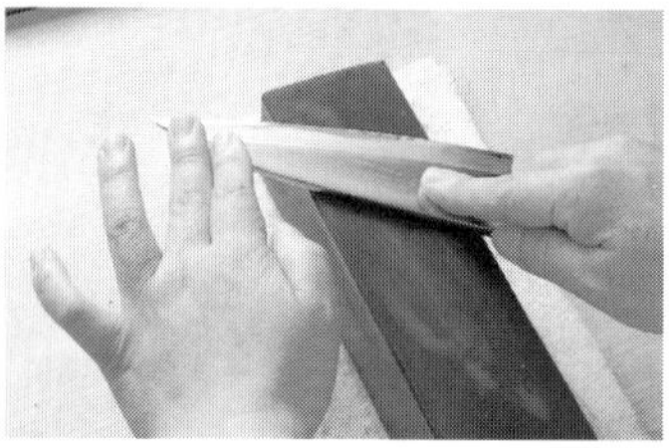

❺去金屬屑，由刀尾向刀尖，一口氣不要用力的畫圓弧磨下。

❻從刀尖畫圓磨回到刀尾。

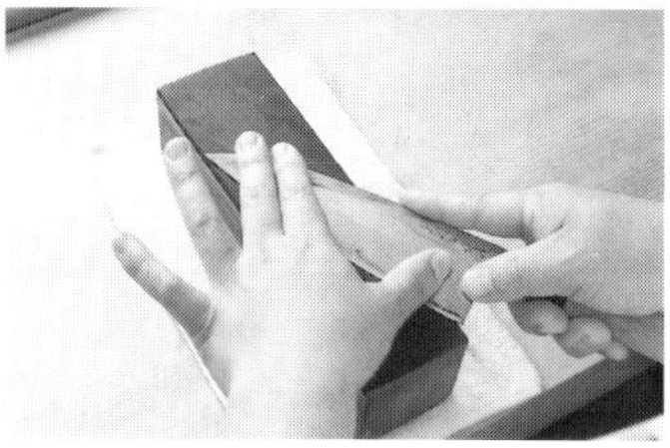

❼再磨一次，重複數次之後便大功告成。

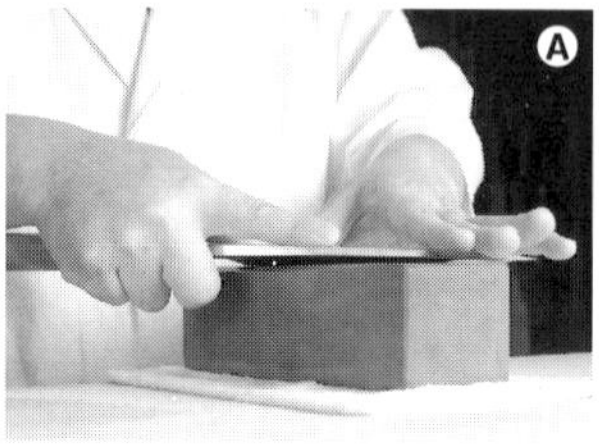

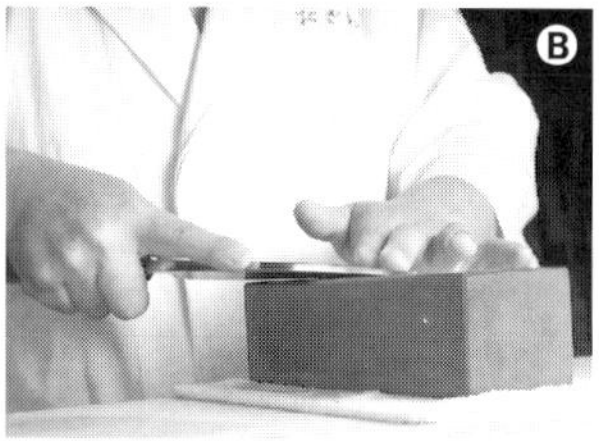

隨著刀尾（照片A）與刀尖（照片B）的刀刃角度不同，右手的拿刀法與左手的壓法便會有所不同。

まな板（いた）
ma na ita

——砧板

壽司店處理鮮魚有時會用合成樹脂或木製的小型砧板，但料理台內還是要準備具一定厚度的大型砧板。用於製作砧板的木材種類五花八門，但最普遍的還是檜木，其他還有朴樹、銀杏、柳樹等。

這裡要說明每天工作結束後保養木製砧板的方法。同時砧板若處理有所疏忽，便很容易成為滋生細菌的溫床，成為意外事件的主因，因此必須徹底執行才是。

每天的清洗使用中性洗潔劑和鹽巴，但每週還是必須用清潔劑徹底洗刷一次。另外，若砧板產生凹凸，就等其完全乾燥之後，用刨刀刨平。若店內無法處理，可請木工代勞將中間部分稍微刨高一點，會比較好用，但因為使用機器磨，耗損也會快一些。

待砧板完全乾燥後，用刨刀刨到完全看不見表面的刀痕為止。之後再用玻璃等的角磨平即可。

❶首先以中性洗潔劑和刷子，以與木紋垂直的角度用力刷洗。

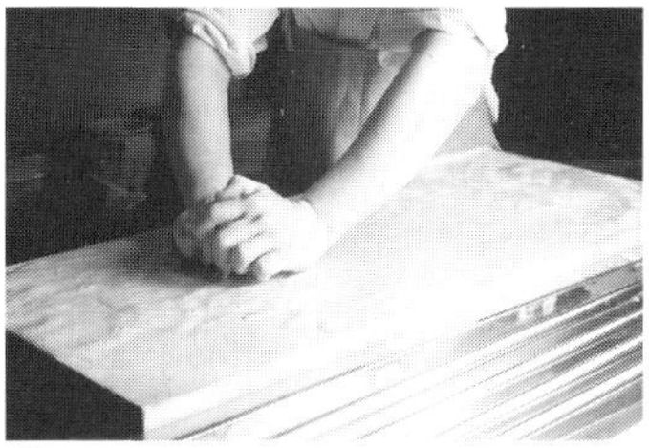
❷接下來沿著木紋刷洗，任何角落都不能遺漏。

❸以清水沖洗。

❹撒鹽以去除腥味並殺菌，要充分灑滿整片砧板。

❺沿著木紋以刷子用力刷，連邊緣都要用力刷。

❻在整面砧板上淋上熱水洗去鹽巴。立起砧板以便瀝乾水分，至此完成清洗工作。

其他器具

壽司店有獨特使用的道具。壽司店說起來單純，但卻有以料理台或外賣為主等各種不同的店，為此店內所具備的道具也有若干不同，下面僅舉出不分類型的店家所共通使用的幾種道具。便於使用的道具齊全，不僅效率提高，工作的儀態也會好看。因此希望大家在這裡再次確認道具的功用。

鐵串

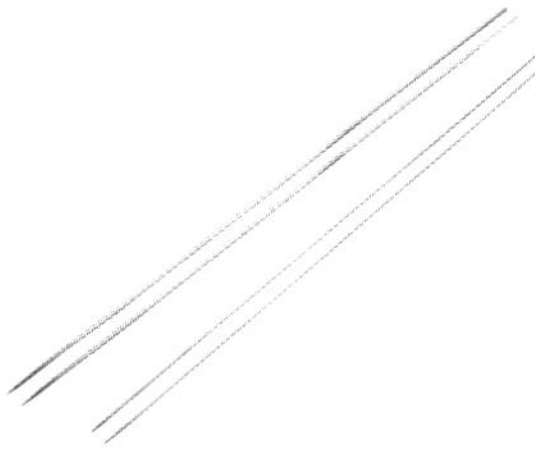

鐵串需準備粗（左）、細（右）兩種。粗鐵串通常用於烤魚，細鐵串則用於烤蝦等體積較小的東西。

飯桶

加蓋的木桶，壽司飯調配完成後置於其中。由於吸水性相當好，因此飯粒不會沾黏，保溫鍋也有同樣功用。飯桶的保溫性很好。

長筷（料理筷）

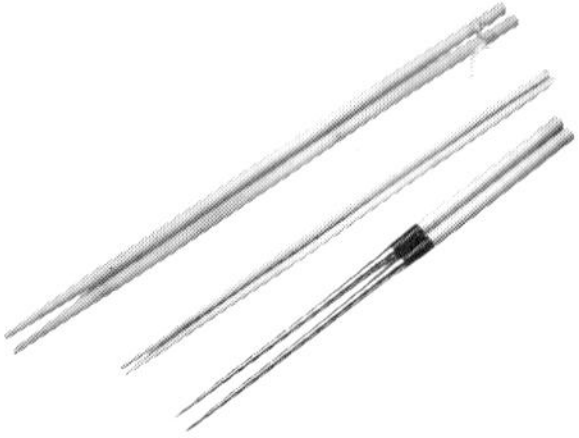

長筷（照片右方）原本是用於宴會料理儀式的筷子，現在有一半是金屬製。通常用於裝盤，筷子尖端要磨尖。

竹篩

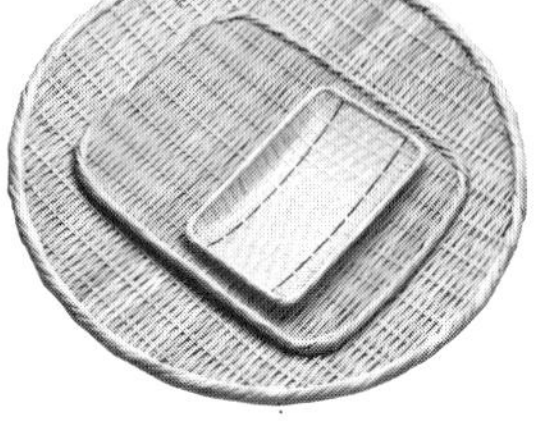

主要用於排放撒鹽的魚肉、瀝乾水分或散發熱氣時用。依用途不同而須準備大小不同的尺寸。材料多樣，竹製品雖耐酸及鹽，但必須留意使用後若乾燥不充分，則可能長霉或發黑。

飯台與飯匙

飯台又稱為「拌飯台」。製作壽司飯時會將煮好的飯倒入飯台中調和壽司醋，因此可適度吸收多餘水分的寬底木製品最適合。使用前先浸泡於水中，可避免飯粒沾黏。飯匙須配合飯台的大小選購，一般盛飯用的小飯匙並不適用。飯匙日文又稱為「宮島」。

竹捲簾

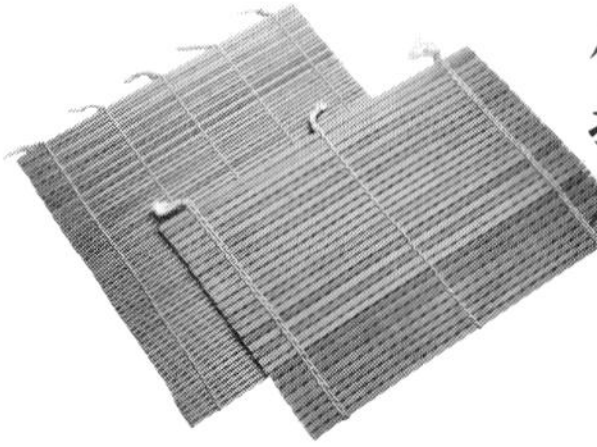

用於捲東西時用。上面較短的用於細捲，下面較長的用於粗捲。竹子較為細緻的一面貼緊海苔。使用後要洗乾淨，並完全去除水分使其乾燥。

葉蘭

用來墊在壽司或生魚片下的圓形葉蘭。使用前先用濕布巾擦拭過再上桌。

磨泥器

銅製的磨泥器。大多用於磨芥末。若用鯊魚皮等鋸尺較細緻的磨泥器，辣味會更強。

煮物鍋（紅燒鍋）

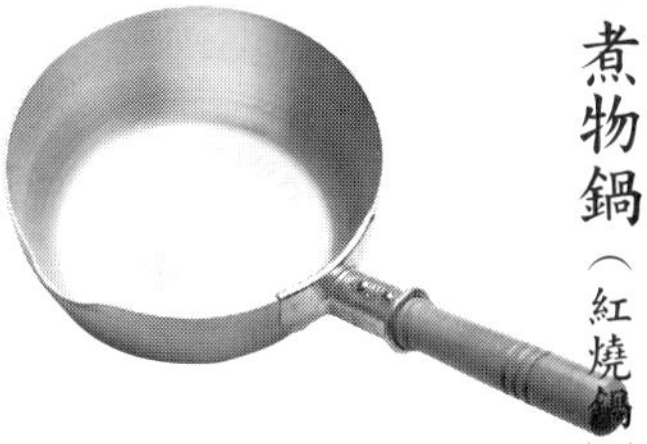

汆燙貝類或蝦子，或迅速調味時使用的鍋子。除了單手鍋外，還需準備雙手鍋等大小各式鍋子。

木屐台（壽司台）

盛壽司的木台。因形狀類似木屐而得名。另外「木屐（geta）」也是壽司店用語「3」的意思。

刷毛與醬汁罐

用於塗抹星鰻醬汁或滷汁的小型刷子和陶罐。

蛋捲煎鍋

銅製的厚鍋不僅保溫效果好，傳熱也快，因此最適合煎蛋捲。煎好後可用木製的板子（玉板）壓平。

壽司盒

❶

❷

形狀有圓、有方形形色色，大小也依人數多寡而一應俱全。照片❶是1人份、5人份、7人份的壽司桶。可重疊外送相當便利。照片❷則是散壽司的容器。

抹布

裁一定大小，可供多用途使用。小澤壽司店都準備30cm×36cm大小的方巾，10天大概就用掉30反（1反＝2丈8尺）。

茶杯

壽司店的茶杯通常很大，這是壽司店發源於攤販的特色。據說因為攤販位於戶外，茶容易冷掉，因此才使用厚而可以裝很多的大茶杯。

海苔罐

海苔須裝罐保存，但最近手捲大受歡迎，因此也就傾向喜歡脆皮海苔。照片是海苔乾燥機，可用電力乾燥海苔，因此可經常保持海苔良好的狀態。

外燴道具總覽

詳列外送到活動或派對會場所需要的道具。可以此為參考由店家各自準備所需道具，並確認有否遺漏。這裡省略壽司各式食材及壽司飯。

年　月　日　　　　様用

●道具一式	数量	備考
テーブルクロス		
しゃり台		おひつを置く台
ワサビ入れ		
手酢入れ		
ツメ用刷毛		
煮切り醤油用刷毛		
ウニべら		
ギヤマン		イクラやカズノコを入れるガラス製の器
イクラ用スプーン		
化粧ザル		おどりエビを入れる15cm×8cm角のザル
まな箸		
薬味入れ		
ギンス		ネタの下に敷くガラス製のすだれ
古新聞		会場を汚さないようにするため足元に敷く
ステンレス製ボウル		
巻簀		
おろし金		
リヤンサラシ		一度洗ったサラシ
ピンサラシ		新しいサラシ
小皿		
長手皿		ケース内でネタをのせるための皿
まな板		
ペーパータオル		
海苔缶		
玉板		玉子焼きをのせる台
ポン酢用鉢		
のこ用器		カズノコを盛りつけるための器
会敷		
箸		
おしぼり		
包丁		
楊枝		
マッチと名刺		
ラップフィルム		
バケツ		
ビニール袋（大）		ゴミ用
ビニール袋（小）		
醤油さし		
立柱		ネタケースのまわりに飾る
敷葉らん		ネタケースに敷く
丸葉らん		すしや刺身を盛る
荒塩		ネタケースの氷にまく
熊笹の葉		

●食材	数量	備考
ワサビ		
酢		
ガリ		
ツメ		
醤油、煮切り醤油		
焼き海苔		
ゴマ		
食塩		
アサツキ		
キュウリ		
大葉		
紅葉おろし		
おろしショウガ		
レモン		
つま		
カイワレ大根		
ポン酢醤油		
糸がきカツオ		
ワカメ		
梅肉		
お新香		
打ちタクアン		海苔巻き用に細く切ったタクアン
カンピョウ		味を煮含めてあるもの
納豆		

●家庭出張時	数量	備考
角氷		
折り		
包装紙		
おみやげ袋		
折り用ひも		
粉茶		
茶こし		
湯呑み		
ポット		
のこだし		カズノコ用のだし
1人前用盛皿		
出前用盛皿		

❶

❷
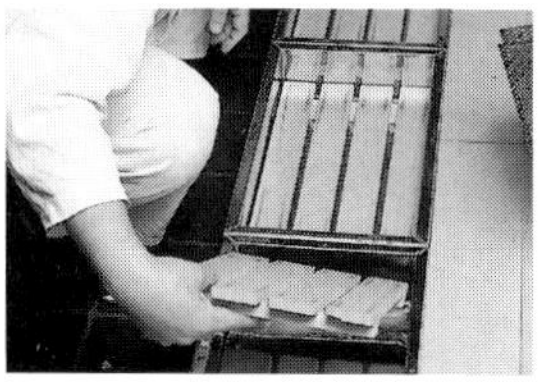

❸

❹

❺
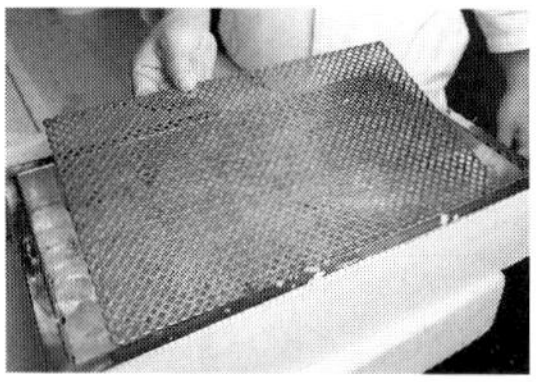

❻

[外燴用食材櫃]

❶如照片所示食材櫃分解裝在木箱中。用這個在現場組裝食材櫃。

❷在會場借用長桌，並於長桌上組合食材櫃。

❸食材櫃中鋪過濾網，上面平鋪滿冰塊。

❹為了避免冰塊溶解，在上面灑粗鹽。

❺放上網子。

❻將葉蘭鋪在網子上，並避免露出冰塊的再於周邊擺上立柱。

年　　月　　日　　用

〈中文對照〉

●道具總覽	數量	備註
桌布		
壽司飯台		
芥末盤		放置飯桶的台子。
手醋盤		
醬汁刷子		
海膽瓢		
玻璃器皿		放置鹹鮭魚子或青魚子乾的玻璃器皿。
鹹鮭魚子湯匙		
化妝籃		放活蝦的15 cm×8 cm大的籃子。
長筷		
調味料盤		
玻璃墊		用以墊在食材下的玻璃製捲簾。
舊報紙		鋪在腳下避免弄髒會場。
不鏽鋼圓盆		
竹捲		
磨泥器		
舊布巾		洗過的乾淨布巾。
新布巾		全新的布巾。
小盤		
長盤		放在櫃子裡裝食材用。
砧板		
紙巾		
海苔罐		
玉板		盛蛋捲的台子。
酸橘醋陶缽		
乾青魚子器		裝飾乾青魚子的容器。
會數（生魚片紙）		
筷子		
手巾		
刀		
牙籤		
火柴和名片		
保鮮膜		
水桶		
塑膠袋（大）		垃圾用。
塑膠袋（小）		
醬油瓶		
立柱		裝飾在魚材櫃周圍的綠葉。
葉蘭墊		墊在魚材櫃裡。
圓葉蘭		盛壽司或生魚片。
粗鹽		灑在魚材櫃的冰上。
綠竹葉		

●食材	數量	備註
芥末		
醋		
甜薑		
醬汁		
醬油、味淋醬油		
烤海苔		
芝麻		
食鹽		
淺蔥花		
黃瓜		
紫蘇葉		
辣椒蘿蔔泥		
薑末		
檸檬		
配菜		
蘿蔔嬰		
酸橘醋醬油		
柴魚花		
裙帶菜		
梅肉		
醬菜		
切細的黃蘿蔔		壽司捲用細長的醃蘿蔔乾。
葫蘆乾		煮到入味者。
納豆		

●家庭外燴	數量	備考
冰塊		
壽司盒		
包裝紙		
外帶袋		
壽司盒所用帶子		
茶粉		
瀝茶器		
茶杯		
茶壺		
醬汁		乾青魚子醬汁
1人用盤子		
外送盤		

壽司師傅的經驗與須知

我的成功之路

給開始修業的壽司師傅

我開始踏入這行，是在15歲的時候。想想那應該已經是30年前的事了。我從幼時成長的茨城，任電車搖搖晃晃的帶我經過東京熱鬧的市中心，抵達當時還並不繁華的城郊吉祥寺。初來乍到還很落寞的想：「什麼嘛！原來東京跟茨城一樣是鄉下。」

當時的我對這個世界並無所知，也沒有把這份工作當作一生職志的胸懷大志，只是單純的對站在料理台前工作的姿態懷著憧憬。

我因認識的人裡偶然有一位壽司師傅，從而經由他的介紹進入這個世界，但旁觀的角度跟實際接觸工作實在大相逕庭。當時的我國中剛畢業，還想玩、想睡，但卻已經過著離開父母親，且必須從早上9點一直工作到晚上都沒有自由時間的生活，連公休一個月都只有一天，真是非常辛苦。

當然也因為當時的時代背景不同於現在可以隨時找到打工的工作，我只能靠這份工作維持生計，當然就不能因為辛苦嚴苛就輕易的辭掉不幹。

乍見之下華麗異常的世界，實際上卻非常艱苦，因撐不下去而辭掉工作的人不勝枚舉，若店裡新進員工有100人，半年內就會減到一半，而3年內又有走掉一半，到現在都還是一樣。

這是我第一次所接觸的世界，意外、辛苦當然不可免。「盡快習慣職場跟工作」，是進店之後半年到1年間的目標，一定要好好跨越這個時期，之後只要慢慢漸入佳境，便可以看得見下一步該怎麼走。

最近有許多料理學校的畢業生到店裡來，在學校學了兩年烹飪，當然有些自信。只不過學校的2年跟場的2年實在是千差萬別。也許或多或少拿起刀來並不生疏，但相較於國、高中一畢業就實際進入職場的人，即便是同年齡也有太大的差距。現場的工作不同於學校上課，因此我還是希望大家可以不要挫敗的繼續堅持下去。

另外，跑腿與外送乍看之下可能相當無聊，但其實也是很重要的修業之一。更何況外送等於是店家的門面，是作生意相當重要的一環，因此要慎重以對，千萬不要看輕。或許我的說法太老氣，但我認為不輕易放棄的毅力，不論身處什麼時代都相當重要。滴水穿石，希望大家秉持挑戰精神繼續加油。

當前輩教授新的工作時，要虛心學習並確實執行，前輩才會不斷的傳授重要的技巧。雖然是以勞力換取薪資，但是不可以只抱著這樣的想法，反而隨時都要謹記我們是在工作中學習。

大環境在這30年間有了極大的改變，然而壽司師傅的工作，卻出乎意料之外的並沒有太大的轉變。

●

一言以蔽之的壽司店，現在也已經非常多樣化，基本上可大分為①迴轉壽司或外送專門的壽司店；②歷來與地域緊密結合，以外送為主壽司店；③跟我們店一樣位於繁華市街以料理台為中心的壽司店等三種。

不管到什麼樣的店修業，每個人都是抱著有天要獨當一面的夢想。但相當遺憾的是，現在的年輕人已經很少有人會主動的學新工作，似乎以為只要做好前輩交代的工作就算是完成了該作的事。但也因為這樣，工作15年之後，在什麼樣的店修業，便會在實力上顯現出極大的差異。當然，自己的努力還是最大的決定因素。

若想自己開店，在迴轉壽司店工作3年之後，下一步，便可移到高一階層的店家工作。因為換到以外送為主的店或是像我們這種位於繁華市街的店，可以學到跟迴轉壽司店不同的工作內容。修業環境的重要性，5年10年還看不出來，然而一旦進入30歲、40歲，開了自己的店了，才會知道自己走過什麼樣的路，並瞭解修業店家的差異。

壽司捲、握壽司、或者處理鮮魚的工作或許都大同小異，但是若不在得以處理新鮮的魚類，以及站在料理台接待客人的店內累積經驗，自行開店時，就會非常辛苦。

透過輸送帶送出壽司的迴轉壽司店裡，師傅跟客人是不溝通的，當然，我想師傅也無法直接瞭解客人是以什麼樣的表情去吃自己作出來的壽司吧？我想我們的這個工作，最大的魅力就在於溝通，就在於可以直接感受到客人對我們做的壽司的滿意度。希望各位務必體驗站在料理台前工作的這種感覺。

的確，修業是很嚴苛的。而且要真正覺得入對行了，還得遲遲等到40、50歲才會有所感。不過只要不斷的自我提升，不因嚴格而認輸，相信你也總會有感覺自己走對路的一天。

伸出溫暖的雙手
——給經營者

現在我教年輕人都是一個口令一個動作，雖然過去是要「自己用眼睛看著學」，但如果現在還採取這種方式，恐怕沒人能跟得上。

比如說補習班就是很好的例子。30年前的時代還沒什麼補習班，但現在卻堪稱補習班的全盛時期。只要去補習，想學什麼應該都能先一步學得到。要是我們這個業界在這時候還講什麼「自己用眼睛看著學」，恐怕年輕一代都會流向中國菜或西餐等其他業種吧。

事實上也說不上好與不好。或許不要強迫，讓年輕人憑意願自己看自己學還比較符合現代的潮流，而且學得好。只不過把「自己看自己學」的方法100%硬套在年輕的孩子身上在現今社會不可行也是事實。過去在我到東京進店裡第二年，有一次因為受不了工作的嚴苛，曾經跑回老家茨城。

那時我17、18歲，看到以前的朋友都有週休很羨慕，雖自知身在修業，卻還是很想要有自由的時間。洗完碗盤也不好好的把手擦乾淨就去送壽司，弄得手不斷的皸裂。紅腫的疼痛真不是開玩笑。指紋日漸消失不說，掌心的筋還滲出血來，去醫院聽到醫生對我說這雙手不適合在壽司店工作時，頓時湧起思鄉情愁，甚至還蒙在棉被裡哭。

當時剛好處於種種日積月累的情緒決提，結果也沒什麼天大理由就想辭職的年紀。

但是就在過了一星期之後，店老闆跟前輩竟特地利用休假到茨城來接我。如果當時他們沒來接我，也許就沒有今天的我了。

進店3年後，我漸漸如魚得水，也越來越任性。就現在來看，3年其實只不過還在入門階段，但對當時的我們來說，3年卻是一段漫長的奮鬥歷程，也是自以為是的以為已經具備某種程度手藝的時期。這樣的時候，會突然的因任性而生出反感的情緒。

在這樣的時候，伸出雙手，耐心說服是非常重要的。或許想辭職並不是因為討厭壽司，只是因為不如願所以才心煩氣躁罷了。

大家可能也有同樣的經驗，任何人都會有一、兩次挫敗的經驗吧！當晚輩有挫敗感的時候，身為經營者的老闆或者老師傅、長輩適時的伸出援手是相當重要的。這跟溺愛絕對不同。

我認為老闆或老師傅某種程度應該幫後生晚輩鋪好路，當他們超出軌道了，就請盡早把他們導回正常路線。出乎意料之外的很多師傅都是採取想辭就辭的態度，但請大家想想年少時走過的路，伸出雙手拉他們一把吧！

換店

——在新天地的修業

我在最初的店裡待了5年之後，忽然非常想到東京的繁華都市中工作。我老實跟師傅說明我的想法之後，師傅便透過築地買賣鮪魚的仲介商，把我介紹到銀座的壽司店。一半是基於自己的意願，一半是託師傅介紹的福，讓我得以順利的轉到新店工作。如果當時師傅放手讓我自生自滅，我可能還不知道該怎麼辦才好。受到長輩貼心的眷顧，而得以在一家好店工作真是非常幸福。

在前面的店裡修業5年後，累積了一點自信轉到銀座的店家工作，未料卻全然行不通。當然魚的處理方法或壽司飯作法等基本都一樣，但店裡使用的魚卻截然不同。

就以竹莢魚為例，市面上就充斥著箱竹莢、樽竹莢、釣竹莢等種種不同等級的竹莢魚。箱竹莢是以漁網一次大量打撈，因此魚身有許多看不到的打撲與淤傷。樽竹莢的捕法跟箱竹莢一樣，只是體型稍大。釣竹莢則是一尾一尾釣上來的。

同樣是壽司店，依各自的生態不同，對於「好魚」，也有不同的標準。在迴轉壽司店，只要求便宜生猛，就拿竹莢魚來說，可能箱竹莢就已經是「好魚」了。這對以經濟實惠為第一前提的店家而言是理所當然。但是在高級壽司店裡，釣竹莢才算是「好魚」。事實上，我也是轉到銀座的壽司店之後才瞭解箇中不同。

另外，在銀座的店裡連講話都有以前店家所沒有的莫名緊張感。店裡有些固定的用語。比如說接到客人點壽司之後，一定要回答「是，瞭解了」。但「瞭解了」卻不是輕易說得出口的話。銀座因為應酬的客人多，因此壽司師傅跟客人的關係確立得非常清楚，也讓人在工作時格外謹慎。為了不讓客人感受到不愉快的氣氛，壽司師傅連彼此之間的對話都不能輕忽大意。

我進入新天地，銀座的壽司店的時候，心裡想著「我一定要在這裡出人頭地」。再重頭開始，工作態度相較以往也有很大的不同，我開始擁有積極的動力去學習各種新的事物。

對店裡有貢獻的意義

對店要有所貢獻。壽司受到客人喜愛，常客增加都是對店裡有所貢獻。就經營者的角度來看，只要技術達到一定的水準，這以外就沒有什麼太大的差別，但相對該怎麼掌握客人，更進一步的提高銷售量就相當重要了。

那麼，應該怎麼增加自己的客人呢？

就我的狀況是，除了記住客人的名字和公司這些基本之外，我還盡快記住客人的喜好，並做筆記以防忘記。然後在一個月或幾個月後當同樣客人再來的時候，我一定會說「○○先生，這邊請。」的請他就坐，並做他喜歡的壽司。然後，絕無例外的，這個客人一定會變成我的常客。

沒有必要將客人的一切記得鉅細靡遺，只要記得一兩項就好。試著這樣接待客人看看，這就是吸引客人上門的訣竅。

壽司店不可計數，壽司師傅也多如過江之鯽，因此要固定自己的客人，不能沒有吸引人的手法。

並不是附和客人盡說些奉承話就好，必須要認真工作，用心記得客人，並誠心誠意的對待，才能讓客人離不開這家店。而且，留下的都是好客人。

要細心的讓客人覺得我們只在意他，雖然我們對客人皆一視同仁，不過最大的秘訣就在於為客人多做一點，比如說記得名字、公司名或喜好等較私人的部分。

銀座因地緣關係有較多應酬的客人，就接待客戶應酬的一方而言，有自己常去的店是非常必要的。而可以符合這點的，便是跟客人面對面做生意的壽司店最大的利點了。請謹遵這項要點，這是我在繁華城市的壽司店修業最大的所得。

照這樣做8、9年之後，工作就會越來越有趣。看著客人坐在自己面前，滿意的吃著自己做的壽司，真的非常愉快。

即便今日，都常有客人會說我們的店裡「好像一支軍隊」。

得體的應對就算換到其他店家也都還是掩不住光彩。只不過千萬不要複雜的將之公式化，包含問候語大約10分鐘就好，尤其是工作人員較多的店裡，更要留意這一點。

能博取客人多少歡心，客人到店裡用餐的次數就會因而有所不同。這時，當然自己在店裡的地位也就有所提高了。

照這樣做15年，大概就能累積擁有一家店的經驗。

小澤壽司店的學徒流程

① 1~2年／店面、廚房清洗、外送。半年之後，可以拿自己的刀。

② 2~3年／學小魚（小鰶魚或魁蛤）的處理方法。

③ 第3年／學習怎麼煎蛋、紅燒或做員工伙食。

④ 第6年／櫃臺新鮮人（學記傳票、客人名字、公司及喜好）、作外送的壽司捲；學星鰻、白肉魚的處理方法。

⑤ 7~8年／開始在櫃臺跟客人溝通；辨別魚的好壞，這時，開始有人會轉到其他店，但還須忍耐，因手藝還沒學得爐火純青。

⑥ 第10年／教導學徒、成為店內第2、第3副手。

到第10年，才終於可以不受到周圍情況轉變的影響，完全將在店裡學到的手藝化為己有。但卻也是回顧自己身處的立場，面對未來分歧點的時期。

若老家是壽司店的人，便會回老家。

要不轉到新店，開始另一段新的修業。

亦或是繼續修習成為店長的必備

課題。

⑦第15年左右／負責整家店（學習經營的開始）

指導師傅、學習採購。學習技術與經營方法，擴展視野，隨著店裡業績數字的上揚，自己有自信了，便可考慮獨立。這個階段便是成為經營者或是繼續當壽司師傅的分水嶺。

開店

人生的運勢，有自己掌握到的機運和旁人賜予的機緣兩種。這些都得等到事過境遷，看到結果之後才會了然。就我個人而言，可以說是兩者兩者相輔相成。

我工作的店當年有10年退休制，換言之就是工作10年之後便須辭去工作。我的退休就在30歲那一年，面臨了該換店或是該獨立的抉擇。如果要換店，就必須在30歲的年紀從頭再修業一次，於是我心生與其要再從頭辛苦一次，不如自己獨立的念頭。

首先，必須從選擇地點開始。但話說回來，選擇的開店地點跟修業環境的條件是不是需要一致呢？我想大膽的說，其實沒什麼太大的相關。因為我們也有師傅在跟我們店環境截然不同的住宅區開了自己的店，結果還是作得有聲有色。這又是為什麼？

我想是因為獨立的人一定有他的手腕。有幾位師傅從我們的店裡出師，就我看來，其實或多或少還擔心時機還不成熟，但他們自然有他們的手腕，不可思議的是，自然就是會有客人中意他們的技藝，而成為常客。

我很幸運的能在銀座修業，同時也在銀座開店。只要會接待客人，知道辨別魚貨的好壞，就算環境多少有點改變，應該也都會身懷因應的技藝。

開店最重要的要素之一，便是資金。就我的情況而言，當時找某人商量，對方給我的建議是：「反正要開店，就在銀座比較好」，並答應融資給我。我作夢都想不到自己能在銀座開店，就資金而言，這根本是遙不可及的地點。

對方幫我找到的地點，就是現在本店所在地。實際去看過店面，看到對面就有家壽司老店，老實說，我是一點自信都沒有。雖然坪數只有17坪，不過因為空無一物，所以看起來非常寬敞。

在我找過前輩或友人商量之後，10個人之中就有10個要我打消這個念頭，畢竟，才30歲就要背負上億的債務，風險實在太大。在這個階段，老實說我連90％相信自己作得到的自信都沒有。

但就在我以沒有信心，不可能為由婉拒對方好意時，對方給我一句話。

「要是自己沒破釜沈舟的膽識，店開在哪裡都一樣。反正要倒，那就乾脆在銀座曇花一現還比較像個男子漢。」

就這一句話讓我下定決心。

如果在當時我認定「不行，還太早」而臨陣脫逃，也許就沒有今天的我。在30歲面臨退休，也許就時機而言也剛好。如果我是在25歲退休，或許我就不會想要自己獨立開店了。

時機、運勢、和適時掌握機緣的三大要素全都巧妙的結合。

下定決心之後便非同小可。1天平均的睡眠時間只有2小時，開業後打烊回到家是凌晨4點多，但6點又必須到河岸不可。這樣的情況持續了3年，可能是30歲的年輕力壯讓我撐了過來。

裝潢部分委託專門裝潢店鋪的木

工，尤其是壽司店命脈的料理台，既然最重要，當然也就最花錢。由於我認定料理台是決定店家格調的門面，因此絲毫不敢懈怠。我想櫃臺和切洗台等還是配合自己便於使用的高度和長寬去作比較好。

採取我以前修業店家的型態，我決定做成兩個料理台，若是分成兩排，不方便在一起的客人，便可以帶到不同的料理台。這可能也是銀座特殊的地緣性，基本上讓同業、同公司、酒店小姐分開坐似乎比較好。

只不過，這麼做就須要加倍的魚貨，損失也會增加，但只要生意好一切便迎刃而解。考量兩個料理台的優缺點之後，我決定選擇這個配置。

若換做別的地方，可能會利用這個空間做成小包廂或可以聚餐的地方；如果是外送多的地點，便可能做成適合當地環境的料理台。

另外，同樣是銀座，一丁目跟八丁目又截然不同。

銀座一丁目有很多在商業區上班的人，八丁目則是繁華的鬧區，當然就會以應酬的客人居多。店面設計，還是須要配合地緣性。

現在光是本店就總共有8～9名員工，但當時連我在內只有6人。雖然事先利用開店派對實際演練多次，以求萬無一失，但實際開店之後，還是發現有很多東西準備不齊全，終究無法做到完美。這些部分不實際去做做看，終究還是不會瞭解。

另外有很多人會記公司帳，必須拿請款單請款，因此有很多都是日後結帳，無法全部採現金交易也是相當辛苦的一部份。

從壽司師傅到經營者

從這時候開始，我的立場便從一個壽司師傅轉變成經營者。身為一個經營新鮮人，又面臨另一個新的開始。我不能老把自己定位在壽司師傅的身份，能夠盡早切換便成為關鍵。我不能身兼二種身份，必須盡可能早一點成為經營者的角色。因為店能否上軌道，都繫於這個轉變。

壽司店就某種意思來說，跟華麗的公關同樣，都是以掌握客源為要件的工作。這不管身為壽司師傅或是經營者都一樣。我在前一家店的10年之間，累積了相當豐富的經驗資產。在陌生的土地開店，至少要花4～5年才能有固定客源，但由於前一家店的客人跟著我走，實在是很大的幫助。

一旦擁有一家店，接下來腦中就離不開怎麼教育員工。第一線卡了個師傅，下面的年輕人就上不去，那該拿這個年輕人怎麼辦才好？

介紹他轉店是個方法。但我又想在自己的店裡好好栽培他成氣候。就這樣，形勢使然，讓我必須再多開一家店。就這樣一家接一家，現在總計在銀座就開了3家店。

80年代後半，銀座也還處於泡沫經濟時期，只要自己肯去努力，開2、3家店一點都不是問題的時期也有過。

回首前塵似乎都在轉眼間。剛剛說出口的話，也在瞬間成為過去。現在還不能論斷最後結果，我的修業，還遙遙無期，不到最後絕不終止。

櫃台座席之接待與服務

掌握客源的面對面商機

櫃台前面的客人面前通常都排列著食材櫃。望著食材櫃裡琳瑯滿目的食材，也是客人的樂趣之一。

食材的數量，依店家而不同，也依季節而有所變化。比如說魁蛤加上貝唇可做成兩種食材；而鮪魚就有紅肉、中魚腹、大魚腹等3種食材。將這些都算進去，平日常備的食材就有30～35種之多。

一般而言從白肉魚、帶皮魚材、貝類、烏賊、章魚、蝦、魚卵、鮪魚、紅燒（星鰻、文蛤等）季節性的魚材中，各挑選幾樣是最平常的作法。身為站在料理台前作壽司的師傅，最低限度還是得把魚材的產地或相關知識記在腦子裡。

不只做壽司，如果能在對話中讓客人感受到季節性，讓客人開心，業績便會節節高昇。對客人而言，能夠聽到師傅當面推薦季節性鮮魚的美味，也是壽司店這種一定得跟客人面對面做生意的行業最大的魅力所在。

壽司店是最容易產生常客的一種行業，這也是面對面交易的最大特徵。我的店雖然有許多客人前來應酬，但並未經營特別的商業活動。只是除了來過店裡的客人之外，我們也同樣重視隨同前來的新面孔。只要金額、魚材和氣氛符合客人的要求，客人便會口耳相傳的介紹朋友過來。我們最大的促銷活動便是面對前來用餐的客人，盡心盡力的製作壽司。

不僅限於我們店，壽司店本身就是有許多應酬場面的行業，只要讓賓主盡歡留下好印象便算成功。為了做到讓賓客反賓為主在須要接待客人時依然會想到這家店，站在接待者的角度將心比心的工作便很重要。使用壽司店才吃得到的魚類巧妙的做成小菜，見機接二連三的機動上桌也會有很好的效果。

料理台的注意事項

有人在眼前動刀做菜，卻還能安心吃飯的恐怕也只有在壽司店這種地方了。除此之外，在客人眼前烹調，讓客人馬上品嚐到剛做好的佳餚，也是壽司店的魅力之一。能讓麥當勞都相形失色的速食，相信也只有壽司了。而這都拜客人對師傅的信賴。

站在料理台前工作最重要的是：要永遠認真的面對客人。不能因為太忙就只是專心做壽司，最重要的還是即便忙著做壽司，也都還是夠認真與客人應對，並充滿自信的把壽司送上桌。這個態度，是跟客人建立信賴關係最不可或缺的。當然這也並非一朝一夕便可到達，還是得靠日積月累的努力。

隔著料理台跟客人的應對，即便習以為常隨時也都還是有其難處。就算自己習慣了，也有常客了，只要站在料理台前，就不能把客人當朋友對待。尤其轉變成經營者的角色之後，跟客人的關係當然會有所不同，但我還是教育員工必須謹守這個分際，牢記客人是付我們錢的人。

料理台就是因此而存在。隔著料理台便有裡、外立場的區隔，既不能太過生疏，卻也不能太過熟稔。這種微妙的感覺真是非筆墨所能形容。

但只要牢記必須認真對待客人，就不會發生類似的失敗。

給料理台新鮮人

剛站到料理台前的新鮮人，會因為急於非跟客人對話不可，而變得浮躁。不管對方說什麼，都回答得非常勉強，而無法要求自己好好對話。

但只要每天都站，便會習以為常了。即便是可以跟客人對話了，還是會有許多不安。常客越多的店，就越會讓料理台新鮮人緊張。因為客人對壽司，還有店家都有一定的瞭解。不過只要習慣了，便可充滿自信的因應無虞。

對於新鮮人而言，客人可能年長者居多，對長輩，當然就得使用敬語。只要養成習慣便不成問題。就算是師傅較年長，對客人理所當然也都還是得使用敬語。在這時期就要訓練自己一站到料理台前，就要使用敬語說話。等經過了10年、15年，就算不特別意識，也自然會養成習慣。

雖站在料理台前，從客人進門到離開都得悉心接待的工作在開始時總有失敗，但終究還是得去面對，並以此為進步的動力才行。

壽司店之衛生管理

養成清掃的習慣
——定期大掃除

由於我們的店是休週六、日，因此週六總是徹底大掃除的日子。紅燒的廚房或流理台用水的地方當然不用說，冷氣濾網、照明燈具的清潔；椅子和拉門等其他雜物一律拉到外頭，以清水沖洗地板。料理台周圍的洗切台和食材櫃全都拆解開來清洗。一週一次，我們會將店內裡裡外外徹頭徹尾的打掃乾淨。如果可以養成習慣就再好不過了，畢竟壽司店是髒不得的。

要是發生什麼問題，一切都太遲了。只要出一次事，便會要人命。大家一定要牢記有太多店只因為出一次事就關門大吉。

大掃除是常保乾淨的第一步，也是重要的修業之一。只要身體力行這個習慣，使其像刷牙一樣變成每天必定要做的事，等自己開了店，自然會是理所當然的例行公事。

砧板的處理

處理小鰶魚、或竹筴魚等小魚的砧板、青菜專用的砧板、營業時料理台用的砧板，我們都有區隔。

處理魚類的砧板因使用率最高，當然就最髒。因此我們會在處理完魚類之後，拿清潔的刷子用洗潔劑刷洗乾淨，再用鹽巴磨過之後淋上熱水殺菌，然後放在外面乾燥直到營業再拿進來。

雖然保健所建議使用的是塑膠製砧板，但那與木製砧板感覺不同，刀的觸感太硬，因此我們店裡使用的是木製砧板。只不過使用之間，砧板會有細微的傷痕，據說這些細小傷痕很多時候便會成為細菌滋生的溫床。而且長時間使用之後，砧板會凹，變得不太好切。

為了解決這些問題，使用木製砧板時，只要固定一個月刨一次砧板就好。

我們店是委託築地的木工來刨。據說只要將與刀接觸的部位刨高，砧板就會比較好用。我們自己用於處理魚類的砧板雖然也都會自行刨過，不過雖然可以刨平，卻無法刨出上述微妙的幅度。

要是錐子斷落插在砧板上還繼續刨，拿到研磨機上磨平時，錐子飛出來會導致意外受傷，因此一定要把錐子拔除。

壽司店的堅持：料理台的保養

決定壽司店印象最大的要素之一便在料理台。沒有設料理台的壽司店還是前所未見。

下面我要簡單談談我們平常保養店內檜木料理台的方法。

料理台在每週一次的大掃除時，會先拆除切洗台和食材櫃，然後為了洗淨醬油等污漬，我們會用洗潔劑和刷子刷洗並用清水沖淨。雖然有些人說在這之後以牛奶刷洗會更好，但我們並沒這麼做。

最重要的就在於洗完後要使其完全乾燥。要是乾燥不完全，檜木便會腐朽。我們以前就曾經發生過儘管每天還是一樣做清潔工作，但是因為切洗台下沒有保持乾燥，因此導致檜木腐朽而整個換過的狀況，不可不慎。

夏季常見的貝類中毒

壽司食材生食者為多。從梅雨季到夏天是食物中毒發生最頻繁的時期，因此必須謹慎小心。

構成食物中毒原因中最常引起話題的便是：貝類。尤其是貝類進入產卵期的夏天，常發生中毒事件。由於貝類的卵有毒，因此這時期尤其需要小心採購。首先最重要的便是用刀子悉心的去除貝卵，然後不管時間多短，都要記得放到冰箱中保存，而不要放在外面。

在冰箱尚未普及的時代，使用生魁蛤有時會先過一下醋。甚至現在有些諸如馬珂肉或西施舌等食材，也都還會在處理時先氽燙一下。只不過隨著保存設備的進步與充實，以前的方法跟現在的方法也有很大的改變。

另外還需注意外帶壽司。最近大家常用塑膠製的竹葉，但因為不透氣，反而會使壽司盒內溫度上升，因此建議最好還是使用有殺菌效果的綠竹葉。然後在交給客人時，要叮嚀客人盡快食用。我們店在氣溫最高的7～8月，就不做外帶用壽司。

害蟲驅除對策

在過去沒有冰箱而只使用裝冰的盒子保存食材的時代，曾發生老鼠接觸洗切台上的蛋捲，從而導致疾病發生。但最近因為冰箱的普及，這樣的意外也就不再發生。

但眼前，不管那家店，首當其衝的問題應該就是蟑螂。就衛生上而言當然應該要驅除，但蟑螂卻不會看時機出現。若出現在營業時間，會引起客人的不快。我們嘗試了多種除蟲方法，數年前租了除蟲機之後，已經改善許多。

注意傷口化膿

儘管不常發生，但如果手上傷口化膿，應該避免處理魚類的工作。這對烹調人手不多的店可能有些牽強，但卻還是必須要換手才行。因為這種地方也會發生中毒意外。在以生魚為素材，並直接用手抓取製作的壽司店裡，切切不可輕忽手上的傷口。

不過若是被魚刺或魚鰭刺到的小傷，只要緊急拿手邊的醋泡一下，就會有有很好的療效。

包括疾病在內，諸如此類的傷口不能在發生之後才處理，必須由每個師傅自己小心防範於未然。

清潔的白衣

白衣的髒污也是衛生管理的檢查項目之一。穿著不乾淨的白衣工作表示不衛生，因此須嚴格禁止。壽司師傅穿著白衣跟客人面對面，不乾淨的白衣同時也會帶來不快感。

在我們小澤壽司店裡，白衣跟褲子、帽子是店裡的制服，全都是一式的白色。同時規定每個人都必須在一、三、五，一週三次替換。

由於換洗頻繁，因此破損率也很高。但白衣是店的門面，不管多乾淨，若有破損最好還是換件新的。換新的頻率約半年一次。

布巾的更換

儘管有些店家使用紙巾，但我們小澤壽司店從處理魚材到保存，全都使用布巾。一天洗3～4次，一個月就會用掉十幾反（一反2丈8尺）的布巾。雖然消耗量很大，但考量衛生層面也是無可奈何。畢竟是直接接觸食材的東西，總是得經常的保持清潔才行。

過去使用布巾包魚放在冰塊上保存，現在雖有冰箱卻會使魚的表面乾燥，因此用布巾包起後，可再覆蓋一層保鮮膜防止乾燥。

壽司用語

- あがり agari → 茶
- 磯辺 isobe → 海苔
- ネタ neta → 壽司食材
- おかる okaru → 葫蘆乾
- おどり odori → 生猛魚貝做成的食材，主要是蝦或白肉魚。
- かっぱ kappa → 小黄瓜壽司捲
- ガリ gari → 甜醋薑片
- 玉 tama → 煎蛋
- 軍艦 gunkan → 以海苔裹住周邊的握壽司總稱。
- ゲソ geso → 花枝或烏賊爪。
- げた geta → 盛壽司的木台。
- さがや sagaya → 蝦鬆
- サビ sabi → 芥末
- しゃり shari → 壽司飯
- しゃり切り sharikiri → 用醋調製壽司飯。
- 陣笠 jingasa → 香菇
- ダマ dama → 魁蛤肉
- づけ zuke → 醃漬用醬油。通常指醃漬鮪魚的醬油。
- つけ台 tsukedai → 放在食材櫃前放握壽司給客人的地方。
- ツメ tsume → 用滷汁熬成的沾醬。沾在紅燒的魚貝上。
- 鉄火 tekka → 鮪魚壽司捲
- 鉄砲 teppoo → 葫蘆乾壽司捲
- 煮切り nikiri → 味淋醬油
- ヒモ himo → 魁蛤的貝唇。
- 宮島 miyajima → 飯匙
- むらさき murasaki → 醬油
- 山 yama → 綠竹葉，又指缺貨、賣完之意。

數字暗語

- ピン pin → 1
- リャン ryan → 2
- ゲタ geta → 3
- ダリ dari → 4
- メノジ menoji → 5
- ロンジ ronji → 6
- セイナン seinan → 7
- バンド bando → 8
- キワ kiwa → 9

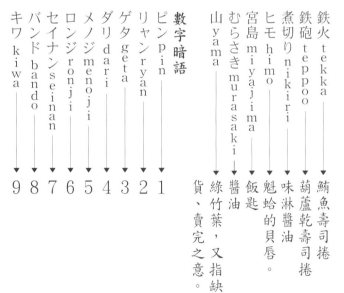

壽司調和調味料一覽表

壽司醋	米醋360ml、砂糖140g、食鹽80g	壽司飯	調和材料充分溶解。
醃漬醬油	濃醬油3、酒1、味淋1	鮪魚用醬油	調和材料煮過之後冷卻。
醃漬醬油	濃醬油1、酒1、味淋1、高湯1	醬油醃鹹鮭魚子	調和材料煮沸一次之後冷卻。
味淋醬油	濃醬油1.8 l、味淋200ml、	沾食用	在濃醬油中加入已經煮過一次的味淋，並加熱到沸騰前。再使其自然冷卻。
土佐醬油	濃醬油1.8 l、味淋200ml、昆布1／3片、柴魚花25g	沾食用	在濃醬油中加入已經煮過一次的味淋再放入昆布一起加熱。中間加入柴魚花，停火冷卻後過濾。
酸橘醋醬油	酸橘素3.6 l、濃醬油2.4 l、醋400ml、黃橙10個、昆布10cm、柴魚花2把 加味調味料少量	白肉魚或珍饈沾醬	調和所有材料後放置3~4天，之後過濾。
肝醬油	魚肝3、濃醬油1、芥末泥少許	鱸魚等白肉魚的沾醬	將芥末泥與肝剁碎，加入濃醬油。
三杯醋	高湯3、醋1、濃醬油1、砂糖0.5	用於海帶芽等醋漬小菜	將材料調和在一起充分溶解。
第一道高湯	昆布1片、柴魚花60g（40號雙耳鍋1鍋份）	清湯、味噌湯、紅燒等	昆布泡水點火在沸騰前取出。煮沸後放柴魚花熄火等柴魚花都沈底後再過濾。
星鰻滷汁	星鰻2kg量的魚骨、酒200ml、濃醬油400ml、味淋200ml、水4 l、砂糖600g	紅燒星鰻、紅燒星鰻肝	以水煮星鰻魚骨1小時之後過濾，加入其他調味料再煮沸一次。
星鰻甜醬	星鰻滷汁、粗砂糖、酒、味淋、濃醬油	星鰻、文蛤、蝦蛄	取紅燒星鰻的滷汁，加入調味料之後熬煮成1／3的濃度。
醃漬用高湯	濃醬油1、高湯1	乾青魚子、乾青魚子昆布的漬汁	等量調和。
蛋捲	雞蛋10個、高湯144ml、砂糖50g、食鹽少量	蛋捲、壽司捲、散壽司等	將材料混合做成蛋汁之後用鍋煎。

※無單位記號之數字為調和之比例

紅燒香菇	脫水香菇500g、味淋200ml、粗砂糖1kg、濃醬油500ml	壽司捲、散壽司等	清水煮開香菇，之後加調味料熬煮。
葫蘆乾	葫蘆乾330g、粗砂糖450g、濃醬油300ml、味淋60ml	壽司捲、散壽司等	以清水煮開葫蘆乾，脫水之後，放到調味料中煮。
蝦鬆	芝蝦4kg、食用紅色色素少量、蛋黃1個、酒小酒杯1.5杯、味淋1酒杯、砂糖約絞蝦仁份量的1／4	壽司捲、散壽司等	用攪拌器攪拌煮過的蝦子，經水洗後再脫水，依序加入其他材料烘過後冷卻。
海參醋	高湯8、醋1、水1、濃醬油少量、砂糖少量、酸橘	醋漬海參	調和材料。
紅燒嘉鱲魚頭	嘉鱲魚頭一尾份、水720ml、砂糖120g、濃醬油180ml、酒90ml、味淋90ml、牛蒡一根	紅燒嘉鱲魚頭	先汆燙過切好的魚頭，再加水與調味料紅燒。加入牛蒡後迅速起鍋。
清湯底	第一道高湯180ml、酒18ml、食鹽1小匙、薄鹽醬油少量	潮碗、文蛤湯	第一道高湯中加酒煮沸，之後加食鹽與薄鹽醬油調味。
味噌湯	高湯（33號鍋八分滿）、昆布（萃取第一道高湯後餘下的）、味噌370g	海瓜子味噌湯等	將萃取過第一道高湯後餘下的昆布加入高湯中，煮沸之後取出再加入味噌。
烏魚子味噌床	白味噌1、信州味噌1、麴味噌1、酒糟1、味淋1、酒1	烏魚子	調和材料之後，將鹽漬的烏魚子以紗布包裹之後用味噌床包起醃漬。
烤文蛤高湯	文蛤汁少量、柴魚高湯5、濃醬油1、酒少量	烤文蛤	在剝蛤肉時流出的湯汁中加入調味料。
殼烤海螺	柴魚高湯4、低鹽醬油1、酒少量、食鹽少量	殼烤海螺	調和材料。
紅燒白魚湯底	高湯3、濃醬油1、砂糖1、酒1	鯛魚、比目魚等魚肉	調和材料待煮沸後加入魚肉烹煮。

鮨処おざわ
（小澤壽司店）

本店／東京都中央区銀座８－４－６中銀16ビル１階　☎03-3571-6701
支店／東京都中央区銀座８－５－18第１秀和ビル１階　☎03-3572-0792
分店／東京都中央区銀座８－５－１プラザＧ８１階　☎03-3289-5732

鮨やまざき／東京都渋谷区恵比寿西２－17－８アイピィオー代官山１階
☎03-3770-9880

作者簡介

小澤 諭

（おざわ・さとし）——

1950年，生於日本福島縣。

1965年，隻身離開茨城至東京壽司店修業。

經過東京・吉祥寺壽司店5年的修業之後，進入銀座「勘八」壽司店累積10年經歷。

「勘八」退休後，1980年30歲時，位於銀座八丁目的「小澤壽司店」開張。

3年後的1983年以及1989年，同樣在銀座八丁目的分店接二連三開張。

1996年位於銀座七丁目的6層樓建築「小澤大廈」落成。

1998年買進代官山「山崎」，重新裝潢後開店。

不論何時，都秉持「微笑」與「新鮮」的原則製作壽司。

國家圖書館出版品預行編目資料

壽司的技法 ／ 小澤 諭作 —— 初版 ——
台北市 ： 笛藤，2005〔民94〕
面 ： 公分
譯自 ： すしの技 すしの仕事
ISBN 957－710－430－4（精裝）
1. 烹飪 2. 食譜 － 日本

427.8 94002262

原著作名 | すしの技 すしの仕事
著者 | 小澤 諭
原出版者 | 柴田書店

壽司的技法 定價 1200元

2005年3月23日初版第一刷
作者 | 小澤 諭
發行所 | 笛藤出版圖書有限公司
發行人 | 鍾東明
編輯 | 賴巧凌・顏偉翔
新聞局登記字號 | 局版台業字第2792號
地址 | 台北市民生東路二段147巷5弄13號
電話 | 02-25037628 / 02-25057457
郵撥帳戶 | 笛藤出版圖書有限公司
郵撥帳號 | 0576089-8
總經銷 | 農學股份有限公司
地址 | 新店市寶橋路235巷6弄6號2樓
電話 | 02-29178022
印刷廠 | 造極彩色印刷製版股份有限公司
地址 | 台北縣中和市中山路二段340巷36號
電話 | 02-22400333

・ISBN 957-710-430-4